高等学校信息技术类新方向新动能新形态系列规划教材

教育部高等学校计算机类专业教学指导委员会 –Arm 中国产学合作项目成果

Arm 中国教育计划官方指定教材

ARM
嵌入式处理器及应用

何兴高 ◉ 编著

U0191345

人民邮电出版社

北　京

图书在版编目（CIP）数据

ARM嵌入式处理器及应用 / 何兴高编著. -- 北京：
人民邮电出版社，2021.6
高等学校信息技术类新方向新动能新形态系列规划教材
ISBN 978-7-115-54242-7

Ⅰ. ①A… Ⅱ. ①何… Ⅲ. ①微处理器－高等学校－
教材 Ⅳ. ①TP332

中国版本图书馆CIP数据核字(2021)第001838号

内 容 提 要

本书基于 ARM9 处理器内核，以三星 S3C2440A 微处理器芯片为蓝本，介绍了嵌入式系统相关概念、嵌入式微处理器、ARM 寻址方式和指令系统、简单嵌入式应用的软件和硬件设计。全书共 9 章：第 1 章为嵌入式基础知识，第 2 章为 ARM 处理器及系统结构，第 3 章为 ARM 寻址方式和指令系统，第 4 章为 ARM 伪指令，第 5 章为 ARM 编程基础，第 6 章为 S3C2440A 微处理器基础及应用，第 7 章为 S3C2440A 微处理器存储器部分及应用，第 8 章为 S3C2440A 微处理器外围电路部分，第 9 章为基于 S3C2440A 微处理器的综合应用。

本书具有系统性、完整性、面向底层开发的特色，同时提供大量实用案例，所有程序在 MDK-ARM V4.70a 中调试通过。

本书可以作为高等院校嵌入式相关专业和计算机相关专业的教材，也可以作为计算机软硬件培训班教材，还可以作为嵌入式研究方向专业人员和广大计算机爱好者的自学参考书。

♦ 编　著　何兴高
责任编辑　邹文波
责任印制　王　郁　马振武
♦ 人民邮电出版社出版发行　　北京市丰台区成寿寺路 11 号
邮编　100164　　电子邮件　315@ptpress.com.cn
网址　https://www.ptpress.com.cn
涿州市京南印刷厂印刷
♦ 开本：787×1092　1/16
印张：19　　　　　　　　2021 年 6 月第 1 版
字数：486 千字　　　　　2021 年 6 月河北第 1 次印刷

定价：69.80 元

读者服务热线：**(010)81055256**　印装质量热线：**(010)81055316**
反盗版热线：**(010)81055315**
广告经营许可证：**京东市监广登字 20170147 号**

编　委　会

拥抱万亿智能互联未来

在生命刚刚起源的时候，一些最最古老的生物就已经拥有了感知外部世界的能力。例如，很多原生单细胞生物能够感受周围的化学物质，对葡萄糖等分子有趋化行为；并且很多原生单细胞生物还能够感知周围的光线。然而，在生物开始形成大脑之前，这种对外部世界的感知更像是一种"反射"。随着生物的大脑在漫长的进化过程中不断发展，或者说直到人类出现，各种感知才真正变得"智能"，通过感知收集的关于外部世界的信息开始经过大脑的分析作用于生物本身的生存和发展。简而言之，是大脑让感知变得真正有意义。

这是自然进化的规律和结果。有幸的是，我们正在见证一场类似的技术变革。

过去十年，物联网技术和应用得到了突飞猛进的发展，物联网技术也被普遍认为将是下一种给人类生活带来颠覆性变革的技术。物联网设备通常具有通过各种不同类别的传感器收集数据的能力，就好像赋予了各种机器类似生命感知的能力，由此促成了整个世界数据化的实现。而伴随着 5G 的成熟和即将到来的商业化，物联网设备所收集的数据也将拥有一个全新的、高速的传输渠道。但是，就像生物的感知在没有大脑时只是一种"反射"一样，这些没有经过任何处理的数据的收集和传输并不能带来真正进化意义上的突变，甚至非常可能在物联网设备数量以几何级数增长以及巨量数据传输的情况下，造成 5G 网络等传输网络拥堵甚至瘫痪。

如何应对这个挑战？如何赋予物联网设备所具备的感知能力以"智能"？我们的答案是：人工智能技术。

人工智能技术并不是一个新生事物，它在最近几年引起全球性关注并得到飞速发展的主要原因，在于它的三个基本要素（算法、数据、算力）的迅猛发展，其中又以数据和算力的发展尤为重要。物联网技术和应用的蓬勃发展使得数据累计的难度越来越低；而芯片算力的不断提升使得过去只能通过云计算才能完成的人工智能运算现在已经可以下沉到最普通的设备之上完成。这使得在端侧实现人工智能功能的难度和成本都得以大幅降低，从而让物联网设备拥有"智能"的感知能力变得真正可行。

物联网技术为机器带来了感知能力，而人工智能则通过计算算力为机器带来了决策能力。二者的结合，正如感知和大脑对自然生命进化所起到的必然性决定作用，其趋势将无可阻挡，并且必将为人类生活带来巨大变革。

未来十五年，或许是这场变革最最关键的阶段。业界预测到 2035 年，将有超过一万亿个智能设备实现互联。这一万亿个互联的智能设备将具有极大的多样性，它们共同构成了一个极端多样化的计算世界。而能够支撑起这样一个设备数量庞大、极端多样化的智能物联网世界的技术基础，就是 Arm。正是在这样的背景下，Arm 中国立足中国，依托全球最大的 Arm 技术生态，全力打造先进的人工智能物联网技术和解决方案，立志成为中国智能科技生态的领航者。

万亿智能互联最终还是需要通过人来实现，具备人工智能物联网 AIoT 相关知识的人才，在今后将会有更广阔的发展前景。如何为中国培养这样的人才，解决目前人才短缺的问题，也正是我们一直关心的。通过和专业人士的沟通发现，教材是解决问题的突破口，一套高质量、体系化的教材，将起到事半功倍的效果，能让更多的人成长为智能互联领域的人才。此次，在教育部计算机类专业教学指导委员会的指导下，Arm 中国能联合人民邮电出版社来一起打造这套智能互联丛书—高等学校信息技术类新方向新动能新形态系列规划教材，感到非常的荣幸。我们期望借此宝贵机会，和广大读者分享我们在 AIoT 领域的一些收获、心得以及发现的问题；同时渗透并融合中国智能类专业的人才培养要求，既反映当前最新技术成果，又体现产学合作新成效。希望这套丛书能够帮助读者解决在学习和工作中遇到的困难，为读者提供更多的启发和帮助，并为读者的成功添砖加瓦。

荀子曾经说过："不积跬步，无以至千里。"这套丛书可能只是帮助读者在学习中跨出一小步，但是我们期待着各位读者能在此基础上励志前行，找到自己的成功之路。

安谋科技（中国）有限公司执行董事长兼 CEO　吴雄昂
2019 年 5 月

序二

人工智能是引领未来发展的战略性技术，是新一轮科技革命和产业变革的重要驱动力量，将深刻地改变人类社会生活、改变世界。促进人工智能和实体经济的深度融合，构建数据驱动、人机协同、跨界融合、共创分享的智能经济形态，更是推动质量变革、效率变革、动力变革的重要途径。

近几年来，我国人工智能新技术、新产品、新业态持续涌现，与农业、制造业、服务业等各行业的融合步伐明显加快，在技术创新、应用推广、产业发展等方面成效初显。但是，我国人工智能专业人才储备严重不足，人工智能人才缺口大，结构性矛盾突出，具有国际化视野、专业学科背景、产学研用能力贯通的领军型人才、基础科研人才、应用人才极其匮乏。为此，2018 年 4 月，教育部印发了《高等学校人工智能创新行动计划》，旨在引导高校瞄准世界科技前沿，强化基础研究，实现前瞻性基础研究和引领性原创成果的重大突破，进一步提升高校人工智能领域科技创新、人才培养和服务国家需求的能力。由人民邮电出版社和 Arm 中国联合推出的"高等学校信息技术类新方向新动能新形态系列规划教材"旨在贯彻落实《高等学校人工智能创新行动计划》，以加快我国人工智能领域科技成果及产业进展向教育教学转化为目标，不断完善我国人工智能领域人才培养体系和人工智能教材建设体系。

"高等学校信息技术类新方向新动能新形态系列规划教材"包含 AI 和 AIoT 两大核心模块。其中，AI 模块涉及人工智能导论、脑科学导论、大数据导论、计算智能、自然语言处理、计算机视觉、机器学习、深度学习、知识图谱、GPU 编程、智能机器人等人工智能基础理论和核心技术；AIoT 模块涉及物联网概论、嵌入式系统导论、物联网通信技术、RFID 原理及应用、窄带物联网原理及应用、工业物联网技术、智慧交通信息服务系统、智能家居设计、智能嵌入式系统开发、物联网智能控制、物联网信息安全与隐私保护等智能互联应用技术及原理。

综合来看，"高等学校信息技术类新方向新动能新形态系列规划教材"具有三方面突出亮点。

第一，编写团队和编写过程充分体现了教育部深入推进产学合作协同育人项目的思想，既反映最新技术成果，又体现产学合作成果。在贯彻国家人工智能发展战略要求的基础上，以"共搭平台、共建团队、整体策划、共筑资源、生态优化"的全新模式，打造人工智能专业建设和人工智能人才培养系列出版物。知名半导体知识产权（IP）提供商 Arm 中国在教材编写方面给予了全面支持。丛书主要编委来自清华大学、北京大学、北京航空航天大学、北京邮电大学、南开大学、哈尔滨工业大学、同济大学、武汉大学、西安交通大学、西安电子科技大学、南京大学、南京邮电大学、厦门大学等众多国内知名高校人工智能教育领域。从结果来看，"高等学校信息技术类新方向新动能新形态系列规划教材"的编写紧密结合了教育部关于高等教育"新工科"建设方针和推进产学合作协同育人思想，将人工智能、物联网、嵌入式、计算机等专业的人才培养要求融入了教材内容和教学过程。

第二，以产业和技术发展的最新需求推动高校人才培养改革，将人工智能基础理论与产业界最新实践融为一体。众所周知，Arm 公司作为全球最核心、最重要的半导体知识产权提供商，其产品广泛应用于移动通信、移动办公、智能传感、穿戴式设备、物联网，以及数据中心、大数据管理、云计算、人工智能等各个领域，相关市场占有率在全世界范围内达到 90%以上。Arm 技术被合作伙伴广泛应用在芯片、模块模组、软件解决方案、整机制造、应用开发和云服务等人工智能产业生态的各个领域，为教材编写注入了教育领域的研究成果和行业标杆企业的宝贵经验。同时，作为 Arm 中国协同育人项目的重要成果之一，"高等学校信息技术类新方向新动能新形态系列规划教材"的推出，将高等教育机构与丰富的 Arm 产品联系起来，通过将 Arm 技术用于教育领域，为教育工作者、学生和研究人员提供教学资料、硬件平台、软件开发工具、IP 和资源，未来有望基于本套丛书，实现人工智能相关领域的课程及教材体系化建设。

第三，教学模式和学习形式丰富。"高等学校信息技术类新方向新动能新形态系列规划教材"提供丰富的线上线下教学资源，更适应现代教学需求，学生和读者可以通过扫描二维码或登录资源平台的方式获得教学辅助资料，进行书网互动、移动学习、翻转课堂学习等。同时，"高等学校信息技术类新方向新动能新形态系列规划教材"配套提供了多媒体课件、源代码、教学大纲、电子教案、实验实训等教学辅助资源，便于教师教学和学生学习，辅助提升教学效果。

希望"高等学校信息技术类新方向新动能新形态系列规划教材"的出版能够加快人工智能领域科技成果和资源向教育教学转化，推动人工智能重要方向的教材体系和在线课程建设，特别是人工智能导论、机器学习、计算智能、计算机视觉、知识工程、自然语言处理、人工智能产业应用等主干课程的建设。希望基于"高等学校信息技术类新方向新动能新形态系列规划教材"的编写和出版，能够加速建设一批具有国际一流水平的本科生、研究生教材和国家级精品在线课程，并将人工智能纳入大学计算机基础教学内容，为我国人工智能产业发展打造多层次的创新人才队伍。

教育部人工智能科技创新专家组专家
教育部科技委学部委员　　　　　　　　　焦李成
IEEE/IET/CAAI Fellow　　　　　　　　　2019 年 6 月
中国人工智能学会副理事长

前　言

随着移动互联网、物联网应用的迅猛发展，嵌入式技术逐渐普及，嵌入式产品不断渗透到人们的日常生活中，并且价格日益亲民。从随身携带的手机、掌上电脑到家庭中的高清电视、智能冰箱、机顶盒，再到工业产品、仪器仪表、汽车电子、机器人等领域，无不采用嵌入式技术。

嵌入式系统具有专用性与定制性的特点，与全球 PC 市场不同，没有一种微处理器或者一个微处理器公司可以主导嵌入式系统的市场。

常见的嵌入式处理器有 ARM 处理器、MIPS CPU、PowerPC、DSP 等。作为嵌入式技术的初学者，面对种类繁多的处理器，选择哪一款来作为入门学习的处理器确实是一个挑战。目前市面上关于嵌入式方面的教材、资料很多，但要么是纯软件的、建立在操作系统之上且用 C 语言来编程的，要么是只讲指令系统和寻址方式、伪指令、程序设计的，要么是 CPU 内部资源介绍等，这些对初学者来说要么太难、太枯燥；要么基于操作系统，无法掌握嵌入式的核心。

有鉴于此，本书编者根据多年实际项目开发经验和高校教学经验，基于 ARM9处理器内核，以三星 S3C2440A 微处理器芯片为例，逐步展开进行讲解，并给出应用案例。读者通过学习本书，就可以参照其中的案例来进行软件和硬件设计，掌握了三星 S3C2440A 微处理器芯片后，再来学习其他微处理器就比较容易。

本书主要特点如下。

1. 面向嵌入式底层开发

本书重点围绕嵌入式底层知识来介绍，如 CPU 内资源、ARM 汇编等。

2. 高阶与低阶融合

嵌入式应用中关于硬件的启动、初始化，一般都是用汇编语言来完成的，其他内容用高级语言编写（如 C 语言）。本书包含大量实用的汇编语言程序，包括汇编过程中调用 C 语言中的变量、C 语言函数，C 语言调用汇编语言中的函数等。

3. 精心选取的案例

本书所选案例都是很有代表性和实用性的经典案例。

4. 系统性

本书从系统的角度介绍嵌入式基本概念、微处理器、寻址方式、指令系统、简单硬件设计、简单软件设计、简单软硬件综合应用等知识，将一个复杂的系统分解为许多子功能系统来介绍，并给出具体的设计与实现方法。

由于编者水平有限，书中难免存在不妥之处，殷切希望广大读者批评指正，编者将不胜感激。

特别说明：本书为保持资料的一致性，某些元器件的标注可能与国标不一致。

编　者

2021 年 2 月

目　录

1

第1章
嵌入式基础知识

本章主要介绍嵌入式的相关概念、嵌入式处理器的选择、嵌入式系统开发流程、常用嵌入式操作系统这几个方面的内容。

1.1　嵌入式的相关概念

1.1.1　嵌入式系统

根据英国电气工程师协会（Institution of Electrical Engineers，IEE）的定义，嵌入式系统（Embedded System）是一种完全嵌入受控器件内部、为特定应用而设计的专用计算机系统，嵌入式系统通常用于控制、监视或辅助工厂运作。与个人计算机这样的通用计算机系统不同，嵌入式系统通常执行的是带有特定要求的、预先定义的任务。由于嵌入式系统只针对一项特殊的任务，因此设计人员能够对它进行优化，减小尺寸，从而降低成本。嵌入式系统通常可以进行大批量生产，所以单个的成本能够随着产量增加而大幅降低。

目前国内普遍认同的嵌入式系统定义为：以应用为中心，以计算机技术为基础，软硬件可裁剪，适用于应用系统对功能、可靠性、成本、体积、功耗等严格要求的专用计算机系统。通常，嵌入式系统是一个控制程序，存储在 ROM 中的嵌入式处理器控制板上。事实上，所有带有数字端口的设备，如手表、微波炉、录像机、汽车等，都使用嵌入式系统。有些嵌入式系统还包含操作系统，大多数嵌入式系统都由单个程序实现整个控制逻辑。

嵌入式系统的核心由一个或几个预先编程好用来执行少数几项任务的微处理器或者单片机组成。与通用计算机能够运行用户选择的软件不同，嵌入式系统上的软件通常是暂时不变的，所以经常被称为"固件"。

1.1.2　嵌入式系统的组成

嵌入式系统由硬件和软件两大部分组成，如图 1-1 所示。

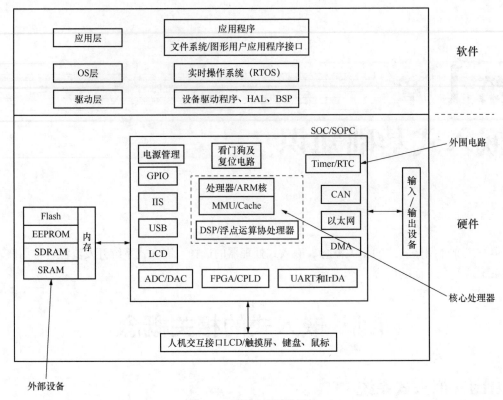

图 1-1 嵌入式系统的组成

图 1-1 的上半部分为软件，下半部分为硬件，下半部分中间为 SOC/SOPC（System on a Chip/System on a Programmable Chip，片上系统/片上可编程系统），中间虚框内为核心处理器，核心处理器外面为外围电路，SOC/SOPC 之外为外部设备。

硬件一般由高性能微处理器和外围端口电路组成，软件一般由操作系统和应用程序组成，软件和硬件之间由所谓的中间层（BSP 层，板级支持包）连接。概括地说，嵌入式系统的硬件有核心处理器、外围电路和外部设备，嵌入式系统的软件有操作系统、应用软件，下面分别介绍。

1. 嵌入式系统硬件部分

（1）核心处理器

嵌入式系统硬件层的核心是嵌入式微处理器。嵌入式微处理器与通用 CPU 最大的不同在于，嵌入式微处理器大多工作在为特定用户群专门设计的系统中，它将通用 CPU 中许多由板卡完成的任务集成在芯片内部，从而有利于嵌入式系统在设计时趋于小型化，同时还具有很高的效率和可靠性。

为便于读者理解，下面举例进行详细说明。

① ARM 芯片是嵌入式微处理器中的佼佼者，是很多数字电子产品的核心。如今，95% 的手机里的核心处理器使用的是 ARM 芯片，ARM 芯片在整个手机市场上占有 90% 以上的份额。

② MIPS CPU 是一种精简指令集（RISC）结构的 CPU。MIPS 起源于一个学术研究项目。该项目的设计小组设计出几种芯片并投放市场，结果是 MIPS CPU 得到了工业领域广大制造商的支持，包括从生产专用集成电路核心（ASIC Cores）的厂家（LSI Logic、Toshiba、Philips、NEC 等）到生产低成本 CPU 的厂家（NEC、Toshiba、IDT 等），从生产低端 64 位处理器的厂家（IDT、NKK、NEC 等）到生产高端 64 位处理器的厂家（NEC、Toshiba、IDT 等）。

③ PowerPC 是由苹果（Apple）公司、IBM 以及早期的 Motorola（现在的飞思卡尔半导体公司）组成的联盟（AIM）共同设计的微处理器架构，以对抗当时在市场上占有压倒优势的 Intel x86 处理器。

④ DSP 处理器（数字信号处理器）是微处理器的一种，这种微处理器具有极快的速度。因为这种处理器的应用场合要求极高的实时性，信号处理各种运算最基本的是乘法和累加运算，其运算量非常大，这就决定了 DSP 处理器的结构和指令系统的特点。

为进一步说明它们的差异，下面举 3 个实例。

例 1：Z80 微机。

Z80 微机的早期应用主要是将构成计算机系统的 Z80 微处理器、RAM、ROM 和输入/输出端口等电路都组合在一块 PCB（Print Circuit Board，印制电路板，也称印刷线路板）板上，因此早期的 Z80 微机系统也叫 Z80 单板机（Single Board Computer，SBC）。要构成一台简单的计算机系统至少需要 Z80 CPU、Z80 PIO（并行输入/输出端口）、Z80 CTC（定时/计数器）等芯片。

例 2：PC 机（Intel 8086）。

Intel 8086 是 Intel 公司于 1978 年设计的 16 位微处理器芯片，是 Intel x86 架构的鼻祖。不久之后，Intel 公司推出了 Intel 8088（一个拥有 8 根外部数据总线的微处理器）。Intel 8086 以 Intel 8080 和 Intel 8085 的设计为基础，拥有类似的寄存器组，但是数据总线扩充为 16 位。总线端口单元（Bus Interface Unit）通过 6 字节预存（Prefetch）队列（Queue）位指令给执行单元（Execution Unit），所以取指和执行是同步的。Intel 8086 CPU 有 20 位地址线，可直接寻址 1MB 存储空间，每一个存储单元可以存放一个字节（8 位）的二进制代码。

要构成一个最简单的计算机系统至少需要 Intel 8086 CPU、Intel 8255（并行输入/输出端口）、Intel 8253（定时/计数器）、Intel 8259（中断控制器）等芯片。

例 3：Intel 8051。

Intel 8051 是一种 8 位的单芯片微控制器，属于 MCS-51 单芯片的一种，由 Intel 公司于 1981 年制造。Intel 公司将 MCS-51 的核心技术授权给了很多公司，所以很多公司在做以 Intel 8051 为核心的单片机，如 Atmel、Philips、深联华等公司，它们相继开发了功能更多、更强大的兼容产品。单片微型计算机简称为"单片机"，又称为"微型控制器"，是微型计算机的一个重要分支。单片机是 20 世纪 70 年代中期发展起来的一种超大规模集成电路芯片，是集成 CPU、RAM、ROM、输入/输出端口和中断系统于同一硅片上的器件。20 世纪 80 年代以来，单片机发展迅速，各类新产品不断涌现，出现了许多高性能的新型号，现已逐渐成为工厂自动化领域和各控制领域的支柱产业之一。

要构成一个最简单的计算机系统只需 1 块 Intel 8051 CPU 即可。

（2）外围电路

外围电路包括嵌入式系统的存储器控制器、输入/输出端口、复位电路、模数转换器/数模转换器（ADC/DAC）和电源管理等。

（3）外部设备

外部设备指嵌入式系统与真实环境交互的各种设备，包括通用串行总线（USB）、存储设备、键盘、鼠标、液晶显示器（LCD）、红外数据传输（IrDA）和打印设备等。

2．嵌入式系统软件部分

嵌入式软件由嵌入式操作系统和嵌入式应用软件两大部分组成。嵌入式软件一般包含四个层面：应用程序，文件系统/图形用户应用程序接口（API），实时操作系统（RTOS），设备驱动程序、HAL、BSP。有的开发者将文件系统/图形用户应用程序接口（API）归属于操作系统（OS）层，这是按照三层来划分，即应用层、OS 层、驱动层。

嵌入式系统硬件是嵌入式系统软件运行的物理平台的通信端口，它的存在使嵌入式系统的优越性能得以展现。嵌入式操作系统和嵌入式应用软件控制着整个系统的运行，提供人机交互等，两者相辅相成，缺一不可。

1.1.3　嵌入式系统的分类

嵌入式系统的分类方法有很多种，如按使用的操作系统来分、按形态的差异来分、按复杂程度来分、按处理器的类型来分、按系统实时性来分等，下面分别介绍。

1. 按使用的操作系统来分

按使用的操作系统，嵌入式系统可分成 3 类：Rich OS 类、RTOS 类、Bare-metal 类。

（1）Rich OS 类（全能操作系统类）

这类嵌入式系统使用的操作系统是功能非常齐全的操作系统，如 Linux、Android、iOS 等。这类嵌入式系统通常使用应用处理器，如 Cortex-A、Intel x86 等架构的处理器。智能手机、平板电脑、智能电视、车载娱乐系统等属于这类嵌入式系统。

（2）RTOS 类（实时操作系统类）

这类嵌入式系统使用的操作系统是功能紧凑且具有很强实时性的操作系统，如 Free RTOS、RT-Threads、μC/OS-Ⅱ 等。这类嵌入式系统通常使用微控制器，也就是俗称的"单片机"，如 Cortex-M、MSP430、AVR、PIC 等架构的微控制器。在有些需要高性能的应用场合，也可能会选用应用处理器。

（3）Bare-metal 类

这类嵌入式系统不包含任何操作系统，可能会包含事件调度器。这类嵌入式系统也使用微控制器，但其功能比较单一。

2. 按形态的差异来分

按形态的差异，嵌入式系统可分为芯片级（MCU、SoC）、板级（单片机、模块）和设备级（工控机）3 级。

3. 按复杂程度来分

按复杂程度，嵌入式系统可分为以下 4 类。

（1）由微处理器构成的嵌入式系统，常常用于小型设备中（如温度传感器、烟雾和气体探测器及断路器等）。

（2）带计时功能组件的嵌入式系统，多用于开关装置、控制器、电话交换机、包装机、数据采集系统、医药监视系统、诊断及实时控制系统等。

（3）制造或过程控制中使用的嵌入式系统，也就是由工控机组成的嵌入式系统。该类是这 4 类中最复杂的一种，也是现代印刷设备中经常应用的一种。

（4）不带计时功能的嵌入式系统，可应用于过程控制、信号放大器、位置传感器及阀门传动器等。

4. 按处理器的类型来分

（1）微控制器（Microcontroller Unit，MCU），又称"单片机"。微控制器一般以某一种微处理内核为核心，每一种衍生产品的处理器内核都是一样的，不同的是存储器和外设的配置和封装。与传统的嵌入式微处理器相比，微控制器的最大优点在于单片化，体积大大减小，从而使功耗和成本下降，可靠性提高。微控制器比较有代表性的系列包括 Intel 8501、P51XA、MCS-251、MCS-96/196/296、C166/167、MC68HC05/11/12/16、68300 和数目众多的 ARM 系列。

（2）DSP 处理器（Digital Signal Processor，DSP）。DSP 处理器对系统结构和指令进行了特殊设计，使其适合于执行 DSP 算法，编译效率高，指令执行速度快。DSP 处理器比较有代表性的产品是 TI 公司生产的 TMS320 系列（包括用于控制的 C2000 系列、用于移动通信的 C5000 系列，以及性能更高的 C6000 系列和 C8000 系列）和飞思卡尔半导体公司生产的 DSP56000 系列。

（3）嵌入式微处理器（Embedded Microprocessor Unit，EMPU）。它将微处理器装配在专门设计的电路板上，只保留与嵌入式应用有关的母板功能。与工业控制计算机相比，其优点在于体积小、重量轻、成本低以及可靠性高，但电路板上必须包括 ROM、RAM、总线端口、各种外设等器件，这降低了系统的可靠性，且技术保密性较差。嵌入式微处理器目前主要有 Am186/188、386EX、SC-400、PowerPC、68000、MIPS、ARM 系列等。

（4）片上系统（System on a Chip，SoC）。它是在单个芯片上集成一个完整的系统，采用对所有或部分必要的电子电路进行包分组的技术。所谓完整的系统，一般包括中央处理器（CPU）、存储器以及外围电路等。

5. 按系统实时性来分

按系统实时性，嵌入式系统可分为硬实时系统与软实时系统。

（1）硬实时系统。指系统要确保在最坏情况下的服务时间，即对于事件响应时间的截止期限必须得到满足。

（2）软实时系统。从统计学的角度来说，软实时系统指一个任务能够得到确保的处理时间，且到达系统的事件能够在截止期限前得到处理，但违反截止期限并不是致命的错误，如实时多媒体系统等。

1.1.4　嵌入式处理器

嵌入式处理器是嵌入式系统的核心，是控制、辅助系统运行的硬件单元。嵌入式处理器包括的范围很广，包括从最初的 4 位处理器、目前仍在大量使用的 8 位单片机，到最新的广受青睐的 32 位、64 位嵌入式 CPU 等。

嵌入式处理器诞生于 20 世纪 70 年代末，其间经历了单片微型计算机、嵌入式微控制器、网络化、软件硬化 4 个发展阶段。

1. 单片微型计算机阶段

单片微型计算机（Single Chip Microcomputer，SCM）阶段，主要是单片微型计算机体系结构探索阶段。Zilog 公司推出的 Z80 等系列单板机的“单板机模式”获得成功，走出了与通用计算机完全不同的发展道路。

2. 嵌入式微控制器阶段

嵌入式微控制器大发展阶段，主要的技术方向是满足嵌入式系统应用不断扩展的需要，在芯片上集成了更多种类的外围电路与端口电路，突显其微型化和智能化的实时控制功能，如 80C51 微控制器是这类产品的典型代表。

3. 网络化阶段

随着互联网的高速发展，不论是手持还是固定的嵌入式电子产品都希望能连接互联网。因此，网络模块集成于芯片上就成为一种发展趋势。

4. 软件硬化阶段

随着市场上 CPU 芯片产品的使用范围越来越广，对速度、性能等方面的要求越来越高。同时，留给产品开发的时间越来越短，而软件功能和系统却越来越复杂，对多媒体等大型文件的实时处理要求越来越高（如 MP3、MP4 播放器，GPS 导航仪等），手持型数字电视设备飞速发展，有时还需要实时在线快速改变逻辑功能。尤其是对低功耗的需要越来越迫切，仅仅采用软件的方式已远远不能满足这些市场发展的实际需要。同时，半导体设计和加工技术的飞速发展，以及设计水平自动化程度的提高，极大地降低了嵌入式处理器芯片的设计难度，为软件硬化的普及发展带来了极大的促进作用。

由于嵌入式系统广阔的应用前景，很多半导体制造商都大规模生产嵌入式处理器，而自主设计处理器也已经成为未来嵌入式领域的一大发展趋势。

嵌入式处理器从单片机、DSP 到 FPGA，已经发展出各式各样的品种，运算速度越来越快，性能越来越强，价格也越来越低。目前具有嵌入式功能特点的处理器已有千种。

1.1.5 嵌入式计算机系统与通用计算机系统

由于嵌入式计算机系统要嵌入对象体系中，实现的是对象的智能化控制，因此，它有着与通用计算机系统完全不同的技术要求与技术发展方向。

1. 通用计算机系统

通用计算机系统的技术要求是高速、海量数值计算能力，技术发展方向是总线速度无限提升，存储容量无限扩大。

2. 嵌入式计算机系统

嵌入式计算机系统的技术要求是提高对象的智能化控制能力，技术发展方向是提高与对象系统密切相关的嵌入性能、控制能力与控制的可靠性。

1.1.6 ISP 和 IAP 概念

1. ISP 概念

ISP（In-System Programmability，在线系统可编程）指电路板上的芯片可以在线擦除后再编程，一般通用做法是内部的存储器可以由上位机的软件通过串口来改写，对于微处理器来讲，可以通过串行端口接收上位机传来的数据并写入存储器中。

2. IAP 概念

IAP（In Application Programming，在线应用编程）就是采用一系列机制，使芯片在程序运行的时候提供一种更新方法，典型方式是用一小段程序来实现 IAP。

其工作原理是用一段程序，里面带有使用端口（如 SPI、UART、CAN、USB 等）的驱动和所使用的 MCU 的 Flash 擦写驱动，通过端口读取 PC 端的机器代码，然后写入 MCU 的 Flash。

1.1.7 嵌入式系统的特点

（1）嵌入式系统的核心是嵌入式微处理器。嵌入式微处理器一般具备以下 4 个特点。

① 对实时任务有很强的支持能力，能完成多任务并且有较短的中断响应时间，从而使内部的代码和实时内核的执行时间减少到最低限度。

② 具有很强的存储区保护功能。

③ 具有可扩展的处理器结构，能最迅速地开发出满足应用最高性能的嵌入式处理器。

④ 嵌入式微处理器必须功耗很低。

（2）嵌入式系统和 PC 系统相比有以下特点。

① 嵌入式系统功耗低、体积小、专用性强。

② 为了提高执行速度和系统可靠性，嵌入式系统中的软件一般都固化在存储器芯片或单片机中。

③ 由于嵌入式系统的特殊性，嵌入式系统的硬件和软件都必须高效地设计，系统要精简。

④ 由于嵌入式系统经常用于特殊的场合，嵌入式系统对软件代码质量要求很高，应该尽最大可能避免"死机"的发生。

⑤ 由于嵌入式系统的专用性，嵌入式系统开发需要专门的开发工具和开发环境。

1.1.8　嵌入式系统的应用

嵌入式系统具有非常广阔的应用前景，其应用领域主要包括以下方面。

（1）工业控制。

（2）交通管理。

（3）信息家电。

（4）家庭智能管理系统。

（5）POS 网络及电子商务。

（6）环境工程与自然。

（7）机器人。

1.1.9　微处理器的体系结构

微处理器的体系结构可以采用冯·诺依曼体系结构和哈佛体系结构。

1. 冯·诺依曼体系结构

冯·诺依曼体系结构也称"普林斯顿结构"，是一种将程序指令存储器和数据存储器合并在一起的存储器结构。程序指令存储地址和数据存储地址指向同一个存储器的不同物理位置，因此程序指令和数据的宽度相同，如 Intel 公司的 8086 中央处理器的程序指令和数据的宽度都是 16 位。

2. 哈佛体系结构

哈佛体系结构是一种将程序指令存储器和数据存储器分开的存储器结构。哈佛体系结构是一种并行体系结构，它的主要特点是将程序和数据存储在不同的存储空间中，即程序存储器和数据存储器是两个独立的存储器，每个存储器独立编址、独立访问，其结构如图 1-2 所示。

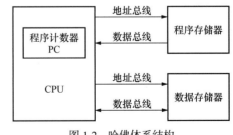

图 1-2　哈佛体系结构

与两个存储器相对应的是 4 条总线：程序和数据的数据总线与地址总线。这种分离的程序总线和数据总线可允许在一个机器周期内同时获得指令字（来自程序存储器）和操作数（来自数据存储器），从而提高执行速度，也提高了数据吞吐率。由于程序和数据存储在两个分开的物理空间中，因此取指和执行完全重叠。中央处理器首先到程序存储器中读取程序指令内容，解码后得到数据地址，再到相应的数据存储器中读取数据，并进行下一步的操作（通常是执行）。程序存储和数据存储分开，可以使指令和数据有不同的数据宽度。

1.1.10 RISC 与 CISC

RISC（Reduced Instruction Set Computer，精简指令集计算机）和 CISC（Complex Instruction Set Computer，复杂指令集计算机）是目前设计制造微处理器的两种典型技术，它们都试图在体系结构、操作运行、软件硬件、编译时间和运行时间等诸多因素中做出某种平衡，以求达到高效的目的。由于采用的方法不同，两者在很多方面差异很大，具体差异如下。

1. 指令系统

RISC 设计者把主要精力放在那些经常使用的指令上，尽量使它们更加简单高效。不常用的功能则通过组合指令来完成。因此，想要在 RISC 上实现特殊功能，效率可能较低。但可以利用流水技术和超标量技术加以改进和弥补。而 CISC 的指令系统比较丰富，有专用指令来完成特定的功能，因此处理特殊任务效率较高。

2. 存储器操作

RISC 对存储器操作有限制，使控制简单化。CISC 对存储器操作指令较多，操作更直接。

3. 程序

RISC 汇编语言程序一般需要较大的内存空间，要实现特殊功能时程序复杂，不易设计。CISC 汇编语言程序编程相对简单，针对进行科学计算及复杂操作的程序设计相对容易，效率较高。

4. 中断

RISC 机器在一条指令执行到适当地方时可以响应中断。CISC 机器是在一条指令执行结束后响应中断。

5. 微处理器

RISC 微处理器包含较少的电路单元，因而面积小、功耗低。CISC 微处理器包含丰富的电路单元，因而面积大、功能强、功耗大。

6. 设计周期

RISC 微处理器结构简单，布局紧凑，设计周期短，易于采用最新技术。CISC 微处理器结构复杂，设计周期长。

7. 用户使用

RISC 微处理器指令规整，性能容易把握，易学易用。CISC 微处理器功能强大，实现特殊功能较为容易。

8. 应用范围

由于 RISC 指令系统的确定与特定的应用领域有关，故 RISC 机器更适合于专用机。CISC 机器则更适合于通用机。

RISC 和 CISC 之间主要的差别如表 1-1 所示。

表 1-1　RISC 和 CISC 之间主要的差别

指　　标	RISC	CISC
指令集	一个周期执行一条指令，通过简单指令的组合实现复杂操作，指令长度固定	指令长度不固定，执行需要多个周期

续表

指　　标	RISC	CISC
流水线	流水线每周期前进一步	指令的执行需要调用一段微程序
寄存器	更多通用寄存器	用于特定目的的专用寄存器
Load/Store 结构	独立的 Load/Store 指令完成数据在寄存器和外部存储器之间的传输	处理器能够直接处理存储器中的数据

1.2　嵌入式处理器的选择

选择一款处理器需要考虑很多因素，不仅需要考虑硬件端口，还需要考虑相关的操作系统、配套的开发工具、仿真器，以及开发者所掌握的微处理器经验和软件支持情况等。

在产品开发中，作为核心芯片的微处理器，其功能、性能、可靠性被寄予厚望，因为它的资源越丰富、自带功能越强大，产品开发周期就越短，项目成功率就越高。但是，任何一款微处理器都不可能尽善尽美，满足每个用户的需要，所以这时就涉及选择问题。

1.2.1　明确应用需求

作为开发人员首先要明确如下需求。

（1）确定嵌入式处理器位数。确定嵌入式处理器位数是 4 位、8 位、16 位还是 32 位等。应根据要处理的数据来确定，如 I/O 的位数、存储器的位数、A/D 或 D/A 位数等。

（2）确定处理器性能。应根据项目的性能指标、所处理的数据量以及需要处理的信号量的频率等来确定。

（3）系统的复杂程度及要求。应明确是否需要操作系统的支持，系统简单还是复杂等。

（4）应明确系统功耗要求。

1.2.2　对上市的嵌入式处理器供应商进行调查

（1）厂家调研。开发者应对目前市面上究竟有哪些厂家生产嵌入式处理器，每个厂家有哪些系列，每个系列的特色是什么，适合做哪些应用等进行调研，一定要全面了解。

（2）了解处理器的处理速度、技术指标。

（3）了解处理器的低功耗。

（4）了解软件支持工具、资料。

（5）了解后续升级换代能力。

1.2.3　选择时应注意的问题

1. 应用领域

一个产品的功能、性能一旦确定下来，其所在的应用领域也随之确定。应用领域的确定将缩小选择的范围，如工业控制领域产品的工作条件通常比较苛刻，因此对嵌入式处理器的工作温度有较高的要求，这样就得选择工业级的嵌入式处理器，民用级的嵌入式处理器就被排除在外。目前，比较常见的嵌入式处理器应用领域有航空航天、通信、计算机、工业控制、医疗系统、消费电子、汽车电子等。

2. 自带资源

微处理器自带的资源是选择时的一个重要考虑因素。选择前应明确这些问题：主频是多少？有无内置的以太网 MAC？有多少个 I/O 端口？自带哪些端口？支持在线仿真吗？是否支持 OS？能支持哪些 OS？是否有外部存储器连接？等等。这些问题都涉及芯片资源。芯片自带资源越接近产品的需求，产品开发相对就越简单。

3. 可扩展资源

若开发的嵌入式系统硬件平台需要支持 OS、RAM 和 ROM，那么对资源的要求就比较高。芯片一般都有内置 RAM 和 ROM，但其容量普遍都很小，内置 512KB 就算很大了，但是运行 OS 一般都是以兆级为单位，甚至更大，这就要求芯片可扩展存储器。

4. 功耗

功耗是一个较为抽象的名词。低功耗的产品有很多优点：既节能又节省费用，还可以减少环境污染，增加可靠性。因此低功耗也成了嵌入式处理器选择时的一个重要指标。

5. 封装

常见的微处理器芯片封装主要有 QFP 和 BGA 两大类型。BGA 封装焊接对技术要求较高，一般小厂家都不能焊接，但 BGA 封装的芯片体积会小很多。如果开发的嵌入式产品对芯片体积要求不高，最好选择 QFP 封装。

6. 嵌入式处理器的可延续性及技术的可继承性

目前，产品更新换代的速度很快，所以在选择时要考虑嵌入式处理器的可升级性。如果是同一厂家生产的同一内核系列的嵌入式处理器，其技术可继承性通常较好。因此选择嵌入式处理器时应该先考虑知名半导体公司，然后查询其相关产品，再做出选择。

7. 价格及供货保证

嵌入式处理器的价格和供货能力也是必须考虑的因素。许多嵌入式处理器目前处于试用阶段（Sampling），其价格和供应处于不稳定状态，所以选择时应尽量选已经量产的嵌入式处理器。

8. 仿真器

仿真器是硬件和底层软件调试时要使用的工具，开发初期如果没有它基本上会寸步难行。选择配套、适合的仿真器，将会给开发带来许多便利。对已有仿真器的开发者，在选择过程中要考虑它是否支持所选的芯片。

9. OS 及开发工具

针对产品开发，在选择嵌入式处理器时必须考虑其对软件的支持情况，如支持什么样的 OS 等。已有 OS 的开发者，在选择过程中要考虑所选的嵌入式处理器是否支持该 OS。也可以反过来说，即这种 OS 是否支持该嵌入式处理器。

10. 技术支持

一个好公司的技术支持能力更有保障，所以选嵌入式处理器时最好选择知名的半导体公司。另外，嵌入式处理器的成熟度取决于用户的使用规模及使用情况。选择市面上使用较广的嵌入式处理器，将会有比较多的共享资源，会给后续开发带来许多便利。

1.3 嵌入式系统开发流程

嵌入式系统开发流程如图 1-3 所示。

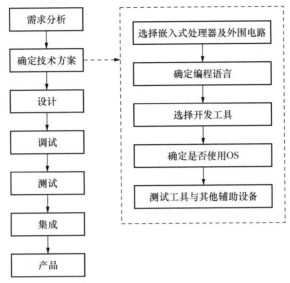

图 1-3　嵌入式系统开发流程

嵌入式系统开发是指对除了计算机之外的所有电子设备上操作系统的开发，开发对象有手机、掌上电脑（Personal Digital Assistant，PDA）、机电系统等，一般由嵌入式微处理器、外围硬件设备、嵌入式操作系统以及用户应用程序 4 个部分组成。

嵌入式系统的开发环境一般包括如下内容。

（1）编译器/汇编器/连接定位器。

（2）调试器/仿真器。

（3）主机（PC）及其工作平台。

（4）操作系统（可选）。

（5）目标评估系统（可选）。

（6）测试工具（软件/硬件/协议等，可选）。

（7）其他辅助设备（可选）。

1.3.1　软件开发工具

软件开发工具基本上都是集成开发工具，工具中集成了编译器/汇编器/连接定位器，如 ADS、MDK。

1. ADS

ADS 是由 Metrowerks 公司开发的 ARM 处理器下最主要的开发工具。ADS 是全套开发软件工具，编译器生成的代码密度和执行速度优异，可快速低成本地创建 ARM 结构应用。

（1）分类

ADS 包括以下 3 种调试器。

① AXD（ARM eXtended Debugger，ARM 扩展调试器）。

② ARMSD（ARM Symbolic Debugger，ARM 符号调试器）。

③ ADW/ADU（Application Debugger Windows/UNIX），与老版本兼容的 Windows 或 UNIX 操作系统下的 ARM 调试工具。

其中 AXD 不仅拥有低版本 ARM 调试器的所有功能，还新添了图形用户界面、更方便的视窗管理数据显示、格式化和编辑以及全套的命令行界面。该产品还包括其独创的 RealMonitor 工具（可以在前台调试的同时断点续存，并且在不中断应用的情况下读写内存及跟踪调试）。

（2）组成

① 编译器。ADS 提供多种编译器，以支持 ARM 和 Thumb 指令的编译。ARMCC 是 ARM C 编译器，TCC 是 Thumb C 编译器，ARMCPP 是 ARM C++编译器，TCPP 是 Thumb C++编译器，ARMASM 是 ARM 和 Thumb 的汇编器。

② 链接器。Armlink 是 ARM 链接器。它既可以将编译得到的一个或多个目标文件和相关的一个或多个库文件进行链接，生成一个可执行文件；又可以将多个目标文件链接成一个目标文件，以供进一步的链接。

③ 符号调试器。ARMSD 是 ARM 和 Thumb 的符号调试器。它能够进行源码级的程序调试。用户可以在用 C 或汇编语言编写的代码中进行单步调试、设置断点、查看变量值和内存单元的内容。

④ Fromelf。Fromelf 可将 elf 格式的文件转换为各种格式的输出文件，包括 bin 格式映像文件、Motorola 32 位 S 格式映像文件、Intel 32 位格式映像文件和 Verilog 十六进制文件。

⑤ ARMAR。ARMAR 是 ARM 库函数生成器，它将一系列 elf 格式的目标文件以库函数的形式集合在一起。用户可以把一个库传递给一个链接器，以代替几个 elf 文件。

⑥ CodeWarrior。CodeWarrior 集成开发环境（包括 IDE 等工具）为管理和开发项目提供了简单多样化的图形用户界面，用户可以使用 ADS 的 CodeWarrior IDE 为 ARM 和 Thumb 处理器开发用 C、C++或者 ARM 汇编语言编写的程序代码。

⑦ C 和 C++库。ADS 提供 ANSI C 库函数和 C++库函数，支持被编译的 C 和 C++代码。用户可以把 C 库中的与目标相关的函数作为自己应用程序中的一部分，重新进行代码的实现。

（3）版本简介

ADS 对汇编语言、C/C++、Java 均能很好支持，是目前最成熟的 ARM 开发工具之一。很多 ARM 开发软件（如 Keil）借用了 ADS 的编译器。

2. MDK

Keil MDK，也称"MDK-ARM""RealView MDK""I-MDK""μVision4"等。目前 Keil MDK 由 3 家国内代理商提供技术支持和相关服务。

MDK-ARM 软件为基于 Cortex-M、Cortex-R、ARM7、ARM9 处理器的设备提供了一个完整的开发环境。MDK-ARM 专为微控制器应用而设计，不仅易学易用，而且功能强大，能够满足大多数苛刻的嵌入式应用的要求。

MDK-ARM 有 4 个可用版本，分别是 MDK-Lite、MDK-Basic、MDK-Standard、MDK-Professional。所有版本均提供一个完善的 C/C++开发环境，其中 MDK-Professional 还包含大量的中间库。

其功能特点如下。

（1）完美支持 Cortex-M、Cortex-R、ARM7 和 ARM9 系列处理器。

（2）具有行业领先的 ARM C/C++编译工具链。

（3）具有确定的 Keil RTX，小封装实时操作系统（带源码）。

（4）具有 μVision4 IDE 集成开发环境、调试器和仿真环境。

（5）TCP/IP 网络套件提供多种的协议和各种应用。

（6）提供带标准驱动类的 USB 设备和 USB 主机栈。

（7）为带图形用户端口的嵌入式系统提供了完善的 GUI 库文件支持。

（8）ULINKpro 可实时分析运行中的应用程序，且能记录 Cortex-M 指令的每一次执行。

（9）具有关于程序运行的完整代码覆盖率信息。

（10）执行分析工具和性能分析器可使程序得到最优化。

（11）大量的项目例程帮助开发者快速熟悉 MDK-ARM 强大的内置特征。

（12）符合 CMSIS（Cortex 微控制器软件端口标准）。

1.3.2　硬件开发工具

在硬件开发中经常听说仿真器和调试器，那么什么是仿真器？什么是调试器？

1. 仿真器

仿真器（Emulator）以某一系统复现另一系统的功能。与计算机模拟系统（Computer Simulation）的区别在于，仿真器致力于模仿系统的外在表现、行为，而不是模拟系统的抽象模型。

仿真器可以替代目标系统中的微处理器，模仿其运行。仿真器运行起来和实际目标处理器一样，而且增加了很多功能，能够通过桌面计算机调试界面来观察微处理器中的程序和数据，并控制微处理器的运行。随着 IC 和软件集成平台的飞速发展，仿真器也不断被赋予新的内容和新的挑战，因为它的发展必须与 CPU 同步，要想在总线频率为 150MHz、总线带宽为 64bit 的情况下实现 Trace（跟踪）已经不可能了。

2. 调试器

调试器是从计算机诞生开始就伴随着程序员的一位"挚友"，早期的调试器都是基于硬件直接实现的。

（1）调试器的工作原理。

要掌握调试器工作原理首先要了解 CPU（中央处理器）的异常。异常是指程序运行过程中发生的一些不正常事件（如除 0 溢出、数组下标越界、所要读取的文件不存在等）。

调试器的工作原理是基于 CPU 的异常机制，并由操作系统的异常分发/事件分发子系统（或模块）负责将其封装处理后，以比较友好的方式与调试器进行实时交互。

每当调试器捕获到一个异常/事件之后，将会根据调试器的自身逻辑来判定是否需要接管这个异常/事件，并决定由调试器的哪个函数来接管。当调试器接管这个异常/事件后，将根据需求对其进行进一步的处理，处理完毕后再通知系统，此时新一轮的异常/事件捕获、分发循环开始。

（2）调试器的基本功能。

① 控制软件运行。调试器最基本的功能是将一个飞速运行的程序中断，并且使其按照用户的意愿再执行。调试器是靠迫使目标程序触发一个精心构造的异常来完成这些工作的。

② 查看软件运行中的信息。调试器可查看软件的当前信息，这些信息包含但不限于当前线程的寄存器信息、堆栈信息、内存信息、当前 EIP 附近的反汇编信息等。

③ 修改软件执行流程。包括修改内存信息、反汇编信息、堆栈信息、寄存器信息等。

1.3.3　嵌入式系统的调试

嵌入式系统的调试有 4 种基本方法：模拟调试、软件调试、BDM/JTAG 调试、全仿真调试。

1. 模拟调试（Simulator）

调试工具和待调试的嵌入式软件都在主机上运行，由主机提供一个模拟的目标机运行环境，可以进行语法和逻辑上的调试。MDK、ADS 都提供该功能。

（1）优点：简单方便，不需要目标机，成本低。

（2）缺点：只能检查软件语法和逻辑上的问题，不能和真实的硬件环境交互。

2. 软件调试（Debugger）

PC 机和目标机通过某种接口（通常是串口，早期为 RS-232，现在基本上都是 USB）连接，PC 机上提供调试界面，待调试的软件下载到目标机上运行。这种方式的先决条件是要在 PC 机和目标机之间建立通信联系（目标机上有监控程序和待调试的软件）。

（1）优点：纯软件、价格低、简单、软件调试功能较强。

（2）缺点：这种调试方式是通过 PC 与目标机通信来实现的，因此目标机必须正常工作，同时要在目标机上事先烧制监控程序，由于监控程序的功能有限，因此调试能力有限，特别是硬件调试能力较差。

软件调试连接示意图如图 1-4 所示。

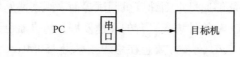

图 1-4　软件调试连接示意图

3. BDM/JTAG 调试

这种方式有一个硬件调试器。该硬件调试器与目标机通过 BDM/JTAG 等调试连接端口相连，与主机通过串口、并口或网口相连。待调试的软件通过 BDM/JTAG 调试器下载到目标机上运行。

（1）优点：方便、简单、无须制作监控程序，软硬件均可调试。

（2）缺点：这种调试方式需要 PC 和 BDM/JTAG 调试器，且目标机工作基本正常（至少微处理器工作正常），仅适用于有调试接口的微处理器。

BDM/JTAG 调试连接示意图如图 1-5 所示。

图 1-5　BDM/JTAG 调试连接示意图

4. 全仿真调试（Emulator）

这种方式用仿真器完全取代目标机上的微处理器，因而目标系统对开发者来说是完全透明的、可控的。仿真器与目标机通过仿真头连接，与主机有串口、并口、网口等连接方式。由于仿真器自成体系，调试时既可以连接目标机，也可以不连接目标机。

（1）优点：功能非常强大，软硬件均可做到完全实时在线调试。

（2）缺点：价格昂贵。

1.4　常用嵌入式操作系统

嵌入式操作系统（Embedded Operating System，EOS）是指用于嵌入式系统的操作系统。嵌入式操作系统是一种用途广泛的系统软件，通常包括与硬件相关的底层驱动软件、系统内核、设备驱动接口、通信协议、图形界面、标准化浏览器等。嵌入式操作系统负责嵌入式系统的全部软、硬件资源的分配、任务调度、控制、协调并发活动。它必须体现其所在系统的特征，能够通过装卸某些模块来实现系统所要求的功能。目前在嵌入式领域广泛使用的操作系统有嵌入式实时操作系统μC/OS-Ⅱ、嵌入式 Linux、Windows Embedded、VxWorks 等，以及应用在智能手机和平板电脑上的 Android、iOS 等。

1.4.1　μC/OS-Ⅱ

1. μC/OS-Ⅱ简介

μC/OS-Ⅱ是一个用 ANSI C 语言编写的，包含一小部分汇编语言代码的抢占式实时多任务内核。μC/OS-Ⅱ已经从 8 位发展到 64 位，可在 40 多种不同架构的微处理器上使用，涉及的领域包括照相设备、航空、医疗器械、网络设备、自动提款机以及工业机器人等。

μC/OS-Ⅱ全部以源代码的方式提供给用户，大约有 5 500 行。μC/OS-Ⅱ可以在 PC 上开发和测试，并且可以很容易地移植到使用不同架构的嵌入式微处理器搭建的系统中。

2. μC/OS-Ⅱ的特点

（1）提供源代码。μC/OS-Ⅱ的源代码清晰易读、结构协调，且注解详尽、组织有序。

（2）可移植（Portable）。μC/OS-Ⅱ的源代码绝大部分是用移植性较强的 ANSI C 语言编写的，与微处理器硬件相关的部分是用汇编语言编写的。μC/OS-Ⅱ可以移植到使用不同的微处理器搭建的系统中，条件是该微处理器具有堆栈指针，具有 CPU 内部寄存器入栈、出栈指令，使用的 C 编译器必须支持内嵌汇编，或者该 C 语言可扩展和可链接汇编模块，使得关中断和开中断能在 C 语言程序中实现。

（3）可固化（ROMable）。μC/OS-Ⅱ是为嵌入式应用而设计的，意味着只要具备合适的系列软件工具（C 编译、汇编、链接以及下载/固化），就可以将μC/OS-Ⅱ嵌入产品中作为产品的一部分。

（4）可裁剪（Scalable）。指可以只使用μC/OS-Ⅱ中应用程序需要的系统服务。可裁剪是靠条件编译实现的，只需要在用户的应用程序中定义那些μC/OS-Ⅱ中的功能应用程序需要的部分。

（5）可抢占（Preemptive）。μC/OS-Ⅱ是完全可抢占的实时内核，即μC/OS-Ⅱ总是执行就绪条件下优先级最高的任务。

（6）多任务。μC/OS-Ⅱ可以管理 64 个任务，但赋予每个任务的优先级必须是不相同的。这就是说μC/OS-Ⅱ不支持时间片轮转调度法（该调度法适用于调度优先级平等的任务）。

（7）可确定。绝大多数μC/OS-Ⅱ的函数调用和服务的执行时间具有可确定性，用户能知道μC/OS-Ⅱ的函数调用与服务执行了多长时间。除了函数 OSTimeTick()和某些事件标志服务，μC/OS-Ⅱ系统服务的执行时间不依赖于用户应用程序任务数目的多少。

（8）提供任务栈。每个任务都有自己单独的栈。μC/OS-Ⅱ允许每个任务有不同的栈空间，以便降低应用程序对 RAM 的需求。

（9）提供系统服务。μC/OS-Ⅱ提供许多系统服务，如信号量、互斥信号量、事件标志、消息邮箱、消息队列、时间管理等。

（10）提供中断管理。中断可以使正在执行的任务暂时挂起。如果优先级更高的任务被该中断唤醒，则高优先级的任务在中断嵌套全部退出后立即执行，中断嵌套层数可达 255 层。

（11）稳定性和可靠性强。μC/OS-Ⅱ提供的每种功能、每个函数以及每行代码都经过了考验和测试，具有足够的安全性与稳定性，能用于安全性条件要求极为苛刻的系统中。

1.4.2　嵌入式 Linux

1. 嵌入式 Linux

嵌入式 Linux 是嵌入式操作系统的一个新成员，其最大的特点是源代码公开并且遵循 GPL 协议，近几年来已成为研究热点。目前正在开发的嵌入式系统中，有近 50%的项目选择 Linux 作为嵌入式操作系统。

嵌入式 Linux 是将日益流行的 Linux 操作系统进行裁剪修改，使之能在嵌入式计算机系统上运行的一种操作系统。嵌入式 Linux 既继承了 Internet 上无限的开放源代码资源，又具有嵌入式操作系统的特性。

嵌入式 Linux 的特点是免版权费。源代码的开放性允许任何人获取并修改其源代码，还可以在 Linux 社区获得许多公开的应用软件代码供参考和移植，因而应用产品开发周期短、新产品上市迅速。实时性能方面有 RT_Linux、Hardhat Linux 等嵌入式 Linux 支持，实时性能表现优秀、稳定性好、安全性好。

2. 嵌入式 Linux 的特点

嵌入式 Linux 的应用领域非常广泛，主要应用领域有信息家电、个人数字助理、机顶盒、数字电话、应答机、可视电话、数据网络、网络交换机、路由器、桥接器、集线器、远程访问的服务器、自动柜员机、帧中继、远程通信、医疗电子、交通运输计算机外设、工业控制、航空航天等。根据 Linux 自身具有的许多特点，把它应用到嵌入式系统里是非常合适的。

Linux 操作系统应用到嵌入式系统的优势如下。

（1）Linux 是开放源代码的，不存在黑箱技术，遍布全球的众多 Linux 爱好者是 Linux 开发者的强大技术支持。

（2）Linux 的内核小、效率高，内核的更新速度很快，是可以定制的，其系统内核最小只有约 134KB。

（3）Linux 是免费的 OS，使用 Linux 搭建的嵌入式系统在价格上极具竞争力。

（4）Linux 还有嵌入式操作系统所需要的很多特色，如 Linux 适用于多种 CPU 和多种硬件平台，是一个跨平台的系统。到目前为止，它可以支持几十种 CPU，而且性能稳定，裁剪性很好，开发和使用都很容易。很多 CPU，包括家电业芯片，都开始着手 Linux 的平台移植工作，移植的速度远远超过 Java 的开发环境。也就是说，如果现在用 Linux 开发产品，那么将来更换 CPU 不会遇到困扰。同时，Linux 内核的结构在网络方面是非常完整的，Linux 对网络中最常用的 TCP/IP 协议簇有非常完备的支持，提供了对包括十兆、百兆、千兆的以太网络，以及无线网络、Token Ring（令牌环网）、光纤甚至卫星的支持。所以 Linux 很适合做信息家电的开发。

（5）使用 Linux 来开发无线连接产品的开发者越来越多。Linux 在快速增长的无线连接应用市场中有一个非常重要的优势，就是有足够快的开发速度。这是因为 Linux 有很多工具，并且 Linux 为众多程序员所熟悉。

1.4.3　Windows Embeded

1. Windows Embeded 简介

Windows Embedded 是一种嵌入式操作系统，可以以组件化形式提供 Windows 操作系统功能。Windows Embedded 与 Windows 一样，都是基于二进制，包含 10 000 多个独立功能组件，因此开发人员在自定义设备映像管理中，为了降低内存占用量可以只选择需要的功能部件，从而获得最佳功能。Windows Embedded 基于 Win32 编程模型，由于采用常见开发工具，如 Visual Studio、.NET，使用商品化 PC 硬件，与桌面应用程序无缝集成，因此可以缩短上市时间。使用 Windows Embedded 构建操作系统的常见设备包括零售销售点终端、客户机和高级机顶盒等。

Windows Embedded Compact（Windows CE）是微软公司嵌入式、移动计算平台的基础，它是一个开放的、可升级的 32 位嵌入式操作系统，是基于掌上电脑（PDA）类的电子设备操作系统。在 2008 年 4 月 15 日举行的嵌入式系统大会上，微软宣布将 Windows CE 更名为 Windows Embedded Compact，与 Windows Embedded Enterprise、Windows Embedded Standard 和 Windows Embedded POSReady 组成 Windows Embedded 系列产品。

Windows XP Embedded（XPE）是桌面操作系统的组件化版本，它能够快速开发出最为可靠的全功能连接设备。它采用与 Windows XP Professional 相同的二进制代码，从而使得嵌入式开发人员能够只选择那些小覆盖范围嵌入式设备所需的特性。Windows XP Embedded 构建在已经得到验证的 Windows 2000 代码库基础之上，它提高了可靠性、安全性和性能，并且具有最新的多媒体、Web 浏览、电源管理及设置支持功能。此外，它还包含一套全新设计的工具集 Windows Embedded Studio，这套工具集使得开发人员能够更快速地配置、构建并部署智能化设计方案。

2. Windows XP Embedded 的特点

（1）Windows XP Embedded 体积小，启动速度快。Windows XP Embedded 是桌面操作系统 Windows XP 的组件化版本，基本系统内核配置仅为 4.8MB，而 14MB 的内存占用量则可提供基本的 Windows 32 系统的应用能力。XPE 的优势在于它从二进制编码级别上就完全兼容当今主流的 Windows 32 应用，真正实现嵌入式操作系统平台与主流操作系统平台的统一，最大限度地降低嵌入式平台应用程序的开发成本，提高了开发效率。

Windows XP Embedded 的组件化可以让开发者根据需要创建一个具有较小内存占用量和具有特定设备功能的目标操作系统。Windows XP Embedded 以 Windows XP Professional 的二进制代码档案为基础，选出了超过 10 000 个功能组件，能以更小的体积实现更佳的功能。开发者可以删除不必要的 Windows XP 组件，从而有效地提高系统运行效率。

（2）Windows XP Embedded 的系统高稳定性和文件防错设计，可避免意外断电等情况对操作系统文件造成破坏。Windows XP Embedded 的可靠性很高，它构建在已经通过市场长期验证的 Windows 2000 代码库基础之上，且 Windows 2000 使用了 32 位计算体系结构以及受到全面保护的内存模型。Windows XP Embedded 提供了 Windows 文件保护、设备驱动程序的重新运行、Windows 驱动程序保护以及 Windows 升级程序等几个重要性能。

（3）Windows XP Embedded 可定制用户开机画面，把 Customized Shell 作为系统启动的运行 Shell。信息终端每次运行定制的 Shell，可防止人为恶意修改系统配置或是因误操作而破坏系统，以保证平台稳定和数据安全，适合信息终端应用环境。Windows XP Embedded 自带的壳程序有 Explorer Shell、Command Shell 和 Task Manager Shell。开发者可以使用自己开发的应用程序创建一个自定义的壳组件，在操作系统启动时引导。这样 Windows XP Embedded 可以支持系统运行后启动桌面，也可以自定义系统运行后启动另一个应用程序、IE 浏览器或者是用户自行开发的应用程序或动画，符合信息终端的需要。再加上 Windows 本身具有良好的用户体验，更适合用户在信息终端上使用。

（4）Windows XP Embedded 还具有支持不同存储介质的启动功能，包括基于 CD-ROM 的启动、基于 USB 的启动等。就基于 USB 的启动来说，用户可以通过一个 USB 闪存驱动器（UFD）、U

盘和 USB 密钥等来启动并构建一个 Windows XP Embedded 的映像。UFD 的移动性与便携性强，换一个 UFD 远远比换一个内置的硬盘要容易得多。这样在各种信息终端出现故障之后，可以方便工程师进行诊断并解决。

（5）除此之外，绝大多数嵌入式产品是 Intel x86 架构，Windows XP Embedded 对所有基于 Intel x86 的处理器都有良好的支持。与此同时，Windows XP Embedded 提供 10 年生命周期支持政策保证，让产品成本更低。

1.4.4　VxWorks

1．VxWorks 简介

VxWorks 操作系统是美国 WindRiver 公司于 1983 年设计开发的一种嵌入式实时操作系统（RTOS），以其良好的持续发展能力、高性能的内核以及友好的用户开发环境，在嵌入式实时操作系统领域占据一席之地。它以其良好的可靠性和卓越的实时性被广泛地应用在通信、军事、航空航天等高精尖技术及实时性要求极高的领域中，如卫星通信、军事演习、弹道制导、飞机导航等。

2．VxWorks 的特点

VxWorks 系统结构是一个相当小的微内核的层次结构。内核仅提供多任务环境、进程间通信和同步功能。这些功能模块足够支持 VxWorks 在较高层次满足丰富的性能要求。

1.4.5　Android

1．Android 简介

Android 是一种基于 Linux 的自由及开放源代码的操作系统，主要应用于移动设备，如智能手机和平板电脑，由谷歌（Google）公司和开放手机联盟领导开发。其尚未有统一的中文名称，用户普遍称之为"安卓"。Android 操作系统最初由安迪·鲁宾（Andy Rubin）开发，主要支持手机。2005 年 8 月由 Google 收购注资。2007 年 11 月，Google 与 84 家硬件制造商、软件开发商及电信运营商组建开放手机联盟，共同研发改良 Android 系统。随后 Google 以 Apache 开源许可证的授权方式，发布了 Android 的源代码。第一部 Android 智能手机发布于 2008 年 10 月。后来，Android 逐渐扩展到平板电脑及其他领域，如电视、数码相机、游戏机、智能手表等。2011 年第一季度，Android 在全球的市场份额首次超过塞班系统，跃居全球第一。2013 年的第四季度，Android 系统手机的全球市场份额已经达到 78.1%。2013 年 9 月 24 日 Google 开发的操作系统 Android 迎来了 5 岁生日，全世界采用这款系统的设备数量已经达到 10 亿台。

2014 年第一季度，Android 平台已占所有移动广告流量来源的 42.8%，首次超越 iOS，但运营收入不及 iOS。

2．Android 的特点

（1）开放性强。在优势方面，Android 系统具有无可比拟的开放性，允许任何移动终端厂商加入 Android 联盟。显著的开放性可以使其拥有更多的开发者。随着用户和应用的日益丰富，这个系统平台也越来越成熟。

开放性对于 Android 的发展而言，有利于积累人气，这里的人气包括消费者和厂商。对于消费者来讲，最大的受益是可使用丰富的软件资源。开放的平台也会带来更大竞争，如此一来，消费者可以用更低的价位购买心仪的设备。

（2）丰富的硬件。这一点还是与 Android 平台的开放性相关。由于 Android 的开放性，众多厂商会推出千奇百怪、功能特色各异的产品。功能上的差异和特色，却不会影响数据的同步、软件的兼容。

（3）方便开发。Android 平台提供给第三方开发商一个十分宽泛、自由的环境，不会受到各种条条框框的限制，可想而知，会有多少新颖的软件诞生。

（4）Google 应用。Google 在互联网已经走过 22 年，从搜索巨人到全面的互联网渗透，Google 服务，如地图、邮件、搜索等已经成为连接用户和互联网的重要纽带，而 Android 平台可无缝结合这些优秀的服务。

1.4.6　iOS

1. iOS 简介

iOS 是由苹果公司开发的移动操作系统。苹果公司最早在 2007 年 1 月 9 日的 MacWorld 大会上推出这个系统，最初是设计给 iPhone 使用的，后来陆续套用到 iPod touch、iPad 以及 Apple TV 等产品上。iOS 与苹果公司的 Mac OS X 操作系统一样，属于类 UNIX 的商业操作系统。原本这个系统名为 iPhone OS，因为 iPad、iPhone、iPod touch 都使用 iPhone OS，所以在 2010 年的 WWDC（全球开发者大会）上宣布改名为 iOS（iOS 为美国 Cisco 公司网络设备操作系统注册商标，苹果公司改名已获得 Cisco 公司授权）。

2. iOS 的特点

（1）iOS 系统是封闭的，其运行时不管程序有多大都不容易死机，流畅度高。iOS 系统专用于苹果公司产品，如 iPhone、iPad 等设备，其他品牌的设备是不能使用 iOS 系统的。

（2）iOS 系统的安全性较高，苹果公司的手机只能在苹果公司自己的应用商店下载软件，App 等软件必须通过苹果公司应用商店的审核才能上架到苹果公司应用商店。

思　考　题

1. 什么是嵌入式系统？
2. 嵌入式微处理器的体系结构有哪两种？它们的定义和区别是什么？
3. 嵌入式系统的分类有哪 3 种？
4. 常见的嵌入式操作系统有哪些？

第2章
ARM 处理器及系统结构

本章内容主要包括 ARM 公司简介、ARM 处理器系列、ARM 版本系列及产品介绍、ARM9 处理器内核、ARM 处理器的中断（异常）。

2.1 ARM 公司简介

1. ARM 公司概述

ARM 既是一个公司的名称（Advanced RISC Machines），又是一类微处理器的通称（Advanced RISC Machines），还是一种技术的名字（ARM 体系结构）。

英国 ARM 公司是全球领先的半导体知识产权（Intellectual Property，IP）提供商。全世界超过 95% 的智能手机和平板电脑都采用 ARM 架构。ARM 公司设计了大量高性价比、低能耗的 RISC 处理器、相关技术和软件。2014 年，基于 ARM 技术的芯片全球出货量达到 120 亿片。ARM 芯片具有性能高、成本低和能耗小的特点，在智能手机、平板电脑、嵌入式控制、多媒体等应用领域拥有主导地位。

2016 年 7 月 18 日，日本软银集团以 234 亿英镑（当时约合 310 亿美元）的价格收购英国芯片设计公司 ARM。软银认为凭借这笔收购，ARM 将使软银成为未来科技市场（物联网）的领导者。

2. ARM 公司发展历史

1991 年，ARM 公司成立于英国剑桥，主要出售芯片设计技术的产权。采用 ARM 技术知识产权（IP）生产的微处理器，即通常所说的 ARM 微处理器，已遍及工业控制、消费类电子产品、通信系统、网络系统、无线系统等各类产品市场。基于 ARM 技术的微处理器应用约占据了 32 位 RISC 微处理器 75% 的市场份额，ARM 技术正在逐步渗入生活的各个方面。

20 世纪 90 年代，ARM 公司的业绩平平，处理器的出货量停滞不前。由于资金短缺，ARM 公司做出了一个意义深远的决定：自己不制造芯片，只将芯片的设计方案授权（Licensing）给其他公司，由其他公司来生产芯片。正是这个模式，最终使得 ARM 芯片遍地开花，将封闭设计的 Intel 公司"置于人民战争的汪洋大海"。ARM 公司与芯片厂商的关系如图 2-1 所示。

进入 21 世纪后，由于手机制造行业的快速发展，ARM 处理器出货量呈现爆炸式增长，迅速占领了全球手机市场。2006 年，全球 ARM 芯片出货量为 20 亿片。2010 年，全球 ARM 芯片出货量达到了 60 亿片。

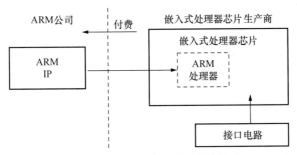

图 2-1　ARM 公司与芯片厂商的关系

ARM 公司是专门从事基于 RISC 技术的芯片设计开发公司。作为知识产权供应商，ARM 公司不直接从事芯片生产，靠转让设计许可，由合作公司生产各具特色的芯片。世界各大半导体生产商向 ARM 公司购买其设计的 ARM 微处理器核，再根据各自不同的应用领域，加入适当的外围电路，形成自己的 ARM 微处理器芯片，从而进入市场。全世界有几十家大的半导体公司使用 ARM 公司授予的知识产权，因此既使得 ARM 技术获得更多的第三方工具、制造、软件的支持，又使使用 ARM 芯片开发出来的产品成本更低，使产品更容易进入市场，被消费者所接受，更具有竞争力。

ARM 公司通过出售芯片技术产权，建立起新型的微处理器设计、生产和销售商业模式。ARM 公司将其技术授权给世界上许多著名的半导体、软件和 OEM 厂商，每个厂商得到的都是一套独一无二的 ARM 相关技术及服务。利用这种合伙关系，ARM 公司很快成为许多全球性 RISC 标准的缔造者。

总共约有 30 家半导体公司与 ARM 公司签订了硬件技术使用许可协议，其中包括 Intel、IBM、华为、三星半导体、NEC、Sony、Philips 和 NI 这样的大公司。软件系统的合伙伙伴包括微软和 MRI 等一系列知名公司。

3. ARM 公司主要特点

ARM 商业模式主要涉及 IP 的设计和许可，而非生产和销售实际的半导体芯片。ARM 公司向合作伙伴（包括世界领先的半导体公司和系统公司）授予 IP 许可证。这些合作伙伴可利用 ARM 公司的 IP 设计创造并生产片上系统，但需要向 ARM 公司支付原始 IP 的许可费用，并为每块生产的芯片或晶片缴纳版税。除处理器 IP 外，ARM 公司还提供了一系列工具、物理和系统 IP 来优化片上系统设计。

因为 ARM 公司的 IP 多种多样，以及支持基于 ARM 公司的解决方案的芯片和软件体系十分庞大，全球领先的原始设备制造商（Original Equipment Manufacture，OEM）都在广泛使用 ARM 技术，应用领域涉及手机、数字机顶盒以及汽车制动系统和网络路由器等。当今，全球 95% 以上的手机以及超过 25% 的其他电子设备都在使用 ARM 技术。

ARM 公司提供了多样的授权条款，这里不做详细介绍，有兴趣的读者可到网上搜索相关内容。

2.2 ARM 处理器版本系列

2.2.1 ARM 处理器简介

1. ARM 处理器概述

ARM（Advanced RISC Machines）是一个 32 位精简指令集（RISC）处理器架构，目前广泛应用在嵌入式处理器中。采用 ARM 架构的处理器统称为 ARM 处理器。

2. ARM 处理器特点

（1）体积小、功耗低、成本低、性能高。

（2）支持 Thumb（16 位）/ARM（32 位）双指令集，能很好兼容 8 位/16 位的器件。

（3）大量使用寄存器，指令执行速度更快。

（4）大多数数据操作都在寄存器中完成。

（5）寻址方式灵活简单，执行效率高。

（6）指令长度固定。

ARM 处理器包含很多系列，每个系列的 ARM 处理器都有各自的特点和应用领域。ARM 处理器包含 ARM7 系列、ARM9 系列、ARM9E 系列、ARM10E 系列、ARM11 系列、Cortex 系列、SecureCore 系列、Intel 的 Xscale、Intel 的 StrongARM 系列等。下面简略介绍 ARM9 系列。

2.2.2 ARM9 系列

1. 概述

ARM9 系列采用哈佛体系结构，指令和数据分属不同的总线，可以并行处理。在流水线上，ARM9 系列是五级流水线。平时说的 ARM9 实际上指的是 ARM9TDMI 软核，这种处理器软核并不带有内存管理单元和缓存，不能够运行诸如 Linux 这样的嵌入式操作系统。ARM 公司对这种架构进行了扩展，所以有了 ARM920T、ARM922T 等带有内存管理单元和缓存的处理器内核。

2. ARM9 系列产品

ARM9 系列产品如表 2-1 所示。

表 2-1　ARM9 系列产品

型号	缓存（Inst/Data）	Tightly Coupled Memory	内存管理	BUS 端口	Thumb	DSP	Jazelle
ARM920T	16KB/16KB	—	MMU	ASB	yes	no	no
ARM9TDMI	—	—	—	ASB	yes	no	no
ARM922T	8KB/8KB	—	MMU	ASB	yes	no	no
ARM940T	Fixed	—	MMU	ASB	yes	no	no

3. ARM9 系列特点

（1）具有五级整数流水线，指令执行效率高。

（2）基于嵌入式 ICE JTAG 的软件调试方式，调试开发方便。

（3）提供 1.1MIPS/MHz 的哈佛结构。

（4）支持 32 位 ARM 指令集和 16 位 Thumb 指令集。

（5）支持 32 位的高速 AMBA 总线端口。

（6）全性能的内存管理单元，支持 Windows CE、Linux、Palm OS 等多种主流嵌入式操作系统。

（7）MPU 支持实时操作系统。

（8）支持数据缓存和指令缓存，具有更强的指令和数据处理能力。

ARM9 系列兼容了 ARM7 系列，主要用于仪器仪表、安全系统、引擎管理、机顶盒、高端打印机、PDA、网络计算机以及带有 MP3 音频和 MPEG4 视频多媒体格式的智能电话中。

2.2.3　ARM 版本系列及产品介绍

ARM 先后发布了 V1 版架构（ARMv1）～V8 版架构（ARMv8），其产品与版本的对应关系如表 2-2 所示。

表 2-2　ARM 产品与版本关系

ARM 核心	体系结构
ARM1	V1
ARM2、ARM3	V2
ARM6、ARM7	V3
StrongARM、ARM7TDMI、ARM8、ARM9TDMI	V4
ARM10、Xscale	V5
ARM11、MPCore	V6
ARM Cortex-M、ARM Cortex-R、ARM Cortex-A	V7
ARM Cortex-A50	V8

2.3　ARM9 系列处理器内核

后续程序设计、芯片介绍都是基于 ARM9 系列处理器内核的，本节对其进行详细介绍。

2.3.1　ARM9 系列处理器内核简介

ARM9 系列处理器是 ARM 公司设计的主流嵌入式处理器，主要包括 ARM9TDMI 和 ARM920T 等系列。

1. ARM9TDMI

ARM9TDMI 是基于 ARM 体系结构 V4 版本的高端 ARM 核（核并非芯片，ARM 核与其他部件，如 RAM、ROM、片内外设等组合在一起构成现实的芯片）。

ARM9TDMI 是由 ARM7 核发展而来的，ARM9TDMI 后缀的含义如下。

① T：支持高密度 Thumb 指令集扩展。

② D：支持片上调试。

③ M：支持 64 位乘法指令。

④ I：带 Embedded ICE 硬件仿真功能模块。

ARM9TDMI-S 是 ARM9TDMI 的可综合（Synthesizable）版本（软核）。对应用工程师来说，除非芯片生产厂商对 ARM9TDMI-S 进行了裁剪，否则在逻辑上 ARM9TDMI-S 与 ARM9IDMI 没有太大区别，其编程模型与 ARM7TDMI 一致。

（1）ARM9TDMI 与 ARM7TDMI 比较

ARM9TDMI 和 ARM7TDMI 分别是 ARM9 和 ARM7 系列芯片的处理器核，下面将从与 ARM7TDMI 做比较的角度阐述 ARM9TDMI 的特点。

ARM9 系列处理器和 ARM7 系列处理器的最大区别是指令执行过程由原来的三级流水线（取指、译码和执行），变成了五级流水线（取指、译码、执行、数据存储器/数据 Cache 访问和寄存器回写）。其中 ARM9TDMI 的第四步，数据存储器访问操作主要作用是更新数据 Cache 中的数据，实际上是对数据 Cache 的访问。

ARM9TDMI 和 ARM7TDMI 相比，其中的译码部分是通过硬件实现 Thumb 指令解码，即执行 Thumb 指令时由 ARM7TDMI 的软解码到 ARM9TDMI 的 Thumb 指令的硬解码，这使得 ARM9TDMI 相对 ARM7TDMI 的解码速度提高了。

ARM9TDMI 同 ARM7TDMI 相比较除了采用硬件 Thumb 解码外，其指令流水线由三级变成五级使得程序的执行时间缩短了。

ARM7TDMI 基于冯·诺依曼体系结构，而 ARM9TDMI 基于哈佛体系结构。在早期设计中冯·诺依曼体系结构将指令存储器和数据存储器放在一起，而后期的哈佛体系结构将两者分开。后者在处理器的设计中增加了 Cache，把指令 Cache 和数据 Cache 分开实现，并且相应的 MMU 也分开实现，就形成了现在的哈佛体系结构。而把指令 Cache 和数据 Cache 放在一起是冯·诺依曼体系结构的特点，下面简单分析这两种体系的优缺点。

冯·诺依曼体系结构是在同一个存储空间取指令和数据，两者分时复用一条总线，故限制了工作带宽，使控制电路较复杂。哈佛体系结构的指令和数据空间完全分开，可以同时访问，且一次读出，从而减少对存储器的读取次数，简化控制电路，方便实现流水线操作。

在冯·诺依曼体系结构中，数据和程序存储器共享数据总线。数据总线共享有很多优点，例如减小总线成本、能够把 RAM 映射到程序空间。而对于哈佛体系结构的计算机，程序和数据总线是分开的，即程序存储器和数据存储器是两个相互独立的存储器，每个存储器独立编址、独立访问。程序存储器和数据存储器独立编址的优势在于能够在一个时钟周期内同时读取程序和数据，这样就相应地减少了执行每一条指令所需的时钟周期，即可以达到高速、并行工作的目的。

还有一点就是 ARM9TDMI 可以完全执行 ARM 体系结构 V4 和 V4T 的未定义异常指令扩展空间上的指令集，而 ARM7TDMI 是不能执行的。这些指令扩展空间包括算术指令扩展空间、控制指令扩展空间、协处理器指令扩展空间和加载/存储指令扩展空间。

（2）存储器的字与半字

ARM 处理器直接支持 8 位字节、16 位半字或者 32 位字的数据类型。其中以能被 4 整除的地址开始连续的 4 个字节构成 1 个字，字的数据类型为 4 个连续的字节。从偶数地址开始连续的 2 个字节构成一个半字，半字的数据类型为 2 个连续的字节。ARM 指令的长度刚好是 1 个字（32 位），Thumb 指令的长度刚好是一个半字（16 位）。

如果一个数据是以字方式存储的（32 位），那么它就是字对齐的，否则就是非字对齐的。如果一个数据是以半字方式存储的（16 位），那么它就是半字对齐的，否则就是非半字对齐的，半字对齐与字对齐的实际情况如表 2-3 所示。

表 2-3　半字对齐与字对齐的实际情况

方式	半字对齐	字对齐
地址	0X00000002	0X00000004
	0X00000004	0X00000008
	0X00000006	0X0000000C
	0X00000008	0X00000010
	…	…
特征	地址位 bit0=0，其他位的值为任意数	地址位 bit0=0，bit1=0，其他位的值为任意数

2. ARM920T

ARM920T 是一个高性能的 32 位 RISC 整数处理器。宏单元融合了 ARM9TDMI 处理器核，它包含：（a）16KB 指令和 16KB 数据缓存，（b）指令和数据存储器管理单元（MMU），（c）写入缓冲器，（d）一个 AMBA（高级微处理器总线结构）总线端口，（e）一个嵌入式跟踪宏单元（ETM）端口。

（1）高性能

ARM920T 提供了一个高性能的开放式处理器解决方案，需要全虚拟内存管理和复杂内存的系统保护。它是增强的 ARM 体系结构版本 V4，MMU 实现对指令和数据地址转换和访问权限检查。ARM920T 高性能处理器提供了节省芯片复杂度和面积、芯片系统设计和电源功耗的解决方案。

（2）与 ARM7 和 StrongARM 兼容

ARM920T 处理器 100%用户代码二进制兼容 ARM7TDMI 和向后兼容 ARM7 Thumb 系列以及 StrongARM 系列处理器，使设计师的软件兼容，处理速度范围从 60 MIPS～200+MPIS。目前对 ARM 体系结构的支持包括：（a）WindowsCE、EPOC、Linux 和 QNX 操作系统，（b）40 多个实时操作系统，（c）来自领先 EDA 供应商的组合工具，（d）各种主流软件开发工具。

（3）ARM920T 功能块图

ARM920T 功能块图如图 2-2 所示。

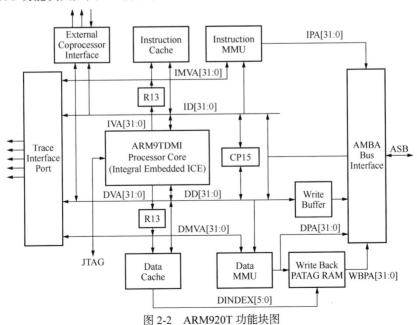

图 2-2　ARM920T 功能块图

3. ARM 的工作状态

ARM 处理器有两种工作状态，分别为 ARM 状态和 Thumb 状态。

（1）ARM 状态

ARM 状态是 32 位的，ARM 状态执行字对齐的 32 位 ARM 指令。

（2）Thumb 状态

Thumb 状态是 16 位的，执行半字对齐的 16 位 Thumb 指令。

（3）用 Bx 和 Rn 来进行两种状态的切换

Bx 是跳转指令，Rn 是寄存器（1 个字，32 位）。如果 Rn 的第 0 位为 1，则进入 Thumb 状态；如果 Rn 的第 0 位为 0，则进入 ARM 状态。

注意：

① ARM 和 Thumb 两种状态之间的切换不影响处理器的工作模式和寄存器的内容。

② ARM 处理器在处理异常时，不管处理器处于什么状态，都将切换到 ARM 状态。

2.3.2 ARM 处理器的工作模式

ARM 处理器的工作模式分几种，要根据 ARM 的系列来决定，不同系列可能有差异。

ARM9 系列处理器有 7 种工作模式，分别如下。

（1）用户模式（USR）

用户模式是用户程序的工作模式，它运行在操作系统的用户状态，它操作的硬件资源是有限的，只能处理自己的数据，不能切换到其他模式，要想访问额外的硬件资源或切换到其他模式，只能通过软中断或产生异常。

（2）系统模式（SYS）

系统模式是特权模式，不受用户模式的限制。用户模式和系统模式共用一组寄存器，操作系统在该模式下可以方便地访问用户模式的寄存器，而且操作系统的一些特权任务可以使用这个模式访问一些受控的资源。

注意：用户模式与系统模式两者使用相同的寄存器，都没有 SPSR（Saved Program Statement Register，备份程序状态寄存器），但系统模式比用户模式有更高的权限，可以访问所有系统资源。

（3）普通中断模式（IRQ）

普通中断模式用于处理一般的中断请求，通常在硬件产生中断信号之后自动进入该模式，该模式为特权模式，可以自由访问系统硬件资源。

（4）快速中断模式（FIQ）

快速中断模式是相对普通中断模式而言的，它常被用来处理对时间要求比较高的中断请求，主要用于高速数据传输及通道处理。

（5）管理模式（SVC）

管理模式是 CPU 上电后的默认模式，因此在该模式下主要进行系统的初始化。软中断处理也在该模式下。当用户模式下的用户程序请求使用硬件资源时，通过软中断进入该模式。

注意：系统复位或开机、软中断时进入 SVC 模式。

（6）中止模式（ABT）

中止模式用于支持虚拟内存或存储器保护，当用户程序访问非法地址或没有权限读取的内存地址时，会进入该模式，Linux 下编程时经常出现的 Segment Fault 通常都是在该模式下抛出的。

（7）未定义指令模式（UND）

未定义指令模式用于支持硬件协处理器的软件仿真。CPU 在指令的译码阶段不能识别该指令操作时，会进入未定义指令模式。

注意：

① 除用户模式外，其他 6 种模式被称为"特权模式"。所谓特权模式，即具有如下特权。

- MRS（把状态寄存器的内容存储到通用寄存器）。
- MSR（把通用寄存器的内容存储到状态寄存器）。

由于状态寄存器中的内容不能随意改变，因此要先把内容复制到通用寄存器中，然后修改通用寄存器中的内容，再把通用寄存器中的内容赋值给状态寄存器，即可完成"修改状态寄存器"任务。

② 特权模式中除系统模式外，其他 5 种模式又被统称为"异常模式"。

各种模式的关系如表 2-4 所示。

表 2-4　各种模式的关系

处理器工作模式	特权模式	异常模式	说明
用户模式（USR）	—	—	用户程序运行模式
系统模式（SYS）	该组模式下可以任意访问系统资源	—	执行特权级的操作系统任务
普通中断模式（IRQ）		通常由系统异常状态切换进该组模式	普通中断模式
快速中断模式（FIQ）			快速中断模式
管理模式（SVC）			提供操作系统使用的一种保护模式
中止模式（ABT）			支持虚拟内存管理和内存数据访问保护
未定义指令模式（UND）			支持通过软件仿真硬件的协处理

2.3.3　ARM 的寄存器组织

ARM 状态下的寄存器组织如图 2-3 所示。ARM 有 37 个 32 位的寄存器，包括 31 个通用寄存器、1 个当前程序状态寄存器（Current Program Status Register，CPSR）、5 个备份的程序状态寄存器（Saved Program Status Register，SPSR）。这 37 个寄存器并不是同时可见的。在任意时刻，只有 16 个通用寄存器（R0～R15）和一个或者两个状态寄存器（CPSR 和 SPSR）对处理器是可见的。

1.　通用寄存器

31 个通用寄存器用 R0～R15 表示，可以分为 3 类。

① 未分组寄存器 R0～R7。

② 分组寄存器 R8～R14。

③ 程序计数器 PC（R15）。

（1）未分组寄存器 R0～R7

在所有模式下，未分组寄存器都指向同一个物理寄存器，它们未被系统用作特殊的用途，因此，在中断或异常处理进行运行模式转换时，由于不同的处理器运行模式均使用相同的物理寄存器，可能会造成寄存器中数据的破坏，这一点在进行程序设计时应注意。

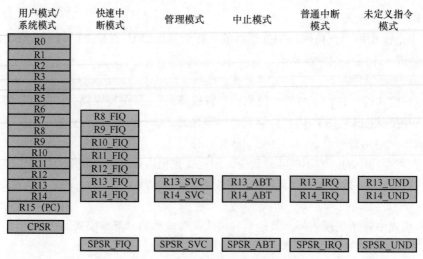

图 2-3　ARM 状态下的寄存器组织

（2）分组寄存器 R8～R14

对于分组寄存器，它们每一次所访问的物理寄存器与处理器当前的运行模式有关。

对于 R8～R12 来说，每个寄存器对应两个不同的物理寄存器，当使用 FIQ 模式时，访问寄存器 R8_FIQ～R12_FIQ；当使用 FIQ 模式以外的模式时，均访问寄存器 R8_USR～R12_USR。

对于 R13、R14 这两个寄存器来说，每个寄存器各有 6 个不同的物理寄存器，其中一个是用户模式与系统模式共用的，另外 5 个物理寄存器分别用于 5 种异常模式。

采用以下记号来区分不同的物理寄存器。

```
R13_<mode>
R14_<mode>
```

其中，mode 为以下几种模式之一：USR、FIQ、IRQ、SVC、ABT 和 UND。

寄存器 R13 通常用作堆栈指针（Stack Pointer，SP），但这只是一种习惯用法，用户也可使用其他的寄存器作为堆栈指针。在 Thumb 指令集中，某些指令强制要求使用 R13 作为堆栈指针。

在实际使用中，一般会在存储器中分配一些空间作为堆栈。由于处理器的每种运行模式均有自己独立的物理寄存器 R13，在用户应用程序的初始化部分，一般都要初始化每种模式下的 R13，使其指向该运行模式的栈空间。这样，当程序运行进入异常模式时，可以将需要保护的寄存器放入 R13 所指向的堆栈，而当程序从异常模式返回时，则从对应的堆栈中恢复寄存器的内容，采用这种方式可以保证发生异常后程序能正常运行。

R14 也称作"子程序连接寄存器（Subroutine Link Register，SLR）"或"连接寄存器（LR）"，当执行分支指令 BL 时，R14 得到 R15（程序计数器）的备份。其他情况下，R14 用作通用寄存器。类似地，当发生中断或异常时，或当程序执行 BL 指令时，对应的分组寄存器 R14_SVC、R14_IRQ、R14_FIQ、R14_ABT 和 R14_UND 用来保存 R15（PC）的返回值。

寄存器 R14 常用在如下情况：在每一种运行模式下，都可用 R14 保存子程序的返回地址，当用 BL 或 BLX 指令调用子程序时，将子程序的返回地址（在 PC 中）复制给 R14，执行完子程序后，又将 R14 的值复制到 PC，即可完成子程序的调用、返回。典型的程序如下。

① 执行以下任意一条指令。

```
MOV PC,LR      ;R14 复制到 PC，实现子程序的返回
BX LR          ;跳转到 LR 指令的地址处执行程序，实现子程序的返回
```

② 在子程序入口处使用以下指令将 R14 存入堆栈。

```
STMFD SP! ,{<Regs>,LR}
```

③ 对应地，使用以下指令可以完成子程序返回。

```
LDMFD SP! ,{<Regs>,PC}
```

（3）程序计数器（R15）

寄存器 R15 用作程序计数器（Program Counter，PC）。在 ARM 状态下，所有指令都是 32 位的，所有的指令必须字对齐，所以 PC 的值由位[31:2]决定，位[1:0]是 0（在 Thumb 状态下，必须半字对齐，位[0]为 0，PC 的值由位[31:1]决定）。R15 虽然也可用作通用寄存器，但一般不这么使用，因为 R15 的值通常是下一条要取出的指令的地址，因此使用时有一些特殊的限制，当违反了这些限制时，程序的执行结果是未知的。

ARM7 采用三级流水线技术，指令读出的 PC 值是指令地址值加 8 个字节。三级流水线如图 2-4 所示。

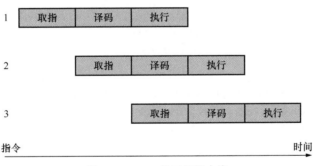

图 2-4　ARM7 的三级流水线

ARM9 采用五级流水线，五级流水线与三级流水线的比较如图 2-5 所示。

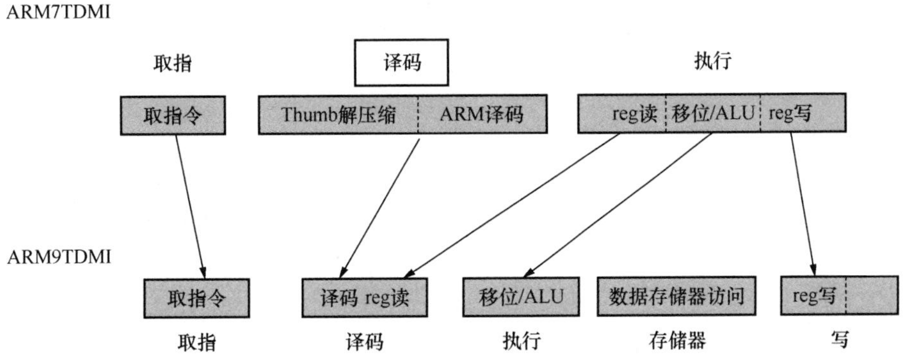

图 2-5　五级流水线与三级流水线的比较

2. 程序状态寄存器

ARM 的程序状态寄存器（Program Status Register，PSR）有 1 个当前程序状态寄存器

（CPSR）和 5 个备份的程序状态寄存器（SPSR）。CPSR 用来标识（或设置）当前运算的结果、中断使能设置、处理器状态、当前运行模式等。当异常发生时，SPSR 用来保存 CPSR 当前值，以便从异常退出时用 SPSR 来恢复 CPSR。处理器在所有工作模式下都可访问 CPSR，不同模式的 CPSR 是同一个物理寄存器。而每一种异常模式下都有一个 SPSR，它们对应不同的物理寄存器。因为用户模式和系统模式不属于异常模式，所以它们没有 SPSR，当在这两种模式下访问 SPSR 时，结果是未知的。CPSR、SPSR 都是 32 位寄存器，它们的格式是相同的，如图 2-6 所示。

图 2-6　ARM 程序状态寄存器格式

（1）条件码标志位 N（Negative）、Z（Zero）、C（Carry）、V（oVerflow）

N、Z、C、V 位被称为"条件码标志"（Condition Code Flags，CCF），经常用于标志引用，它们的内容可被算术运算或逻辑运算的结果改变。ARM 指令可以根据这些条件码标志，选择性地执行后续指令（条件执行），各条件码标志位的具体含义如表 2-5 所示。

表 2-5　各条件码标志位的具体含义

标志位	含　　义
N	本位设置成当前指令执行结果的第 31 位。当两个由补码表示的有符号整数运算时，N=1 表示结果为负数，否则结果为正数或零
Z	Z=1 表示运算的结果为零，否则结果不为零
C	分以下 4 种情况设置 C ① 在加法指令中（包括比较指令 CMN），当结果产生了进位时，则 C=1，表示无符号数运算发生上溢出，其他情况下 C=0 ② 在减法指令中（包括比较指令 CMP），当运算中发生了借位时，则 C=0，其他情况下 C=1 ③ 对于在操作数中包含移位操作的运算指令（这些是非加/减指令），C 被设置成被移位寄存器最后移出去的位 ④ 对于其他指令，C 的值不受影响
V	下面分两种情况讨论 V 的设置方法 ① 对于加/减法指令，当操作数和运算结果都以二进制的补码表示带符号的数时，且运算结果超出了有符号运算的范围时溢出，V=1 表示符号位溢出 ② 对于非加/减法指令，通常不改变标志位 V 的值

（2）Q 标志位

在 ARMv5 及以上版本的 E 系列处理器中，CPSR 中的 Q 标志位指示增强的 DSP 运算指令是否发生了溢出。SPSR 中的 Q 标志位用于当异常出现时保留和恢复 CPSR 中的 Q 标志。在其他版本的处理器中，Q 标志位未定义。

（3）控制位

PSR 的低 8 位 I、F、T 和 M[4:0]统称为"控制位"，当发生异常时这些位发生变化，如果处理器运行于特权模式下，这些位也可以由软件修改。

① I 和 F 位是中断禁止位，I=1 则禁止 IRQ 中断，F=1 则禁止 FIQ 中断。

② T 位反映了处理器的运行状态，对不同版本的 ARM 处理器，T 位含义不同。

- 对于 ARM 体系结构 V3 及更低的版本和 V4 的非 T 系列版本处理器，T 位应当为 0。在这些版本中，没有 ARM 和 Thumb 状态之间的切换。
- 对于 ARM 体系结构 V4 及以上版本的 T 系列处理器，T 的含义为：T=0 表示执行 ARM 指令，T=1 表示执行 Thumb 指令。

注意：在这些结构体系中，可以自由地使用能在 ARM 和 Thumb 状态之间切换的指令。

- 对于 ARM 体系结构 V5 及以上版本的非 T 系列处理器，T 的含义为：T=0 表示执行 ARM 指令，T=1 表示强制下一条执行的指令产生未定义指令异常。

③ M[4:0]（即 M0、M1、M2、M3、M4）是模式位，这些位决定处理器的工作模式，具体含义如表 2-6 所示。

表 2-6　处理器的工作模式

[4:0]	处理器的工作模式	可以访问的寄存器
0b10000	USR	PC、R14～R0、CPSR
0b10001	FIQ	PC、R14_FIQ～R8_FIQ、R7～R0、CPSR、SPSR_FIQ
0b10010	IRQ	PC、R14_IRQ～R13_IRQ、R12～R0、CPSR、SPSR_IRQ
0b10011	SVC	PC、R14_SVC～R13_SVC、R12～R0、CPSR、SPSR_SVC
0b10111	ABT	PC、R14_ABT～R13_ABT、R12～R0、CPSR、SPSR_ABT
0b11011	UND	PC、R14_UND～R13_UND、R12～R0、CPSR、SPSR_UND
0b11111	SYS	PC、R14～R0、CPSR（ARMv4 及更高版本）
0b10110	MON	PC、R14_MON～R13_MON、R12～R0、CPSR、SPSR_MON

M[4:0]其他的组合结果会导致处理器进入一个不可恢复的状态。

（4）其余位

PSR 中的其余位为保留位，保留位将用于 ARM 版本的扩展。设计嵌入式软件时不要操作这些位，以免与 ARM 将来版本的扩展冲突。

2.3.4　ARM 存储系统的组织

ARM 公司授权给芯片厂商的 ARM IP 核主要有 AHP 和 APB 两条总线，各厂商根据需要再在这两条总线上添加各种外设和存储器。

1．ARM 存储格式

ARM 存储格式分为大端和小端，如图 2-7 所示。

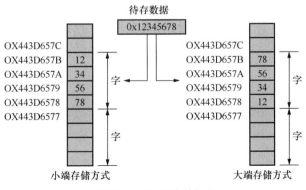

图 2-7　ARM 的存储格式

（1）大端模式，是指数据的高位保存在内存的低地址中，而数据的低位保存在内存的高地址中。这种存储模式有类似于把数据当作字符串进行顺序处理，地址由小向大增加，而数据从高位到低位存放。

（2）小端模式，是指数据的高位保存在内存的高地址中，而数据的低位保存在内存的低地址中。这种存储模式将地址的高低和数据的高位有效地结合起来，这样就和我们的逻辑方法一致。

2. Flash 组织形式

目前几乎所有 MCU 的程序都存储在 Flash 中。Flash 分为片内和片外两种。片外 Flash 又有以下种类。

（1）NOR Flash

NOR Flash 读取速度快，但是擦除和写入速度慢。

（2）NAND Flash

NAND Flash 读取速度比 NOR Flash 慢，但擦除和写入速度很快。

3. RAM 的组织形式

（1）RAM 的种类

芯片自带的 RAM 不够用时需要外加，外加的 RAM 一般是 SDRAM 和 DDR RAM，极少数使用 SRAM，因为 SRAM 的价格相对较贵，但 SRAM 速度要比动态 RAM 快。

（2）RAM 的使用

① SRAM。只需要在 IDE 中设置好地址。

② SDRAM/DDR RAM。不仅要在 IDE 中设置好起始地址，还要在程序中做初始化操作后才能使用。如果使用仿真器，那么在仿真运行程序前，要执行一个初始化脚本文件，或者执行一系列命令对 SDRAM 和 DDR RAM 进行初始化，否则会运行出错。

2.4 ARM 处理器的中断（异常）

2.4.1 中断和异常的基本概念

中断是主机与外设进行数据通信的重要机制，它负责处理处理器外部的异常事件。异常实质上也是一种中断，只不过它主要负责处理处理器内部事件。

1. 中断和异常

（1）中断

当外部设备发生"紧急事件"需要处理器来处理时，处理器就停下"手头上的工作"先去处理这个"紧急事件"。处理器的这种工作过程，或者这种工作状态称为"中断"。

（2）中断请求

当外部设备有紧急事件需要处理器进行处理时，外部设备必须向处理器发送一个电信号（脉冲或电平）来表示有事件需要处理器来处理，这个信号叫"中断请求信号"，或称"中断请求"。

（3）中断源

发出中断请求信号的外部设备或事件叫"中断源"。

（4）异常

除了外部设备可以发出中断请求之外，处理器内部也有一些事件可以发出中断请求，如读取指令出错或在进行除法运算时除数为零等，为了与外部事件引起的中断相区别，把这种由内部事件引起的中断叫"异常"。

2. 中断请求信号的屏蔽

处理器中用来屏蔽中断的寄存器和开关电路如图 2-8 所示。

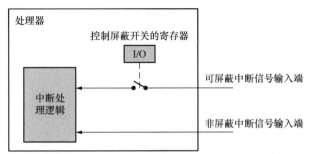

图 2-8　处理器中用来屏蔽中断的寄存器和开关电路

（1）可屏蔽中断

把带有开关、能阻止中断请求的中断输入端叫"可屏蔽中断信号输入端"，这类中断叫"可屏蔽中断"。

（2）非屏蔽中断

把不带开关、不能阻止中断请求的中断输入端叫"非屏蔽中断信号输入端"，这类中断叫"非屏蔽中断"。

为了对处理器可以接收中断源的数目进行扩充以及对中断进行必要的管理，在中断源和处理器之间还配有图 2-9 所示的中断控制器。

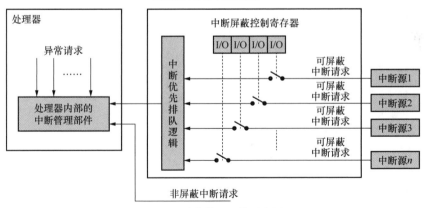

图 2-9　中断管理机构示意图

3. 中断优先级及中断嵌套

（1）中断优先级

处理器通常只有一个可屏蔽中断信号输入端，对于具有多个中断源的系统来说，当有两个或两个以上中断源同时发出中断请求时就会出现所谓的竞争，那么该如何来判断优先处理哪个中断源呢？

具体实现方法有两种：硬件实现方法和软件实现方法。

① 硬件实现方法。硬件实现方法就是为计算机系统配备一套能按优先等级对中断源进行排

队的硬件电路（如 Intel 8086 中的 8259），以保证级别高的中断能优先于级别低的中断被处理器响应。一般情况下，这个优先排队机构可能在处理器中有一套，在中断控制器中也有一套，甚至在端口电路中也可能有一套。

② 软件实现方法。软件实现方法就是把所有中断源的中断请求信号分成两路，其中一路经"或"逻辑后送到处理器的中断请求输入端，而另一路则送到中断端口电路，经数据总线输入处理器。

中断源识别的软件查询法电路的接线如图 2-10 所示。

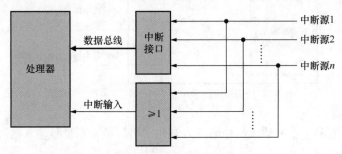

图 2-10　中断源识别的软件查询法电路的接线

软件查询法的中断服务程序流程图如图 2-11 所示。

（2）中断嵌套

中断嵌套的示意图如图 2-12 所示。

4．中断服务程序

用来处理中断事件的程序就是中断服务程序。中断服务程序的一般结构如图 2-13 所示。

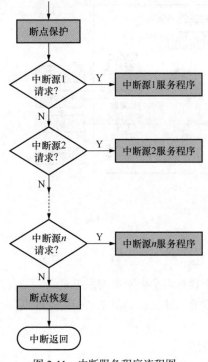

图 2-11　中断服务程序流程图

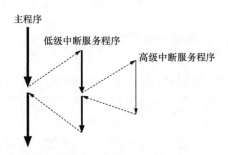

图 2-12　中断嵌套的示意图

中断服务程序与普通子程序的主要差别在于：中断服务程序要对中断嵌套进行必要的管理。即中断服务程序要根据需要，对程序状态寄存器中的中断允许标志位进行相应的设置。

5. 中断向量和中断向量表

为了与普通子程序的首地址进行区分，通常把中断服务程序的首地址叫"中断向量"或"中断矢量"。有时也将凡是能直接或间接指向中断服务程序的叫"中断向量"。各种处理器调用中断服务程序的方法不尽相同，但通常有两种方法：调用方法和转移方法。

（1）调用方法

调用方法是在处理器收到中断请求之后，由中断系统硬件执行一条子程序调用指令来调用中断服务程序，典型代表是 Intel 处理器。

（2）转移方法

转移方法是由中断系统硬件执行一条转移指令来转向中断服务程序，典型代表是 ARM 处理器。

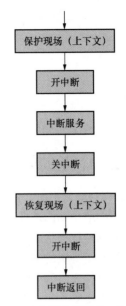

图 2-13　中断服务程序的一般结构

但是，无论哪种方法，有一点是相同的，即它们最终都需要获得中断服务程序首地址——中断向量。所有的中断向量都必须存放在一个固定的存储区域，这个集中存放了中断向量或与中断向量相关的信息的存储区域叫"中断向量表"。

中断处理硬件系统示意图如图 2-14 所示。

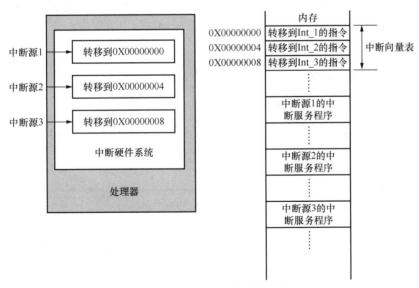

图 2-14　中断处理硬件系统示意图

处理器在响应中断源 2 的中断时，其程序流程图如图 2-15 所示。

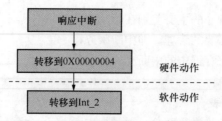

图 2-15   处理器响应中断源 2 的程序流程图

2.4.2   中断的处理过程

1. 处理器响应中断的条件

处理器响应中断的条件主要有以下几个。

（1）处理器程序状态寄存器的中断屏蔽标志处于非屏蔽状态。

（2）没有更高级的中断请求正在响应或正在发出、正在挂起，换一种说法就是低优先级的中断不能中断高优先级的中断。

（3）处理器处于现行指令执行结束后的状态，换一种说法就是一条指令执行中间不能被中断。

2. 中断的处理过程

当有中断请求发生且满足上述条件时，嵌入式系统就会响应中断请求，自动将被中断程序的下一条指令地址（断点地址）保存到堆栈（或某个寄存器）并关闭中断。接下来便将自中断向量表查询得到的与该中断源对应的中断向量送入 PC，并转去执行中断服务程序。

当执行到中断服务程序末尾时，执行中断返回指令或跳转指令，把保存的断点地址送回 PC，以便在断点处继续执行被中断的程序。

ARM 处理器可以响应的中断（异常）有普通中断（IRQ）、快速中断（FIQ）、复位中断（RESET）、软中断异常（SWI）、预取指令中止异常（PABT）、数据中止异常（DABT）和未定义指令异常（UNDEF）7 种。

2.4.3   ARM 的中断（异常）向量表

1. 低端和高端中断（异常）向量表

ARM 有低端和高端两种中断（异常）向量表，用户可以根据需要选用其中一种，如图 2-16 所示。

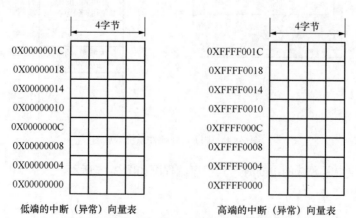

图 2-16   ARM 的中断（异常）向量表

ARM 中断（异常）的各个向量在向量表中的分配如表 2-7 所示。

表 2-7　ARM 的中断（异常）向量表

中断（异常）	向量在低端向量表的地址	向量在高端向量表的地址
复位中断（RESET）	0X00000000	0XFFFF0000
未定义指令异常（UNDEF）	0X00000004	0XFFFF0004
软中断异常（SWI）	0X00000008	0XFFFF0008
预取指令中止异常（PABT）	0X0000000C	0XFFFF000C
数据中止异常（DABT）	0X00000010	0XFFFF0010
保留	0X00000014	0XFFFF0014
普通中断（IRQ）	0X00000018	0XFFFF0018
快速中断（FIQ）	0X0000001C	0XFFFF001C

处理器在响应中断（异常）后，可以通过两次跳转转移到中断（异常）服务程序。两次跳转的示意图如图 2-17 所示。

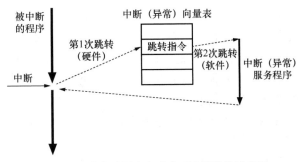

图 2-17　中断（异常）响应两次跳转的示意图

2. 中断（异常）向量表的保留项

在实际应用系统中，常常会需要多个中断（异常）向量表，这时就需要利用这个保留项中的数据来对多个向量表进行区别。另外这个保留项还能用来判断是否有有效的程序。

2.4.4　ARM 中断（异常）的管理

ARM 按事件的紧急程度为每个中断（异常）都定义了一个固定的优先级，如表 2-8 所示。

表 2-8　中断优先级

I 位值	F 位值	禁止的异常/中断	中断优先级
1	1	复位中断（RESET）	1
1	—	未定义指令异常（UNDEF）	6
1	—	软中断异常（SWI）	6
1	—	预取指令中止异常（PABT）	5
1	—	数据中止异常（DABT）	2
1	—	普通中断（IRQ）	4
1	1	快速中断（FIQ）	3

注：I=1 表示禁止 IRQ 中断，F=1 表示禁止 FIQ 中断。

1. 普通中断（IRQ）和快速中断（FIQ）

外部设备的中断请求可以通过两个中断请求输入端进入处理器，其中一个是普通中断，另一个是快速中断。所谓普通中断就是一般的中断，而快速中断就是比普通中断响应快的中断，这个中断用于需要快速处理的中断源。

可以用下面的指令实现现场数据进入堆栈。

```
STMFD R13!,{R0,R4-R12,LR}        ;进入堆栈
```

可以用下面的指令将保存的数据弹出堆栈。

```
LDMFD R13!,{R0,R4-R12,PC}        ;弹出堆栈
```

这种进栈和出栈操作都比较费时（因为操作的是存储器），它们增加了中断处理的延迟时间。另外，由于处理器在响应一个普通中断后要经历两次跳转才能转到中断服务程序，因此也增加了一些延迟。

为了减少中断延迟，ARM 在普通中断（IRQ）的基础上增加了一个快速中断（FIQ），以处理有快速要求的外设的中断。

为减少延迟，ARM 在快速中断中采取了以下两个措施。

（1）专门为快速中断（FIQ）设置了一个 FIQ 模式，并为这个模式配置了较多的私有寄存器，从而可使中断服务程序有足够的寄存器来使用，而不必与被中断服务程序使用同一组寄存器，这样就免去了因寄存器冲突而必须进行的保护及恢复现场工作。

（2）ARM 把 FIQ 的中断向量放在了中断（异常）向量表末尾 0X0000001C 处，在这个地址后没有其他中断向量，允许用户将中断服务程序直接放在这里，从而减少一次跳转。

2. 复位中断（RESET）

复位通常在两种情况下发生：（a）系统初始运行时的正常上电；（b）由程序引起的复位。

复位中断的优先级别最高，当系统响应复位中断时，系统会进入 ARM 的管理模式（SVC）。

3. 软中断异常（SWI）

SWI 是程序中使用的指令，从程序设计的角度来看，可以把它看成是一种目标地址固定为 0X00000008 的特殊转移指令。

该指令除了目标地址为硬件提供的固定地址外，它还会在转移的同时使处理器自动进入管理模式（SVC），在该模式下可以访问系统中的所有资源。

由于它是由用户在程序中使用指令而产生的中断，所以叫"软中断"。它也是所有中断（异常）中唯一的一个同步事件（因为它是可预知的，在程序中固定的地方，所以只要执行到这里肯定会产生中断）。

4. 预取指令中止异常（PABT）和数据中止异常（DABT）

这是给操作系统存储管理模块准备的异常。

5. 未定义指令异常（UNDEF）

由于 ARM 是 32 位指令系统，理论上 ARM 可以拥有 2^{32} 条指令，但实际上它远远没有这么多指令。

在实践中，用户通常利用这个异常中断服务程序来模拟某种硬件的功能，或自定义一些指令来完成一些特殊任务。

2.4.5　ARM 中断（异常）运行模式

处理器响应中断（异常）后所进入的模式如表 2-9 所示。

表 2-9　中断（异常）与模式的对应关系

中断（异常）	进入的模式
复位中断（RESET）	管理模式（SVC）
未定义指令异常（UNDEF）	未定义指令中止模式（UND）
软中断异常（SWI）	管理模式（SVC）
预取指令中止异常（PABT）	中止模式（ABT）
数据中止异常（DABT）	中止模式（ABT）
普通中断（IRQ）	中断模式（IRQ）
快速中断（FIQ）	快速中断模式（FIQ）

1. 中断（异常）的响应过程

当处理器响应中断（异常）请求后，系统的硬件电路一般需要先做 4 项准备工作。

（1）把程序计数器（PC）中的当前地址值保存到连接寄存器（LR）中。

（2）把当前程序状态寄存器（CPSR）中的内容保存到备份程序状态寄存器（SPSR）中。

（3）将寄存器 CPSR 中的 MODE 域设置为中断（异常）应进入的运行模式。

（4）对 CPSR 的 I 位和 F 位进行相应的设置，以防止再次响应同一个中断请求。

接下来便到中断向量表中获取中断向量，转向用户编写的中断（异常）服务程序。

图 2-18 所示为复位的工作流程图。

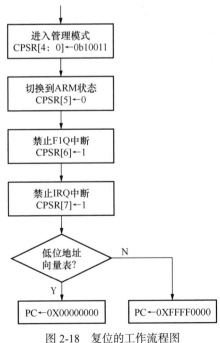

图 2-18　复位的工作流程图

未定义指令异常响应流程图如图 2-19 所示。

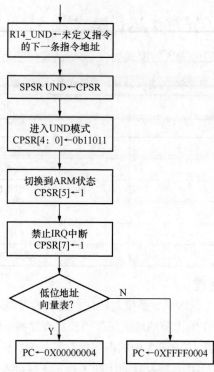

图 2-19　未定义指令异常响应流程图

软中断异常响应流程图如图 2-20 所示。

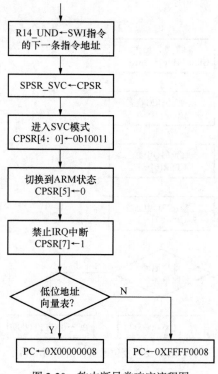

图 2-20　软中断异常响应流程图

预取指令中止异常响应流程图如图 2-21 所示。

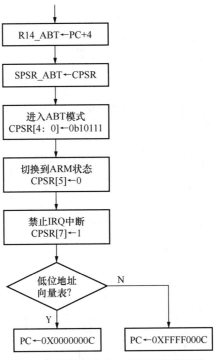

图 2-21　预取指令中止异常响应流程图

数据中止异常响应流程图如图 2-22 所示。

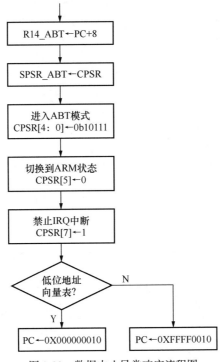

图 2-22　数据中止异常响应流程图

普通中断响应流程图如图 2-23 所示。

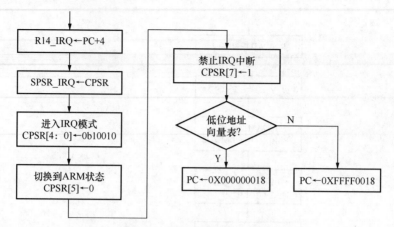

图 2-23　普通中断响应流程图

快速中断响应流程图如图 2-24 所示。

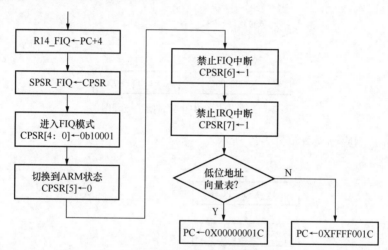

图 2-24　快速中断响应流程图

2. 中断（异常）处理的返回

当一个中断（异常）发生时，处理器会自动在 LR（R14）中保存一个与当前 PC 值相关的信息，中断服务程序可以利用这个信息来推算返回地址。具体如表 2-10 所示。

表 2-10　中断（异常）返回地址

异常/中断	地址	说明
复位中断（RESET）	—	—
未定义指令异常（UNDEF）	LR	指向未定义指令的下一条指令
软中断异常（SWI）	LR	指向 SWI 指令的下一条指令
预取指令中止异常（PABT）	LR-4	指向导致预取指令中止异常的那条指令
数据中止异常（DABT）	LR-8	指向导致数据中止异常的那条指令
普通中断（IRQ）	LR-4	IRQ 处理程序的返回地址
快速中断（FIQ）	LR-4	FIQ 处理程序的返回地址

中断（异常）处理完毕之后，ARM 处理器会执行以下几步操作从中断（异常）中返回。

（1）将连接寄存器（LR）的值减去相应的偏移量后送到 PC 中。

（2）将 SPSR 赋值给 CPSR。

（3）若在进入中断（异常）处理时设置了中断禁止位，则要在此清除。

一个非嵌套中断的响应与处理流程图如图 2-25 所示。其框架代码如下。

```
IRQ_handler
        SUB    R14,R14,#4
        STMFD  R13!,{R0-R3,R12,R14}
               …
        LDMFD  R13!,{R0-R3,R12,PC}^
```

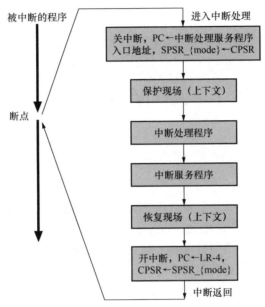

图 2-25　非嵌套中断的响应与处理流程图

思　考　题

1. ARM 处理器有几种工作状态？分别是什么？
2. ARM 处理器有几种运行模式？分别是什么？
3. 中断优先级的实现方法有几种？分别是什么？
4. ARM 的快速中断采用了几种措施来保证？这些措施分别是什么？

第3章
ARM 寻址方式和指令系统

本章内容主要包括 ARM 的寻址方式和指令系统。

3.1　ARM 寻址方式

3.1.1　基本概念

1. 操作数和表达式

操作数是运算符作用的实体，是表达式中的一个组成部分，它规定了指令中进行数字运算的量。表达式是操作数与操作符的组合。

操作数指出执行指令操作所需数据的来源。操作数是汇编语言指令的一个字段。如 MOV R0,#50，操作数是 R0,#50。在操作数这个字段中可以存放操作数本身，也可以存放操作数的地址，还可以存放操作数地址的计算方法。

2. 寻址

寻址就是寻找指令中操作数的地址。存储单元中存放的数据信息大致可分为两大类：一类是指令信息，另一类是操作数。两类信息的寻址方式既有相同之处，又各有特点。

由于程序中的指令序列通常是顺序排列的，对于顺序推进的指令序列，采用程序计数器（PC）加 1（也可能不止加 1）的方式自动形成下一条指令的地址。当程序发生转移时，就不能采用上述方式，此时把指令地址的形成方式转换为操作数地址的寻址。不把指令当指令信息来处理，而当作操作数信息来处理，按操作数的寻址方式获得指令地址（如转移指令）。

操作数地址的寻址方式比较复杂，主要原因是：（a）操作数本身不能像指令那样顺序排列，很多操作数是公用的，集中放在某一划定的区域；（b）有些操作数是原始值存放在存储器中，有些则是中间运算的结果或先前运算的结果；（c）它们的来源并无规律，具有很大的随机性和浮动性，这样就增加了获得有效地址的难度；（d）随着程序设计技术的发展，为了提高程序的质量，提出了很多操作数的设置方法，丰富了寻址手段。

寻址可用寻址单位来度量。它的含义是用一个有效地址访问存储器取出操作数的长度。操作数可以按位、字节、字、块和页来组织，因此寻址单位就有位地址、字节地址、字地址、块地址和页地址。也就是说，如果寻址单位是位地址，访问存储器后，取出的操作数长度只有 1 位；如果寻址单位是字节地址，取出的操作数长度是 8 位（一个字节）；其余依次类推。

3.1.2　寻址方式

寻址方式就是处理器根据指令中给出的地址信息来寻找有效地址的方式，是确定本条指令的数据地址以及下一条要执行的指令地址的方法。

ARM 处理器具有 8 种基本寻址方式：立即数寻址、寄存器寻址、寄存器移位寻址、寄存器间接寻址、多寄存器寻址、基址寻址、相对寻址和堆栈寻址（不同图书对这些方式的称呼可能略有差异，但本质是一样的）。

1.　立即数寻址

立即数寻址有时也称"立即寻址"，指令中操作码字段后面的地址码部分即是操作数本身，也就是说，操作数就包含在指令当中，取出指令就取出了可以立即使用的操作数（所以称为"立即数"）。

注意：由于 ARM 的指令长度是固定的，因此对立即数有一定的要求，后面会详细说明。立即数寻址指令举例如下。

```
SUBS R0,R0,#1        ;R0 减 1，结果存入 R0，并且影响标志位
MOV R0,#0XFF000      ;将立即数 0XFF000 存入 R0 寄存器
```

注意：立即数前有一个#。

2.　寄存器寻址

寄存器寻址是指，操作数的值在寄存器中，即寄存器中的数据为操作数。指令中的地址码字段给出的是寄存器编号，指令执行时直接取出寄存器的值来操作。

寄存器寻址指令举例如下。

```
MOV R1,R2        ;将 R2 的值存入 R1
SUB R0,R1,R2     ;将 R1 的值减去 R2 的值，结果存入 R0
```

注意：寄存器寻址在源操作数位置和目的操作数位置上有差异。

3.　寄存器移位寻址

寄存器移位寻址是 ARM 指令集特有的寻址方式。当第二个操作数是寄存器移位方式时，在第二个寄存器的操作数与第一个操作数操作之前，先进行移位操作。

寄存器移位寻址指令举例如下。

```
MOV R0,R2,LSL#3        ;R2 的值逻辑左移 3 位，结果存入 R0，即 R0=R2×8
ANDS R1,R1,R2,LSL R3   ;R2 的值逻辑左移 R3 位，然后和 R1 相"与"操作，结果存入 R1
```

4.　寄存器间接寻址

寄存器间接寻址指令中的地址码给出的是一个通用寄存器的编号，所需的操作数保存在寄存器指定地址的存储单元中，即寄存器的内容为操作数的地址指针。

寄存器间接寻址指令举例如下。

```
LDR R1,[R2]        ;将 R2 指向的存储单元的数据读出存入 R1 中
SWP R1,R1,[R2]     ;将寄存器 R1 的值和 R2 指定的存储单元的内容交换
```

5.　多寄存器寻址

多寄存器寻址一次可传送几个寄存器的值，允许一条指令传送 16 个寄存器的任何子集或所有寄存器。

多寄存器寻址指令举例如下。

```
LDMIA R1!,{R2-R7,R12}        ;将 R1 指向的单元中的数据读取出来存入 R2~R7、R12 中(R1 内
                             ;容自动增加)
STMIA R0!,{R2-R7,R12}        ;将寄存器 R2~R7、R12 的值存入 R0 指向的存储单元中(R0 内容
                             ;自动增加)
```

多寄存器寻址指令用于将一块数据从存储器的某一位置复制到另一位置。

6. 基址寻址

基址寻址就是将基址寄存器的内容与指令中给出的偏移量相加,形成操作数的有效地址。基址寻址用于访问基址附近的存储单元,常用于查表、数组操作、访问功能部件寄存器等。

指令可以在系统存储器合理范围内的基址加上不超过 4KB 的偏移量。基址寻址有前变址、自动变址、后变址 3 种模式。

(1)前变址模式。

```
LDR R2,[R3,#0X0C]        ;读取 R3+0X0C 地址上存储单元的内容,存入 R2
STR R1,[R0,#-4]!         ;先进行 R0=R0-4 操作,然后把 R1 的值存入 R0 指定的存储单元
```

(2)自动变址模式。

```
LDR R0, [R1, #4]!        ;R0=[R1+4], R1=R1+4
```

(3)后变址模式。

```
LDR R0, [R1], #4        ;R0=[R1], R1=R1+4
```

下面是使用后变址模式完成表复制的程序。

```
COPY  ADR R1, NEXT1      ;R1 指向 NEXT1
      ADR R2, NEXT2      ;R2 指向 NEXT2
LOOP  LDR R0, [R1],#4    ;取一个数
      STR R0, [R2],#4    ;复制一个数
      …
NEXT1                    ;源数据
      …
NEXT2                    ;目标数据
```

7. 相对寻址

相对寻址是基址寻址的一种变通方法。由程序计数器(PC)提供基址,把指令中的地址码字段作为偏移量(同样不能超过 4KB),两者相加后得到的地址即为操作数的有效地址。

相对寻址指令举例如下。

```
BL SUBR1                ;调用 SUBR1 子程序
BEQ LOOP                ;条件跳转到 LOOP 标号处
      …
LOOP  MOV R6,#1
SUBR1 …
      …
        END
```

8. 堆栈寻址

堆栈是一个按特定顺序进行存取的存储区，操作顺序为"后进先出"。堆栈寻址是隐含的，它使用一个专门的寄存器（堆栈指针）指向一块存储区域（堆栈），指针所指向的存储单元即是堆栈的栈顶。存储器堆栈可分为以下两种。

① 向上生长。堆栈向大地址方向生长，称为"递增堆栈"。

② 向下生长。堆栈向小地址方向生长，称为"递减堆栈"。

堆栈指针指向最后压入堆栈的有效数据项，这种堆栈称为"满堆栈"（因为指针所指的位置已经有数据）；堆栈指针指向下一个待入栈数据的空位置，这种堆栈称为"空堆栈"。

根据堆栈的生长方向和栈顶是否已有数据可组合出 4 种类型的堆栈方式。

（1）满递增堆栈。堆栈向上增长，堆栈指针指向已有有效数据项的最高地址。指令如 LDMFA、STMFA 等。

（2）空递增堆栈。堆栈向上增长，堆栈指针指向堆栈上的第一个空位置。指令如 LDMEA、STMEA 等。

（3）满递减堆栈。堆栈向下增长，堆栈指针指向已有有效数据项的最低地址。指令如 LDMFD、STMFD 等。

（4）空递减堆栈。堆栈向下增长，堆栈指针指向堆栈下的第一个空位置。指令如 LDMED、STMED 等。

在 ARM 指令中，堆栈寻址方式通过进栈/出栈指令来实现。

```
STMFD SP!,{R1-R7, LR}    ;将 R1～R7、LR 进栈，满递减堆栈
LDMFD SP!,{R1-R7, LR}    ;满递减出栈，存入 R1～R7、LR 寄存器
```

注意区分 ARM 的堆栈和 Intel x86 堆栈的异同。

3.2　ARM 指令系统

3.2.1　相关概念

1. 什么叫指令

指令即指示计算机执行某种操作的命令，它由一串二进制数组成。

一条指令通常由 2～3 个部分组成：操作码（+条件码）+ 地址码。

（1）操作码。指明该指令要完成的操作类型或性质，如取数、做加法或输出数据等。

（2）条件码。指明执行该指令需要满足的条件。

（3）地址码。指明操作对象的内容或所在存储单元的地址。

2. 指令系统

指令系统是计算机所能执行的全部指令的集合，它描述了计算机内全部的控制信息和逻辑判断能力。不同计算机的指令系统包含的指令种类和数目也不同，一般包含算术运算型、逻辑运算型、数据传送型、判定和控制型、移位操作型、位（位串）操作型、输入和输出型等指令。

指令系统是表示一台计算机性能的重要指标，它的格式与功能不仅直接影响到机器的硬件结构，还直接影响到系统软件和机器的适用范围。

3.2.2　指令系统

ARM 指令系统一般包括 ARM 和 Thumb 两种指令集。处理器工作在 ARM 状态时执行 ARM 指令，在 Thumb 状态时执行 Thumb 指令。所有 ARM 指令长度都是 32 位的，指令以字对齐方式（地址的最低两位为 00）保存在存储器中；所有的 Thumb 指令长度都是 16 位的（地址的最低一位为 0），指令以半字方式保存在存储器中。大多数 ARM 指令都可以条件执行，而 Thumb 指令中只有一条具备条件执行的指令。

大多数 ARM 指令在一个周期内完成，ARM 系统的指令集中只有载入和存储（LDR 和 STR）指令可以访问存储器（外设当存储器对待），数据处理指令只对寄存器的内容进行操作。

ARM 处理器的指令集是加载/存储型，具有效率高、代码密度低的特点，它的 32 位编码能够包含的信息量很大，每一条语句能完成很多功能。

在多寄存器操作指令中一次最多可以完成 16 个寄存器的数据传送，这样的操作要是不在多寄存器操作的指令中完成，至少要执行 16 条语句才能实现。

一个简单的 ARM 汇编程序如下。

```
        AREA Example,CODE,READONLY   ;声明代码段 Example
        ENTRY                        ;标识程序入口
        CODE32                       ;声明 32 位 ARM 指令
START   MOV R0,#0                    ;设置参数
        MOV R1,#10
LOOP    BL ADD_SUB                   ;调用子程序 ADD_SUB
        B LOOP
ADD_SUB
        ADDS R0,R0,R1                ;R0=R0+R1
        MOV PC,LR                    ;子程序返回
        END                          ;汇编结束
```

1. ARM 指令的分类与格式

（1）ARM 指令的分类。ARM 指令可以分为跳转指令、程序状态寄存器（PSR）传输指令、数据处理指令、协处理器指令、异常中断产生指令和加载/存储指令 6 类（不同教材的分类可能略有差异，但大体上是一致的）。

① 跳转指令。跳转指令用于控制程序的执行流程、控制指令的特权等级以及在 ARM 代码与 Thumb 代码之间进行切换。

② 程序状态寄存器传输指令。程序状态寄存器传输指令用于控制存储器、寄存器与状态寄存器之间的数据传输、交换、加载、存储。

③ 数据处理指令。数据处理指令用于操作芯片上的 ALU、桶型移位器、乘法器，以完成在 31 个 32 位的通用寄存器之间的高速数据处理。

④ 协处理器指令。协处理器指令用于控制外部的协处理器，这些指令已开发统一的方式用于芯片外功能指令集。ARM 支持 16 个协处理器。

⑤ 异常中断产生指令。ARM 有两条异常中断产生指令，分别为软中断指令 SWI 和断点中断指令 BKPT。

⑥ 加载/存储指令。加载指令用于从内存中读取数据存入寄存器中，存储指令用于将寄存器中的数据保存入内存中。

（2）ARM 指令的格式。ARM 指令的格式如下。

```
<Opcode>{<Condition>}{S}  <Rd>, <Rn>{,<Operand2>}
```

指令格式举例如下。

```
LDR R3, [R6]    ;该指令无条件执行，R6 的内容作为地址，从该地址中把数读取出来存入 R3 中，
                ;注意读取 32 位
BEQ NEXT        ;跳转指令，执行条件为 EQ，即相等时跳转到 NEXT 执行
ADDS R0, R1, #2      ;该指令无条件执行，加法指令，R0=R1+2，执行后影响 CPSR 寄存器
SUBNES R0, R1, #0X03  ;条件执行减法运算（NE），R0=R1-0X03，执行后影响 CPSR 寄存器
```

在 ARM 指令中，灵活地使用第二个操作数（Operand2）能够提高代码运行效率，第二个操作数的形式如下。

① #Immed_8。8 位常数表达式。8 位常数表达式的使用是有限制的，具体如图 3-1 所示。

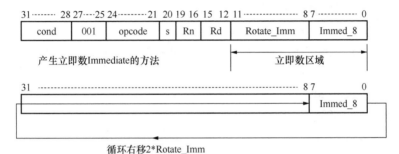

图 3-1　立即数生成图

下面分别举例说明。

- 合法常数。0X3FC（0XFF 循环右移 30 位）、0、0XF0000000（0XF0 循环右移 8 位）、200（0XC8）、0XF0000001（0X1F 循环右移 4 位）。
- 非法常数。0X1FE、511、0XFFFF、0X1010、0XF0000010。

常数表达式应用举例如下。

```
MOV R0, #1
AND R1, R2, #0X0F
LDR R0, [R2],#-1   ;读取 R2 地址上存储器单元内容存入 R0，且 R2=R2-1
```

注意：如果编程时提示常数出错，可以换用其他方式来处理，如采用宏指令。

② Rm。寄存器方式。寄存器方式举例如下。

```
SUB R1, R1, R2     ;R1=R1-R2
MOV PC,R0          ;PC=R0，程序跳转到指定地址
LDR R0, [R1],-R2   ;读取 R1 地址上存储器单元内容存入 R0，且 R1=R1-R2
```

③ Rm，Shift。寄存器移位方式。

- 算术右移。算术右移（ASR）是将各位依次右移指定位数，然后在左侧用原符号位填入。

例：
```
LDR R2, =0X80000000
   MOV R1, R2, ASR#1
```

上述两条指令执行后，R1=0XC0000000。

例：LDR R2, =0X40000000
    MOV R1, R2, ASR#1

上述两条指令执行后，R1=0X20000000。

- 逻辑左移。右边统一补 0。

例：LDR R2, =0XC0000001
    MOV R1, R2, LSL#1

上述两条指令执行后，R1=0X80000002。

- 算术左移。右边统一补 0。MDK 汇编不支持这种方式。
- 逻辑右移。逻辑右移（LSR）是将各位依次右移指定位数，然后在左侧补 0。

例：LDR R2, =0XC0000001
    MOV R1, R2, LSR#1

上述两条指令执行后，R1=0X60000000。

- 循环右移。寄存器的内容循环右移 1 位，从最低位到最高位。MDK 汇编不支持循环左移。

例：LDR R2, =0X40000001
    MOV R1, R2, ROR#1

上述两条指令执行后，R1=0XA0000000。

- 带扩展的循环右移。寄存器的内容和 C 标识一起循环右移，但一次只能移 1 位。

例：LDR R2, =0X40000001
    MOV R1, R2, RRX

如果 C=0，上述两条指令执行后，R1=0X20000000。

例：LDR R2, =0X40000001
    MOV R1, R2, RRX

如果 C=1，上述两条指令执行后，R1=0XA0000000。

注意：只支持 ASR、LSL、LSR、ROR、RRX 几种移位，其他方式不支持，同时关于移位的限制如下。

```
ASR #n      ;算数右移 n 位（1≤ n ≤32）
LSL #n      ;逻辑左移 n 位（0≤ n ≤31）
LSR #n      ;逻辑右移 n 位（1≤ n ≤32）
ROR #n      ;循环右移 n 位（1≤ n ≤31）
RRX         ;带扩展的循环右移 1 位，不能带参数
Type Rs     ;其中 Type 为 ASR、LSL、LSR 和 ROR 中的一种，Rs 为偏移量寄存器，低 8 位有效
```

寄存器偏移方式应用举例如下。

```
ADD R2, R2, R2, LSL #3      ;R2=R2 x 9
SUB R1, R1, R3, LSL #2      ;R1=R1-R3 X 4
```

2. ARM 指令的条件码

当处理器工作在 ARM 状态时，几乎所有的指令均根据 CPSR 中条件码的状态和指令的条件

码有条件执行。当指令的执行条件满足时,指令被执行,否则指令被忽略。

ARM 指令的条件码和助记符如表 3-1 所示。

表 3-1　条件码和助记符

条件码	条件码助记符	CPSR 中条件标志位的值	含义
0000	EQ	Z=1	相等
0001	NE	Z=0	不相等
0010	CS/HS	C=1	无符号数大于或等于
0011	CC/LO	C=0	无符号数小于
0100	MI	N=1	负数
0101	PL	N=0	正数或零
0110	VS	V=1	溢出
0111	VC	V=0	未溢出
1000	HI	C=1 且 Z=0	无符号数大于
1001	LS	C=0 且 Z=1	无符号数小于或等于
1010	GE	N=1 且 V=1 或 N=0 且 V=0	带符号数大于或等于
1011	LT	N=1 且 V=0 或 N=0 且 V=1	带符号数小于
1100	GT	Z=0 且 N=V	带符号数大于
1101	LE	Z=1 或 N!=V	带符号数小于或等于
1110	AL	—	无条件执行
1111	NV	ARMv3 之前	从不执行

(1)S 后缀。指令使用 S 后缀后,指令执行后程序状态寄存器中的条件标志位将自动刷新。有些指令不使用 S 后缀,但执行后也要自动刷新条件标志位,如 CMP、CMN、TST 等指令。

(2)!后缀。在指令的地址表达式中含有 ! 后缀时,指令执行后,基址寄存器中的地址值将会发生改变,改变情况如下。

① 基址寄存器中的地址值(指令执行后)= 指令执行前的值 + 地址偏移量。

② 如果指令不含 ! 后缀,则地址值不会发生变化。

```
LDMIA  R3, [R0, #04]        ;R3=[R0+#04],没有使用! 后缀, R0 的值不变
LDMIA  R3, [R0, #04]!       ;R3=[R0+#04],使用! 后缀, R0=R0 + 04
```

(3)B 后缀。B 后缀的含义是指令所涉及的数据是一个字节,不是一个字或半字。

```
LDR R4, [R0, #12]           ;R4=[R0+12],指令传送一个字(32 位)
LDRB R4, [R0, #12]          ;R4=[R0+12],指令传送一个字节(8 位)
```

(4)T 后缀。指令在特权模式下对存储器的访问。T 后缀使用受很多限制,一般只用在字传送和无符号字节传送中。在用户模式下是没有意义的,不可以使用,不能与前变址一起使用。

```
LDRT R4, [R5]      ;R4=[R5]T 模式
```

3.2.3 指令集

ARM 指令可以分为跳转指令、数据处理指令、程序状态寄存器（PSR）传输指令、加载/存储指令、异常中断产生指令和协处理器指令 6 类（不同教材的分类可能略有差异）。协处理器指令过于复杂，普通开发人员一般都不使用它，本书不做介绍。

1. 跳转指令

跳转指令执行流程的改变，迫使程序计数器（PC）指向一个新的地址。指令集包含的跳转指令如表 3-2 所示。

表 3-2　跳转指令

助记符	说明	操作
B	跳转指令	PC←label
BL	带返回的连接跳转	PC←label（LR←BL 后面的第一条指令）
BX	跳转并切换状态	PC←Rm & 0XFFFFFFFE, T←Rm&1
BLX	带返回的连接跳转和切换状态	PC←label, T←1; PC←Rm & 0XFFFFFFFE, T←Rm&1; LR←BL 后面的第一条指令

另一种实现指令跳转的方式是通过直接向 PC 寄存器写入目标地址，实现在 4GB 地址空间中任意跳转，这种跳转又称为"长跳转"。

如果在长跳转指令之前使用"MOV LR"或"MOV PC"等指令，可以保存将来返回的地址，实现在 4GB 的地址空间中的子程序调用。

（1）跳转指令 B 及带返回的连接跳转指令 BL。B 指令与 BL 指令的编码格式如图 3-2 所示。

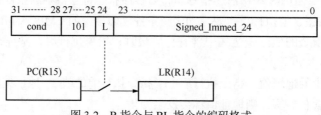

图 3-2　B 指令与 BL 指令的编码格式

从代码中可以看到 L 控制了 PC 与 LR 寄存器之间的开关。当 L=0 时，该开关断开，指令为 B 指令；当 L=1 时，该开关接通，指令为 BL 指令。

B 和 BL 指令的助记符格式如下。

B{<Cond>} <Target>和 BL{<Cond>} <Target>

跳转指令也叫"程序转移指令"，可以跳转到一个绝对地址，如下所示。

B 0X1234

B 指令和 BL 指令都由一个 24 位有符号数 Signed_Immed_24 间接提供目标地址，真正的目标地址由处理器根据这个有符号数和当前的 PC 值计算出来。

具体计算方式：先将 Signed_Immed_24 左移两位并扩展为 32 位有符号数，然后再将这 32 位有符号数与 PC 的当前值相加并存入 PC。

```
            B      forward
            ADD    R1, R2, #4
forward     SUB    R1, R2, #56
```

B 和 BL 指令转移的偏移量为 26 位，即转移的跨度为前后 32MB 地址空间。

例：现已知寄存器 R0 中存放了数据 a，寄存器 R1 中存放了数据 b，请编写程序，求 a 和 b 的最大公约数并将其存入寄存器 R0。

```
gcb CMP R0, R1         ;比较 a 和 b 的大小
    SUBGT R0, R0, R1    ;如果 a>b，则 a=a-b
    SUBLT R1, R1, R0    ;如果 a<b，则 b=b-a
    BNE gcb             ;如果 a!=b，则返回 gcb
    MOV  PC,LR          ;如果 a=b，则返回主程序
```

注意：

① 最大公约数。最大公约数也称"最大公因数""最大公因子"，指两个或多个整数公有约数中最大的一个。如 a、b 的最大公约数记为(a,b)，a、b、c 的最大公约数记为(a,b,c)，多个整数的最大公约数也用同样的记号。求最大公约数有多种方法，常见的有质因数分解法、短除法、辗转相除法、更相减损法等。

② 最小公倍数。两个或多个整数公有的倍数叫"公倍数"，其中除 0 以外最小的一个公倍数叫"最小公倍数"。整数 a、b 的最小公倍数记为[a,b]，a、b、c 的最小公倍数记为[a,b,c]，多个整数的最小公倍数也用同样的记号。

B 和 BL 的区别在于，BL 在跳转之前会把 BL 指令的下一条指令地址（断点地址）保存到连接寄存器 LR（R14），因此程序在必要的时候可以通过将 LR 的内容进行计算并存入 PC 中，使程序返回到断点地址。

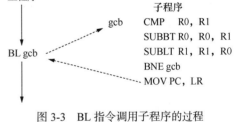

图 3-3　BL 指令调用子程序的过程

BL 指令经常用来调用一个子程序，BL 指令调用子程序的过程如图 3-3 所示。

（2）跳转并切换状态的指令 BX。BX 指令的格式如下。

```
BX{<Cond>}    Rm
```

BX 指令的目标地址由 Rm 值与 #0XFFFF FFFE 进行"与"运算得到。根据 Rm 最低位的值，目标地址处的指令可以是 ARM 指令，也可以是 Thumb 指令。

注意：BX 指令后面不能直接给出地址。

BX 指令的执行过程如图 3-4 所示。

（3）带返回的连接跳转和切换状态的指令 BLX。BLX 指令的格式有两种。

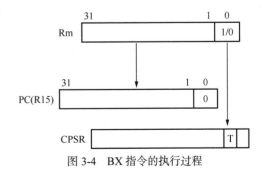

图 3-4　BX 指令的执行过程

```
BLX <Target> 和 BLX{<Cond>}   Rm
```

以 Target 方式提供目标地址的 BLX 指令的功能是把程序跳转到指令中所指定的目标地址继续执行，并同时将处理器的工作状态从 ARM 状态切换到 Thumb 状态，将 PC 的当前内容保存到

寄存器 LR 中。

而以 Rm 方式提供目标地址的 BLX 指令，除了跳转和将 PC 的当前内容保存到 LR 外，也可进行状态切换，但其切换的依据是 Rm 最低位的值。如果该值为 0，则目标地址处应为 ARM 指令；如果该值为 1，则目标地址处应为 Thumb 指令。

注意：该指令在 MDK 中的使用有问题。

2. 数据处理指令

数据处理指令分为算术操作指令、按位逻辑操作指令、寄存器传送操作指令、比较操作指令。

（1）算术操作指令。算术操作指令包括加法指令 ADD、减法指令 SUB、带进位加法指令 ADC、带进位减法指令 SBC、逆向减法指令 RSB、带进位逆向减法指令 RSC、乘法指令 MUL、乘加指令 MLA、带符号长乘法指令 SMULL、长乘加指令 SMLAL、无符号长乘法指令 UMULL 以及长乘加指令 UMLAL。

① 加法指令 ADD。加法指令 ADD 的格式如下。

```
ADD{<Cond>}{S} <Rd>,<Rn>,<Operand2>
```

ADD 指令把第一源操作数 Rn 和第二源操作数 Operand2 相加后，将结果存放到目的操作数 Rd。Rn 为寄存器寻址，Operand2 可以为寄存器寻址、立即数寻址、带移位预处理的寄存器寻址。ADD 指令的执行流程图如图 3-5 所示。

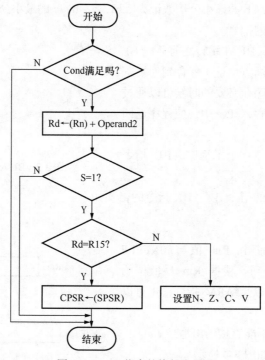

图 3-5　ADD 指令的执行流程图

例：

```
ADD R0, R1, R2          ;R0←（R1）+（R2）
ADD R0, R1, #255        ;R0 ←（R1）+ 255
ADD R0, R2, R3, LSL#1   ;R0 ←（R2）+（R3<<1），<<代表逻辑左移
```

ADD 指令影响的标志位如表 3-3 所示。

表 3-3　ADD 指令影响的标志位

受影响的 CPSR 标志位	取值
N	寄存器 Rd[31]存入 N
Z	如果 Rd 为 0，则 Z=1；否则 Z=0
C	如果运算结果有进位，则 C=1，否则 C=0
V	如果运算结果有溢出，则 V=1，否则 V=0

② 减法指令 SUB。减法指令 SUB 的格式如下。

SUB{<Cond>}{S} <Rd>, <Rn>, <Operand2>

SUB 指令把 Rn 作为被减数，Operand2 作为减数进行减法运算，然后将结果存放在 Rd。Operand2 可以是寄存器寻址、立即数寻址、带移位预处理的寄存器寻址。SUB 指令的执行流程图如图 3-6 所示。

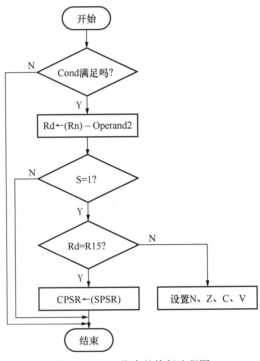

图 3-6　SUB 指令的执行流程图

例：

```
SUB R0, R1, R2          ;R0←（R1）-（R2）
SUB R0, R1, #256        ;R0←（R1）- 256
SUB R0, R2, R3, LSL#1   ;R0←（R2）-（R3<<1），<<代表逻辑左移
```

SUB 指令影响的标志位如表 3-4 所示。

表 3-4　SUB 指令影响的标志位

受影响的 CPSR 标志位	取值
N	寄存器 Rd[31]存入 N

受影响的 CPSR 标志位	取值
Z	如果 Rd 为 0，则 Z=1；否则 Z=0
C	如果运算结果有借位，则 C=0；否则 C=1
V	如果运算结果有溢出，则 V=1；否则 V=0

③ 带进位加法指令 ADC。带进位加法指令 ADC 的格式如下。

```
ADC{<Cond>}{S}  <Rd>,<Rn>,<Operand2>
```

ADC 指令把 3 个数进行加法运算，即把 Rn 与 Operand2 相加，然后再加上 CPSR 中的 C 标志位的值，最后将结果存放到目的操作数 Rd 中。Rn 为寄存器寻址，Operand2 可以为寄存器寻址、立即数寻址、带移位预处理的寄存器寻址。ADC 指令的执行流程图如图 3-7 所示。

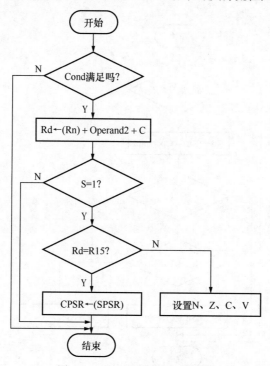

图 3-7　ADC 指令的执行流程图

ADC 指令通常用来实现字长大于 32 位的加法运算。标志位的修改和 ADD 指令相同，只修改 N、Z、C、V。

例：有两个 128 位数，第一个数由高到低存放在寄存器 R7～R4 中，第二个数由高到低存放在寄存器 R11～R8 中，请编写程序把两个数相加，运算结果由高到低存放到寄存器 R3～R0 中。

实现程序如下。

```
ADDS R0, R4, R8      ;加低位字，不带进位
ADCS R1, R5, R9      ;加第二个字，带进位
ADCS R2, R6, R10     ;加第三个字，带进位
ADCS R3, R7, R11     ;加第四个字，带进位
```

注意：可能还有进位。

④ 带借位减法指令 SBC。带借位减法指令 SBC 的格式如下。

```
SBC{<Cond>}{S} <Rd>, <Rn>, <Operand2>
```

SBC 指令把 Rn 作为被减数，Operand2 作为减数进行减法运算，然后再减去 CPSR 中 C 条件标志位的反码，最后将结果存入 Rd。SBC 指令的执行流程图如图 3-8 所示。

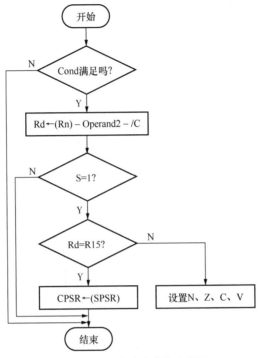

图 3-8　SBC 指令的执行流程图

例：

```
SBCS R0，R1，R2      ;R0←(R1)-(R2)-! C
```

该指令主要用于字长大于 32 位的数据的减法运算。标志位的修改和 SUB 指令相同。

⑤ 逆向减法指令 RSB。逆向减法指令 RSB 的格式如下。

```
RSB{<Cond>}{S} <Rd>,<Rn>,<Operand2>
```

RSB 指令之所以被称为"逆向减法指令"，是因为该指令把 Operand2 作为被减数，而把 Rn 作为减数来进行减法运算，运算结果仍然被存入 Rd。

例：

```
RSB R0，R1，R2          ;R0←（R2）-（R1）
RSB R0，R1，#256        ;R0←256 -（R1）
RSB R0，R2，R3，LSL#1   ;R0←（R3<<1）-（R2）
```

⑥ 带借位逆向减法指令 RSC。带借位逆向减法指令 RSC 的格式如下。

```
RSC{<Cond>}{S} <Rd>,<Rn>,<Operand2>
```

RSC 指令把 Operand2 作为被减数，Rn 作为减数进行减法运算，然后再减去 CPSR 中的 C 条件标志位的反码，最后将结果存入 Rd。

```
RSC  R0, R1, R2
```

⑦ 乘法指令 MUL。乘法指令 MUL 的格式如下。

```
MUL{<Cond>}{S}  <Rd>, <Rm>, <Rs>
```

MUL 指令把 Rm 作为被乘数，Rs 作为乘数进行乘法运算，并把结果存入 Rd。MUL 指令的执行流程图如图 3-9 所示。

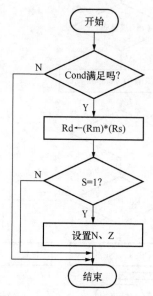

图 3-9 MUL 指令的执行流程图

例：

```
MUL R0, R1, R2       ;R0←(R1)X(R2)
MULS R0, R1, R2      ;R0←(R1)X(R2)
```

MUL 指令同时更新 CPSR 相关标志位，影响的标志位如表 3-5 所示。

表 3-5 MUL 指令影响的标志位

受影响的 CPSR 标志位	取值
N	寄存器 Rd[31]存入 N
Z	如果 Rd 为 0，则 Z=1；否则 Z=0

⑧ 乘加指令 MLA。乘加指令 MLA 的格式如下。

```
MLA{<Cond>}{S} <Rd>, <Rm>, <Rs>,<Rn>
```

MLA 指令把 Rm 作为被乘数，Rs 作为乘数进行乘法运算，然后再将乘积加上 Rn，最后将结果存入 Rd。

```
MLA R0, R1, R2, R3        ;R0←(R1)X(R2)+(R3)
MLAS R0, R1, R2 ,R3       ;R0←(R1)X(R2)+(R3)，同时更新 CPSR 标志位，标志位的修改和 MUL
```

;指令相同

⑨ 带符号长乘法指令 SMULL。带符号长乘法指令 SMULL 的格式如下。

SMULL{<Cond>}{S} <RdLo>,<RdHi>,<Rm>,<Rs>

注意：RdLo 表示 Rd 是低 32 位，RdHi 表示 Rd 是高 32 位。

SMULL 指令把 Rm 作为被乘数，Rs 作为乘数进行乘法运算，并把结果的低 32 位存入目的寄存器 RdLo，结果的高 32 位存入目的寄存器 RdHi。所有操作数均为寄存器寻址，SMULL 指令影响的标志位如表 3-6 所示。

表 3-6 SMULL 指令影响的标志位

受影响的 CPSR 标志位	取值
N	寄存器 RdHi[31]存入 N
Z	如果 RdHi 且 RdLo 为 0，则 Z=1；否则 Z=0

SMULL R0, R1, R2, R3   ;R0←(R2)X(R3)的低 32 位，R1←(R2)X(R3)的高 32 位

⑩ 长乘加指令 SMLAL。长乘加指令 SMLAL 格式如下。

SMLAL{<Cond>}{S} <RdLo>,<RdHi>,<Rm>,<Rs>

SMLAL 指令把 Rm 作为被乘数，Rs 作为乘数进行乘法运算，并把结果的低 32 位和 RdLo 原有的值相加后存入目的寄存器 RdLo，结果的高 32 位和 RdHi 原有的值相加后存入目的寄存器 RdHi。所有操作数均为寄存器寻址。

SMLAL R0, R1, R2, R3   ;R0←(R2)X(R3)的低 32 位+(R0),R1←(R2)X(R3)的高 32 位+(R1)

标志位的修改和 SMULL 指令相同。

⑪ 无符号长乘法指令 UMULL。无符号长乘法指令 UMULL 的格式如下。

UMULL{<Cond>}{S} <RdLo>,<RdHi>,<Rm>,<Rs>

UMULL 指令把 Rm 作为被乘数，Rs 作为乘数进行乘法运算，并把结果的低 32 位存入目的寄存器 RdLo，结果的高 32 位存入目的寄存器 RdHi。所有操作数均为寄存器寻址，且两个源操作数应为无符号数。

UMULL R0, R1, R2, R3   ;R0←(R2)X(R3)的低 32 位，R1←(R2)X(R3)的高 32 位

标志位的修改和 SMULL 指令相同。

⑫ 长乘加指令 UMLAL。长乘加指令 UMLAL 格式如下。

UMLAL{<Cond>}{S} <RdLo>,<RdHi>,<Rm>,<Rs>

UMLAL 指令把 Rm 作为被乘数，Rs 作为乘数进行乘法运算，并把结果的低 32 位和 RdLo 原有的值相加后存入目的寄存器 RdLo，结果的高 32 位和 RdHi 原有的值相加后存入目的寄存器 RdHi。所有操作数均为寄存器寻址，且两个源操作数应为无符号数。

UMLAL R0, R1, R2, R3   ;R0←(R2)X(R3)的低 32 位+(R0)，R1←(R2)X(R3)的高 32 位+(R1)

标志位的修改和 SMULL 指令相同。

（2）按位逻辑操作指令。按位逻辑操作指令包括逻辑与操作指令 AND、逻辑或操作指令 ORR、逻辑异或操作指令 EOR 以及位清除指令 BIC。

① 逻辑与操作指令 AND。逻辑与操作指令 AND 的格式如下。

AND{<Cond>}{S} <Rd>,<Rn>,<Operand2>

Operand2 可以是立即数寻址，也可以是寄存器寻址。AND 指令把 Rn 和 Operand2 按位进行逻辑"与"运算，并把结果存入 Rd。AND 指令的执行流程图如图 3-10 所示。

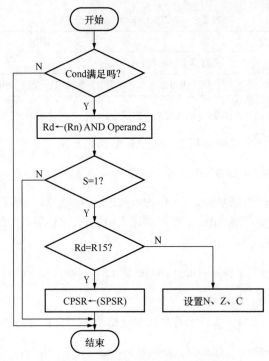

图 3-10　AND 指令的执行流程图

AND 指令影响的标志位如表 3-7 所示。

表 3-7　AND 指令影响的标志位

受影响的 CPSR 标志位	取值
N	寄存器 Rd[31]存入 N
Z	如果 Rd 为 0，则 Z=1；否则 Z=0
C	C=0

例：

AND　R0, R0, #3　　;该指令保持 R0 的 0、1 位不变，其余位清零

② 逻辑或操作指令 ORR。逻辑或操作指令 ORR 的格式如下。

ORR{<Cond>}{S} <Rd>,<Rn>,<Operand2>

Operand2 可以是立即数寻址，也可以是寄存器寻址。ORR 指令把 Rn 和 Operand2 按位进行

逻辑"或"运算，并把结果存入 Rd。

```
ORR R0, R0, #3        ;该指令设置 R0 的 0、1 位为 1，其余位不变
```

例：请把寄存器 R2 中的高 8 位数据传送到寄存器 R3 的低 8 位，注意 R3 的高 24 位不能变。

```
MOV R0, R2, LSR #24       ;将 R2 右移 24 位，即将其高 8 位移至低 8 位并存入 R0，同时 R0 的高
                         ;24 位为 0，注意 R2 的内容没有变
AND R3,R3,#0XFFFFFF00     ;将 R3 高 24 位保留，低 8 位清零
ORR R3,R3,R0             ;将 R2 的高 8 位存入 R3 低 8 位，同时 R3 的高 24 位不变
```

标志位的影响和 AND 指令相同。

③ 逻辑异或操作指令 EOR。逻辑异或操作指令 EOR 的格式如下。

```
EOR{<Cond>}{S} <Rd>,<Rn>,<Operand2>
```

EOR 指令把 Rn 和 Operand2 按位进行逻辑"异或"运算，并把结果存入 Rd。Operand2 可以是立即数寻址，也可以是寄存器寻址。

```
EOR R0, R0, #3       ;该指令反转 R0 的 0、1 位，其余位保持不变
```

标志位的修改和 AND 指令相同。

④ 位清除指令 BIC。位清除指令 BIC 的格式如下。

```
BIC{<Cond>}{S} <Rd>,<Rn>,<Operand2>
```

BIC 指令的功能是清除 Rn 的某些位，并把结果存入 Rd。Rn 为寄存器寻址，Operand2 可以是寄存器寻址，也可以是立即数寻址。Operand2 为 32 位掩码，如果在掩码中设置了某一位（即某位为 1），则清除这一位；未设置的掩码位（即某位为 0），则保持不变。

```
BIC R0, R0, #0xB     ;该指令清除 R0 中的 0、1、3 位，其余位保持不变
```

标志位的修改和 AND 指令相同。

（3）寄存器传送操作指令。寄存器传送操作指令包括数据传送指令 MOV 和数据非传送指令 MVN。

① 数据传送指令 MOV。MOV 指令的格式如下。

```
MOV{<Cond>}{S}  <Rd>, <Operand2>
```

数据传送指令 MOV 的功能是将一个数 Operand2 传送到目标寄存器 Rd，其中 Operand2 可以是寄存器寻址，也可以是立即数寻址。

MOV 指令的执行流程图如图 3-11 所示。

MOV 指令影响的标志位如表 3-8 所示。

表 3-8 MOV 指令影响的标志位

受影响的 CPSR 标志位	取值
N	寄存器 Rd[31]存入 N
Z	如果 Rd 为 0，则 Z=1；否则 Z=0
C	C=0

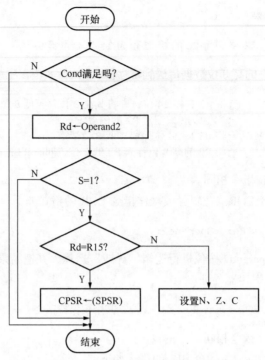

图 3-11　MOV 指令的执行流程图

例：

```
MOV R2, #0X7E          ;将立即数 0X7E 传送到寄存器 R2 中
MOV R1, R0, LSL#3      ;将寄存器(R0)× 8 传送到寄存器 R1 中，R0 的内容不变
```

② 数据非传送指令 MVN。数据非传送指令 MVN 的格式如下。

```
MVN{<Cond>}{S}  <Rd>, <Operand2>
```

MVN 指令在进行数据传送之前，先把源操作数 Operand2 按位取反，然后再传送到目的寄存器 Rd。

```
MVN R0, #0  ;将立即数 0 按位取反，再存入寄存器 R0，完成后 R0=-1
```

标志位的修改和 MOV 指令相同。

（4）比较操作指令。比较操作指令包括比较指令 CMP、负数比较指令 CMN、位测试指令 TST 以及相等测试指令 TEQ。

① 比较指令 CMP。比较指令 CMP 的格式如下。

```
CMP{<Cond>}  <Rd>, <Operand2>
```

CMP 指令把 Rd 作为被减数，与 Operand2 进行一次减法运算操作，但不存储运算结果，只根据结果来更新 CPSR 的相应条件标志位 N、Z、C、V，如表 3-9 所示。

表 3-9　CMP 指令影响的标志位

受影响的 CPSR 标志位	取值
N	运算结果的第 31 位存入 N

受影响的 CPSR 标志位	取值
Z	如果运算结果为 0，则 Z=1；否则 Z=0
C	如果运算结果有借位，则 C=0；否则 C=1
V	如果运算结果有溢出，则 V=1；否则 V=0

```
CMP  R1, R0       ;(R1)-(R0)，根据结果设置 CPSR 的标志位
CMP  R1, #100     ;(R1)-100，根据结果设置 CPSR 的标志位
```

注意：比较类指令本身带有更新 CPSR 的功能，故在该类指令中可以不使用后缀 S。

② 负数比较指令 CMN。负数比较指令 CMN 的格式如下。

```
CMN{<Cond>}  <Rd>, <Operand2>
```

CMN 指令把 Rd 作为被减数，与 Operand2 的反进行一次减法运算，但不存储结果，只更新 CPSR 中条件标志位。

③ 位测试指令 TST。位测试指令 TST 的格式如下。

```
TST{<Cond>}  <Rd>, <Operand2>
```

TST 指令的功能是把 Rd 和 Operand2 按位进行逻辑"与"运算，并根据运算结果更新 CPSR 中条件标志位的值。Rd 是要测试的数据，Operand2 是一个掩码。该指令一般用来检测是否设置了特定的位。

```
TST  R1, #0X5     ;测试寄存器 R1 中的第 0 位和第 2 位是否是 1
```

④ 相等测试指令 TEQ。相等测试指令 TEQ 的格式如下。

```
TEQ{<Cond>}  <Rd>, <Operand2>
```

TEQ 指令用于把一个寄存器的内容和另一个寄存器的内容或立即数进行按位"异或"运算，并根据运算结果更新 CPSR 中条件标志位的值。该指令通常用于检测 Rd 和 Operand2 是否相等。

```
TEQ  R1, R2       ;将 R1 的值与 R2 的值按位"异或"，并根据结果设置 CPSR 的标志位
```

3. 程序状态寄存器（PSR）传输指令

（1）MRS 指令。MRS 指令的格式如下。

```
MRS {<Cond>}  <Rd>,CPSR
MRS {<Cond>}  <Rd>,SPSR
```

MRS 指令的功能是将程序状态寄存器的内容传送到通用寄存器 Rd。

```
MRS  R0, CPSR     ;传送 CPSR 的内容到 R0
MRS  R0, SPSR     ;传送 SPSR 的内容到 R0
```

（2）MSR 指令。MSR 指令是把寄存器的内容或立即数传输到程序状态寄存器。32 位的程序状态寄存器可以分为 4 个域，这 4 个域在指令中可以分别用 F、S、X、C 来表示，如表 3-10 所示。

表 3-10 程序状态寄存器的域与位的对应关系

域在指令中的表示	位域	说明
F	[31:24]	条件标志位域
S	[23:16]	状态位域
X	[15:8]	扩展位域
C	[7:0]	控制位域

程序状态寄存器的条件标志位域和控制位域如图 3-12 所示。

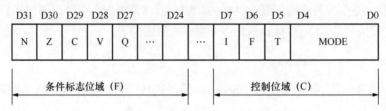

图 3-12 程序状态寄存器的条件标志位域和控制位域

MSR 指令的格式如下。

```
MSR{<Cond>}  CPSR_<Fields>,<Operand2>
MSR{<Cond>}  SPSR_<Fields>,<Operand2>
```

MSR 指令可以把 Operand2 的内容传送到程序状态寄存器的特定域中。其中 Operand2 可以为通用寄存器或立即数，Fields 用于指定程序状态寄存器中需要操作的位域，为 F、S、X、C。

```
MSR CPSR_C, R0        ;传送 R0 的内容到 CPSR，但仅仅修改 CPSR 中的控制位域 C
MSR CPSR_CFXS, R0     ;传送 R0 的内容到 CPSR，修改所有域
```

C、F、X、S 大小写都可以，顺序也任意。

注意：Keil 中程序状态寄存器必须带域（如缺少编译器会报错），如下的两条指令是错的。

```
MSR CPSR, R0         ;编译器报错
MSR SPSR, R0         ;编译器报错
```

4. 加载/存储指令

加载/存储指令包括字数据加载指令 LDR、字节数据加载指令 LDRB、半字数据加载指令 LDRH、字数据存储指令 STR、字节数据存储指令 STRB、半字数据存储指令 STRH、批量数据加载指令 LDM/批量数据存储指令 STM、堆栈操作指令和数据交换指令。

（1）字数据加载指令 LDR。字数据加载指令 LDR 的格式如下。

```
LDR{<Cond>}  <Rd>, <Address_mode>
```

LDR 指令的功能是把存储在存储器中的一个 32 位字数据传送给目的寄存器 Rd。

例 1：已知（R0）=0X40000000 和（R1）=0X40000100，并已知在存储器地址为 0X40000100 的区域存有数据 0XAAAAAAAA，在地址为 0X40000104 的区域存有数据 0X55555555。请写出执行指令 LDR R0, [R1, #4] 后 R0 和 R1 中的数据。结果如下。

```
（R0）= 0X55555555
（R1）= 0X40000100
```

例 2：条件和上题相同，请写出执行指令 LDR R0, [R1, #4]! 后的 R0 和 R1 中的数据。结果如下。

```
（R0）=0X55555555
（R1）=0X40000104
```

例 3：条件和上题相同，请写出执行指令 LDR R0, [R1], #4 后 R0 和 R1 中的数据。结果如下。

```
（R0）=0XAAAAAAAA
（R1）=0X40000104
LDR R1, [R0, #0X12]        ;将 R0+0X12 地址处的数据读出，保存到 R1 中（R0 的值不变）
LDR R1, [R0, R2, LSL #02]  ;将 R0+R2×4 地址处的数据读出，保存到 R1 中（R0、R2 的值不变）
LDR Rd, Label        ;Label 为程序标号，Label 必须是当前指令-4～4KB 范围内，这条指令把
                     ;Label 标号作为地址，把地址中的数（机器码、二进制数）送到 Rd
LDR Rd, =Label       ;Label 为程序标号，Label 必须是当前指令-4～4KB 范围内，这条指令是把
Label 标号处的地址值传送到 Rd
```

（2）字节数据加载指令 LDRB。字节数据加载指令 LDRB 的格式如下。

```
LDR{Cond}B <Rd>, <Address_mode>
```

LDRB 指令的功能是从存储器中将一个 8 位的字节数据传输到寄存器 Rd，同时将寄存器的高 24 位清零。

```
LDRB R0, [R1, #8]      ;R0←[(R1)+8]，并将 R0 的高 24 位清零
```

（3）半字数据加载指令 LDRH。半字数据加载指令 LDRH 的格式如下。

```
LDR{Cond}H  <Rd>,  <Address_mode>
```

LDRH 指令的功能是把存储器中的 16 位半字数据传送到寄存器 Rd，同时将寄存器的高 16 位清零。

```
LDRH R0,[R1,#8]        ;R0←[(R1)+8]，并将 R0 的高 16 位清零
```

（4）字数据存储指令 STR。字数据存储指令 STR 的格式如下。

```
STR <Rd>,  <Address_mode>
```

STR 指令的功能是把一个 32 位源操作数传送到寄存器 Rd。

```
STR R0, [R1, #8]        ;(R0)→[(R1)+8]
```

STR 指令主要用于以下 3 种场景。
① 变量访问。

```
NumCount    EQU  0X4000300     ;EQU 是等效伪指令，NumCount=0X4000300
            LDR R0,=NumCount    ;R0=0x4000300
            LDR R1,[R0]
            ADD R1,R1,#1
            STR R1,[R0]
```

注意：汇编有 ARM ASM 和 GNU ASM 两种，两者形式上有差异，ARM ASM 的伪代码前不要 "."，伪代码要顶格书写。

② GPIO 设置。

```
GPIO_BASE  EQU  0XE0028000
...
LDR R0,=GPIO_BASE
LDR R1,=0X00FFFF00
STR R1,[R0,#0X0C]
...
```

③ 程序跳转。

```
           ...
           MOV R2, R2, LSL #2
           LDR PC, [PC,R2]
           NOP
FUN_TAB    DCD    FUN_SUB0
           DCD    FUN_SUB1
           DCD    FUN_SUB2
           ...
```

（5）字节数据存储指令 STRB。字节数据存储指令 STRB 的格式如下。

```
STR{Cond}B   <Rd>,  <Address_mode>
```

STRB 指令的功能是把一个 32 位源操作数的低 8 位传送到寄存器 Rd。

```
STRB R0,[R1,#8]      ;(R0)的低 8 位→[(R1)+8]
```

（6）半字数据存储指令 STRH。半字数据存储指令 STRH 的格式如下。

```
STR{Cond}H   <Rd>,  <Address_mode>
```

STRH 指令的功能是把一个 32 位源操作数的低 16 位传送到寄存器 Rd。

```
STRH R0,[R1,#8]      ;(R0)→[(R1)+8]
```

（7）批量数据加载指令 LDM 和批量数据存储指令 STM。这两种指令也称为批量数据加载/存储指令或批量传输指令，它们可以在一组寄存器和一块连续的内存单元之间实现数据传送。批量数据加载指令 LDM 用于将一片连续的存储器中的数据传送到多个寄存器，批量数据存储指令 STM 则完成相反的任务。LDM 和 STM 指令的格式分别如下。

```
LDM{<Cond>} {Mode} <Rd>{!},<Reglist>{^}
STM{<Cond>} {Mode} <Rd>{!},<Reglist>{^}
```

Rd 为数据块的基址寄存器，R15 之外的其他寄存器都可以作为基址寄存器。Reglist 为存储数据块对应的寄存器列表，其中包含一个或多个寄存器。如果寄存器序号是连续的，则可以简写为{序号小的寄存器-序号大的寄存器}，如{R0-R5}，注意不能反过来。当寄存器不连续时，中间使用 "," 隔开。"!" 为可选后缀。若选用该后缀，则当数据块传送完毕之后，基址寄存器 Rd 会保存数据块最后地址，否则基址寄存器 Rd 的内容不变。

存储器中的内容与寄存器列表的对应关系为小地址对应小寄存器编号，大地址对应大寄存器编号。"^"为可选后缀。当指令为 LDM 且寄存器列表中包含 R15（PC）时，选用该后缀表示除了正常的数据传送之外，还将 SPSR 复制到 CPSR。而当寄存器列表中不包含 R15（PC）时，使用该后缀则表示在用户模式中进行寄存器与存储器的数据传递。

注意：在系统模式下禁用"^"后缀。

Mode 为模式选项，其含义如表 3-11 所示。

表 3-11　Mode 模式选项

类型	每次基址寄存器的操作	传送起始地址	Rn 序号的变化
IA	先传送数据，后基地址加 4	（Rn）	增加
IB	先基地址加 4，后传送数据	（Rn）+4	增加
DA	先传送数据，后基地址减 4	（Rn）	减少
DB	先基地址减 4，后传送数据	（Rn）−4	减少

注：表 3-11 中的增加和减少是针对 1 个字数据（32 位）的操作。

例：数据在存储器中的存储位置情况如图 3-13 所示。现已知作为基址寄存器 R0 的内容为 0X40000018，试分析如下指令执行后的结果。

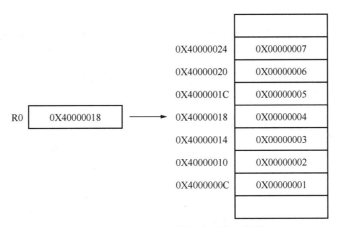

图 3-13　存储器中的数据存放位置情况

- LDMIA　R0!,{R1-R3}

解：

（R0）=0X00000024
（R1）=0X00000004
（R2）=0X00000005
（R3）=0X00000006

- LDMIB　R0!,{R1-R3}

解：

（R0）=0X00000024
（R1）=0X00000005
（R2）=0X00000006
（R3）=0X00000007

- LDMDA R0!, {R1-R3}

解：

（R0）=0X0000000C
（R1）=0X00000002
（R2）=0X00000003
（R3）=0X00000004

- LDMDB R0!, {R1-R3}

解：

（R0）=0X0000000C
（R1）=0X00000001
（R2）=0X00000002
（R3）=0X00000003

- LDMDB R0!, {R3,R1,R2}

解：

（R0）=0X0000000C
（R1）=0X00000001
（R2）=0X00000002
（R3）=0X00000003

注意：上述最后两条指令的执行结果完全一样，说明 Reglist 中的寄存器列表与寄存器的排列顺序无关，小地址对应小寄存器编号，大地址对应大寄存器编号。

（8）堆栈操作指令。为了方便进行寄存器与堆栈之间的数据交换，ARM 专门提供了如下堆栈操作指令。

```
LDM{<Cond>}{Mode} <Rd>{!},<Reglist>{^}
STM{<Cond>}{Mode} <Rd>{!},<Reglist>{^}
```

堆栈操作指令与批量数据加载/存储指令的主要区别是 Mode 模式选项，其含义如表 3-12 所示。

表 3-12　堆栈操作指令与批量数据加载/存储指令的 Mode 关系

类型	堆栈类型	堆栈弹出（Pop）指令	堆栈压入（Push）指令
FA	满递增堆栈	LDMFA	STMFA
FD	满递减堆栈	LDMFD	STMFD
EA	空递增堆栈	LDMEA	STMEA
ED	空递减堆栈	LDMED	STMED

```
STMFD R13!,{R0,R4-R12,LR}    ;压入堆栈，对应指令 STMDB
LDMFD R13!,{R0,R4-R12,LR}    ;弹出堆栈，对应指令 LDMIA
```

R13 为堆栈指针。堆栈操作指令与批量传输指令的对应关系如表 3-13 所示。

表 3-13　堆栈操作指令与批量传输指令的对应关系

寻址方式	说明	堆栈弹出指令	对应的批量数据加载指令	堆栈压入指令	对应的批量数据存储指令
FA	满递增	LDMFA	LDMDA	STMFA	STMIB

寻址方式	说明	堆栈弹出指令	对应的批量数据加载指令	堆栈压入指令	对应的批量数据存储指令
FD	满递减	LDMFD	LDMIA	STMFD	STMDB
EA	空递增	LDMEA	LDMDB	STMEA	STMIA
ED	空递减	LDMED	LDMIB	STMED	STMDA

（9）数据交换指令。数据交换指令是加载/存储指令的一种特例，它的功能是把一个寄存器单元的内容与存储器内容交换。数据交换指令是一个"原子"操作，在连续的总线操作中读/写一个存储单元，在操作期间阻止其他指令对该存储单元的读写。数据交换指令如表 3-14 所示。

表 3-14　数据交换指令

指令	作用	具体操作过程
SWP	字交换	Tmp=Mem32[Rn]，Mem32[Rn]=Rm，Rd=Tmp
SWPB	字节交换	Tmp=Mem8[Rn]，Mem8[Rn]=Rm，Rd=Tmp

① 字交换指令 SWP。SWP 指令的语法格式如下。

SWP{<Cond>} <Rd>, <Rm>, [<Rn>]

SWP 指令用于将内存中的一个字单元和一个指定寄存器的值交换。字交换指令 SWP 应用如下。

```
SWP        R1,R1,[R0]
           SWPB R1,R2,[R0]
I2C_SEM    EQU 0X40003000
I2C_SEM_WAIT
           MOV R0,#0
           LDR R0,=I2C_SEM
           SWP R1,R1,[R0]
           CMP R1,#0
           BEQ I2C_SEM_WAIT
```

例：执行前 R0=0X40000000，0X40000000 存储器中的数据为 0X55555555，R1=0X00000001，R2=0X00000002，执行 SWP R1,R2,[R0]后的结果如下。

```
R0=0X40000000
[0X40000000]=0X00000002
R1=0X55555555
R2=0X00000002
```

当 <Rd> 和 <Rm> 为同一个寄存器时，交换该寄存器和内存单元的内容。

② 字节交换指令 SWPB。字节交换指令 SWPB 用于将内存中的一个字节和一个指定寄存器中的低 8 位交换。

5. 异常中断产生指令

ARM 有两条异常中断产生指令，分别为软中断指令 SWI 和断点中断指令 BKPT。

（1）软中断指令 SWI。软中断是利用硬件中断的概念，用软件方式进行模拟，实现从用户模式切换到特权模式并执行特权程序的机制。SWI 指令的格式如下。

```
SWI{Cond} Immed_24
```

其中 Immed_24 指 24 位立即数，值为 0~16 777 215 的整数。

SWI 指令后 24 位立即数的作用是：用户程序通过 SWI 指令切换到特权模式，进入软中断处理程序，但是软中断处理程序不知道用户程序到底想要做什么时，SWI 指令后 24 位立即数用作用户程序和软中断处理程序之间的"接头暗号"。通过该软中断立即数来区分用户不同操作，执行不同内核函数。如果用户程序调用系统应用时要传递参数，则根据 ATPCS C 语言与汇编混合编程规则将参数放入 R0~R3。

使用 SWI 指令时，通常使用以下两种方法进行参数传递，这两种方法均是用户软件设置。SWI 异常处理程序可以提供相关的服务。SWI 异常中断处理程序要读取引起软件中断的 SWI 指令，以取得 24 位立即数。

① 指令中 24 位立即数指定了用户请求的服务类型，中断服务的参数通过通用寄存器传递。例如，下面这段代码产生一个中断号为 12 的软中断。

```
MOV R0,#34      ;设置功能号为 34
SWI 12          ;产生软中断，中断号为 12
```

② 指令中的 24 位立即数被忽略，用户请求的服务类型由寄存器 R0 的值决定，参数通过其他的通用寄存器传递。例如，下面的代码通过 R0 传递中断号，R1 传递中断的子功能号。

```
MOV R0, #12     ;设置 12 号软中断
MOV R1, #34     ;设置功能号为 34
SWI 0
```

CPU 执行 SWI 指令后，产生软中断。软中断产生后 CPU 强制将 PC 的值设置为异常向量表地址 0x08，在异常向量表 0x08 处安放跳转指令 B HandleSWI，这样 CPU 就跳转到预先定义的 HandleSWI 处执行，在软中断中要做以下几件事。

① 保护现场。软中断处理中通过 STMFD SP!,{R0-R12，LR}指令保存程序执行现场，将 R0~R12 通用寄存器中的数据保存在管理模式下 SP 栈内，LR 由硬件自动保存软中断指令的下一条指令地址，该寄存器值也保存在 SP 栈内。

② 获取 SWI 指令编码。SWI 指令低 24 位保存有软中断号，通过 LDR R4,[LR,#-4]指令，取得 SWI 指令编码（LR 为硬件自动保存 SWI 指令的下一条指令地址，LR-4 就是 SWI 指令地址），将其保存在 R4 寄存器中。通过 BIC R4,R4,#0XFF000000 指令将 SWI 指令高 8 位清除掉，只保留低 24 位立即数，取得 SWI 指令编码。

③ 根据 SWI 指令做出相应操作。根据 24 位立即数判断用户请求操作，如果 24 位立即数为 1，表示 Led_On 系统调用产生的软中断，在管理模式下调用对应的亮灯操作 Do_Led_On。如果 24 位立即数为 2，表示 Led_Off 系统调用产生的软中断，在管理模式下调用对应的灭灯操作 Do_Led_Off。根据 ATPCS 调用规则，R0~R3 作为参数传递寄存器，在软中断处理中没有使用这 4 个寄存器，而是使用 R4 作为操作寄存器。

④ 返回并恢复现场。执行完系统调用操作后，返回到 SWI 的下一条指令。执行返回处理是通过 LDMIA SP!,{R0-R12,PC}^指令将用户寄存器数据恢复到 R0~R12，将进入软中断处理时保存的返回地址 LR 赋给 PC，实现程序返回，同时恢复状态寄存器，切换到用户模式下继续程序的执行。

注意：由于 SWI 指令必须和软中断服务程序配合，相对比较难懂，此处仅简要叙述，感兴趣的读者可自行查阅相关资料。

（2）断点中断指令 BKPT。BKPT 指令的格式如下。

BKPT 16 位立即数

其功能为产生软件断点中断，以便软件调试时使用。16 位立即数用于保存软件调试中额外的断点信息。

注意：编程中不能直接使用该指令，这个指令是给调试器使用的。

思　考　题

1. 什么叫寻址？什么叫寻址方式？
2. 什么叫指令？什么叫指令系统？
3. ARM 指令分为几类？分别是什么？
4. ARM 指令有几种寻址方式？分别是什么？
5. ARM 指令系统与 Intel x86 指令系统有何异同？

第4章
ARM 伪指令

本章内容主要包括伪指令、ARM 中的宏和宏指令、ARM 汇编器所支持的伪指令、汇编语言编程规范。

4.1 伪指令

1. 伪指令的概念

（1）什么是伪指令

人们设计了一些专门用于指导汇编器进行汇编工作的指令。由于这些指令不形成机器码指令，它们只在汇编器进行汇编工作的过程中起作用，所以叫"伪指令"。

伪指令用来对汇编程序进行控制，在程序中实现条件转移、列表、存储空间分配等功能。

（2）伪指令具有两个特征

① 伪指令是一条指令。

② 伪指令没有指令代码。

（3）伪指令的作用

① 进行程序定位。

② 定义非指令代码。

③ 为体现程序完整性做标注。

④ 有条件地引导程序段。

2. 伪指令与指令的差异

伪指令指导汇编器进行汇编工作，不形成机器码指令；而指令要形成机器码指令。

4.2 ARM 中的宏和宏指令

4.2.1 什么是宏

宏（Macro）是一种批量处理的称谓。计算机科学里的宏比较抽象（Abstraction），它根据一系列预定义的规则替换一定的文本模式。解释器或编译器在遇到宏时会自动进行这一模式的替换。对于编译语言，宏展开（将宏名替换为字符串）在编译时发生，进行宏展开的工具常被称为"宏展开器"。宏这一术语也常常用于许多类似的环境中，它源自"宏展开"的概念，包括键盘宏和宏语言，如宏汇编语言。绝大多数情况下，使用宏这个词暗示着将小命令或动作转化为一系列指令。

4.2.2　ARM 中的宏和宏指令及其用法

1. ARM 中的宏

（1）MACRO 和 MEND

MACRO 和 MEND 可以为一个程序段定义一个名称。这样，在汇编语言应用程序中就通过这个名称来使用它所代表的程序段，即当进行程序汇编时，该名称将被替换为其所代表的程序段。

ARM 中宏的语法格式如下。

```
MACRO
      $标号    宏名 $参数 1,  $参数 2, …
      程序段
MEND
```

- $标号为主标号，宏内所有其他额外标号必须由主标号组成。
- 宏名为宏名称，为宏在程序中的引用名。
- $参数 1、$参数 2 为宏中可以使用的参数。

宏中所有标号必须在前面冠以符号"$"。参考示例如下。

```
MACRO           ;宏定义指令
$MDATA    MAXNUM $NUM1,$NUM2      ;主标号，宏名，参数
          语句段
$MDATD.MAY1    ; 宏内标号
          语句段
$MDATA.MAY2    ; 宏内标号
          语句段
MEND
```

例 1：在 ARM 中用汇编语言实现 1+2+3+4+5+6+7 的子程序。

```
        AREA MAIN, CODE, READONLY   ;段定义
        ENTRY                       ;程序入口
        CODE32                      ;32 位 ARM 程序
START   MOV R0,#7       ;传第 1 个参数
        MOV R1,#0       ;传第 2 个参数
        BL  SUM         ;子程序调用
        MOV R1,R0       ;结果存放在 R1 中
STOP    B .             ;程序循环
SUM     ADD R1,R1,R0    ;加法
        SUBS R0,R0,#1   ;计数器减
        BNE  SUM        ;R0 不等于 0 跳转
        MOV R0,R1       ;结果传给 R0
        BX   LR         ;子程序返回
        END             ;汇编结束
```

例 2：在 ARM 中用汇编语言和宏实现 1+2+3+4+5+6+7 子程序。

- 方法一如下。

```
            MACRO                    ;宏定义
            $LABEL   ADDRT $A,$B      ;主标号，宏名，参数
            $LABEL.ADDR              ;宏内其他标号
            ADDS $A,$A,#1       ;加 1
            ADDS $B,$B,$A       ;累加
            CMP  $A,#7         ;比较判断循环是否结束
            BNE  $LABEL.ADDR
            MOV R1,$B          ;结果赋给 R1
            MEND                ;宏结束
            AREA  ADD1, CODE, READONLY   ;段定义
            ENTRY              ;程序入口
            CODE32             ;32 位 ARM 指令
START   MOV  R0, #1          ;第 1 个参数赋初值 1
            MOV  R1, #1          ;第 2 个参数赋初值 1
            ADDRT R0,R1          ;宏调用
STOP    B .
            END
```

注意：宏调用时初值赋 1 和 0 都可以，差异在于赋 1 时循环多执行 1 次。

- 方法二如下。

```
            MACRO                    ;宏定义
            ADD_START               ;宏名
            ADD1 ADD  R1, R1, R0      ;程序段
            SUBS    R0, R0, #1
            BNE     ADD1
            MEND
            AREA Example, CODE, READONLY   ;段定义
            ENTRY                          ;程序入口
            CODE32                         ;32 位 ARM 指令
START
            MOV     R0,#7                  ;赋初值 7
            MOV     R1,#0                  ;赋初值 0
            ADD_START                      ;宏调用
OVER    B .
END                                        ;汇编结束
```

注意：宏的实现方式是多种多样的。

（2）MEXIT

MEXIT 用于从宏定义中跳转出去，语法格式如下。

```
MEXIT
```

例如：

```
            MACRO
            ADD_START
ADD1    ADD     R1, R1, R0
            SUBS    R0, R0, #1
```

```
            MEXIT                    ;从宏中跳出去，循环体只执行了 1 次
            BNE       ADD1
            MEND
            AREA Example, CODE, READONLY
            ENTRY
            CODE32
START
            MOV       R0,#7
            MOV       R1,#0
            ADD_START
OVER        B .
            END
```

2. 宏指令

还有一种汇编器内置的无参数和标号的宏——宏指令。在汇编时，这些宏指令被替换成一条或两条真正的 ARM 或 Thumb 指令。

（1）近地址读取宏指令 ADR

ADR 宏指令用于将一个近地址值传递到一个寄存器中，指令格式如下。

```
ADR{Cond}   <Reg>, <Expr>
```

- Reg 为目标寄存器名称。
- Expr 为表达式。该表达式通常在一个程序中表示一条指令存储位置的地址标号。

该宏指令的功能是把标号所表示的地址传递到目标寄存器中。汇编器在汇编时，将把 ADR 宏指令替换成一条真正的 ADD 或 SUB 指令，将当前的 PC 值减去或加上 Expr 与 PC 之间的偏移量得到标号的地址，并将其传输到目标寄存器。

例如下面两条指令。

```
Start  MOV R0, #10
       ADR R4, Start
```

经过编译后如图 4-1 所示。

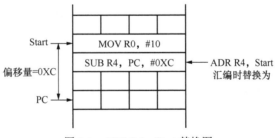

图 4-1　ADR R4, Start 替换图

由于在指令 ADD 或 SUB 中对立即数有限制，标号地址不能距离当前指令的地址（PC）过远。对于非字对齐的地址来说，其距离必须在 255 字节以内；而对于字对齐的地址来说，距离必须在 1 020 字节以内，所以 ADR 宏指令叫"近地址读取宏指令"。

（2）远地址读取宏指令 ADRL

ADRL 宏指令类似于 ADR 宏指令，但可以把更远的地址赋给目标寄存器，指令格式如下。

```
ADRL{Cond}   <Reg>, <Expr>
```

- Reg 为目标寄存器名称。
- Expr 为表达式，必须是 64KB 以内的非字对齐的地址或 256KB 以内的字对齐的地址。该指令只能在 ARM 状态下使用，汇编时，ADRL 宏指令由汇编器替换成两条合适的指令。

例如下面两条指令。

```
Start    MOV R0,#10
         ADRL R4,Start + 60000
```

其中 ADRL 将被替换为如下两条指令。

```
ADD R4, PC, #0XE800
ADD R4, R4, #0X254
```

如果汇编器找不到合适的两条指令，将会报错，同时这两条指令也不是唯一的。

（3）全范围地址读取宏指令 LDR

LDR 宏指令格式如下。

```
LDR{Cond} Reg,={Expr | Label – Expr}
```

- Reg 为目标寄存器名称。
- Expr 为 32 位常数。
- Label – Expr 为基于 PC 地址的表达式。

这条指令常用于把一个地址传递到寄存器 Reg 中。汇编器在对这种指令进行汇编时，会根据指令中 Expr 的值的大小来把这条指令替换为合适的指令。

① 当 Expr 的值未超过 MOV 或 MVN 指令所限定的取值范围时，汇编器用 ARM 的 MOV 或 MVN 指令来取代宏指令 LDR。

② 当 Expr 的值超过 MOV 或 MVN 指令所限定的取值范围时，汇编器将常数 Expr 存入由 LTORG 定义的文字缓冲池，同时用一条 ARM 的装载指令 LDR 来取代宏指令 LDR，而这条装载指令 LDR 则用 PC 加偏移量的方法，到文字缓冲池中把该常数读取到指令指定的寄存器。

由于这种指令可以传递一个 32 位地址，因此叫"全范围地址读取宏指令"。

例 1：

```
LDR R0, =0X30000000
```

这条指令执行后 R0=0X30000000。

例 2：

```
AREA Example, CODE, READONLY
        ENTRY
        CODE32
START   MOV R0, #10
        LDR R1, =START
OVER    B .
        END
```

这段程序执行后 R1 的内容为 START   MOV R0,#10 这条指令在存储器中的地址，此处为 0。

例 3：

```
AREA Example, CODE, READONLY
        ENTRY
        CODE32
START   MOV R0, #10
        LDR R1, START
OVER    B .
        END
```

这段程序执行后 R1 的内容为 START　MOV R0, #10 这条指令的机器码，此处为 0XE3A0000A。

（4）宏指令 NOP

汇编器对宏指令 NOP 进行汇编时，会将其进行如下转换。

```
MOV R0, R0
```

4.3　ARM 汇编器所支持的伪指令

ARM 汇编程序语言有如下几种伪指令：变量定义或赋值伪指令、定义寄存器列表伪指令、数据定义伪指令、控制程序流向伪指令、其他伪指令。

4.3.1　变量定义或赋值伪指令

在 ARM 汇编程序语言中，符号的命名由编程者决定，但必须遵循以下约定。

- 符号区分大小写，同名大、小写符号会被编译器认为是两个不同的符号。
- 符号在其作用域范围内必须唯一。
- 自定义的符号不能与系统保留字相同。
- 符号不应与指令、宏指令、伪指令同名。

在 ARM 汇编程序中，变量的命名也遵循以上约定。

（1）声明全局变量伪指令 GBLA、GBLL 和 GBLS

GBLA、GBLL 和 GBLS 伪指令用于定义一个 ARM 程序中的全局变量，并将其初始化。其语法格式如下。

```
GBLA(GBLL 和 GBLS)  <Variable>
```

Variable 为变量名称。

注意：一个语句只能定义一个变量。

① GBLA 定义一个全局数字变量，其默认初值为 0。

② GBLL 定义一个全局逻辑变量，其默认初值为 FALSE（逻辑假）。

③ GBLS 定义一个全局字符串变量，其默认初值为空。

例如：

```
GBLA Test1    ;定义一个全局数字变量，变量名为 Test1
GBLL Test2    ;定义一个全局逻辑变量，变量名为 Test2
GBLS Test3    ;定义一个全局字符串变量，变量名为 Test3
```

全局变量的变量名在整个程序范围内必须具有唯一性。

（2）声明局部变量伪指令 LCLA、LCLL 和 LCLS

LCLA、LCLL 和 LCLS 伪指令用于定义一个 ARM 程序中的局部变量，并将其初始化。其语法格式如下。

```
LCLA(LCLL 和 LCLS)  <Variable>
```

Variable 为变量名称。

注意：一个语句只能定义一个变量。

① LCLA 定义一个局部数字变量，其默认初值为 0。

② LCLL 定义一个局部逻辑变量，其默认初值为 FALSE（逻辑假）。

③ LCLS 定义一个局部字符串变量，其默认初值为空。

例如：

```
LCLA Test4    ;定义一个局部数字变量，变量名为 Test4
LCLL Test5    ;定义一个局部逻辑变量，变量名为 Test5
LCLS Test6    ;定义一个局部字符串变量，变量名为 Test6
```

局部变量的变量名在变量作用范围内必须具有唯一性。在默认情况下，局部变量只在定义该变量的程序段内有效。

（3）变量赋值伪指令 SETA、SETL 和 SETS

SETA、SETL 和 SETS 伪指令用于给一个已经定义的全局变量或局部变量进行赋值。示例如下。

注意：编程时要顶格书写。

```
Test1  SETA  0XAA         ;将 Test1 变量赋值为 0XAA
Test2  SETL  {TRUE}       ;将 Test2 变量赋值为逻辑真，逻辑假为{FALSE}
Test3  SETS  "Testing"    ;将 Test3 变量赋值为 "Testing"
Test4  SETA  0XBB         ;将 Test4 变量赋值为 0xBB
Test5  SETL  {TRUE}       ;将 Test5 变量赋值为逻辑真；逻辑假为{FALSE}
Test6  SETS  "Testing"    ;将 Test6 变量赋值为 "Testing"
```

注意：逻辑变量 TRUE 和 FALSE 大小写都可以。

4.3.2　定义寄存器列表伪指令

LDM/STM 指令需要使用一个比较长的寄存器列表，使用伪指令 RLIST 可对一个列表定义一个统一的名称。其格式如下。

```
<Name>  RLIST  <{List}>
```

注意：编程时要顶格书写。

例如：

```
TEMP RLIST  {R0,R1,R4,R7,R9}
LDM R13,TEMP
```

4.3.3　数据定义伪指令

（1）LTORG 伪指令

LTORG 伪指令用来说明某个存储区域为一个用来暂存数据的数据缓冲区，也叫"文字池"或"数据缓冲池"。大的代码段可以使用多个数据缓冲池。

图 4-2 所示为 LTORG 伪指令的作用。

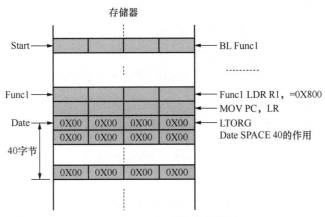

图 4-2　LTORG 伪指令的作用

当程序中使用 LDR 之类的指令访问数据缓冲池时，为防止越界情况发生，通常把数据缓冲池放在代码段的最后，或放在无条件转移指令或子程序返回指令之后，这样处理器就不会错误地将数据缓冲池中的数据当作指令来执行。

例如：

```
        AREA Example, CODE, READONLY
Start   BL  Func1
             …
Func1   LDR R1,=0X800
        MOV PC,LR
        LTORG              ;定义数据缓冲池的开始位置
  Date  SPACE  40          ;数据缓冲池有 40 个初始化为 0 的字节
        END
```

注意：MOV PC,LR 这条指令在汇编时会发出警告，提示改为 BX LR。因为是警告，不影响程序执行，可以忽略。

（2）MAP 和 FIELD 伪指令

在应用程序中经常使用一种图 4-3 所示的结构化表，这种结构化表类似于 C 语言中的结构类型。MAP 伪指令用于定义一个结构化的内存表的首地址，MAP 伪指令可以用"^"代替。其语法格式如下。

```
MAP <Expr> {,<Baseregister>}
```

- Expr 为结构化表首地址，可以为常数、地址表达式。
- Baseregister 为基址寄存器（可选项），基址寄存器的值与 Expr 的值之和就是内存表的首地址。

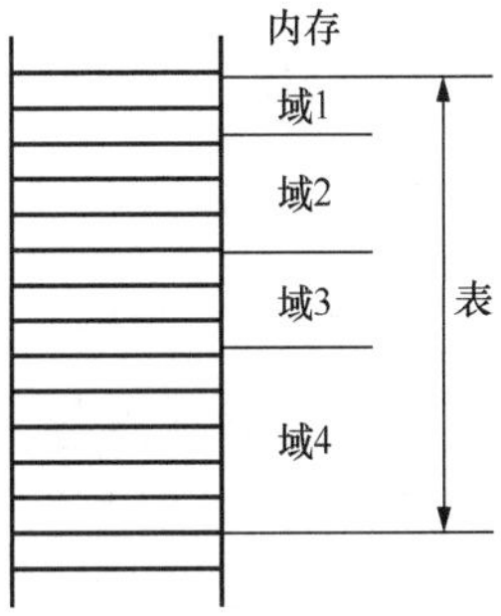

图 4-3　结构化表

例如：

```
MAP FUN          ;FUN 就是内存表的首地址
MAP 0X100, R9    ;内存表的首地址为(R9)+0X100
```

MAP 伪指令通常和 FIELD 伪指令配合来定义一个结构化的内存表。FIELD 伪指令用于定义一个结构化内存表中的各个数据域。

```
<Label>  FIELD  <Expr>
```

Label 为标号，要顶格写。Expr 为表达式，它的值为数据域所占的字节数。FIELD 伪指令与 MAP 伪指令配合使用来定义结构化的内存表。MAP 伪指令定义内存表的首地址；FIELD 伪指令定义内存表中的各个数据域，并可以为每个数据域指定一个标号来供其他指令引用。

例如：

```
MAP 0X100        ;定义结构化内存表首地址为 0X100
A FIELD 16       ;定义 A 的长度为 16 字节，位置为 0X100
B FIELD 32       ;定义 B 的长度为 32 字节，位置为 0X110
S FIELD 256      ;定义 S 的长度为 256 字节，位置为 0X130
```

注意：MAP 伪指令和 FIELD 伪指令仅用于定义数据结构，并不实际分配存储单元，FIELD 伪指令可用 "#" 代替。

在实际应用中，先使用其他伪指令分配存储空间，然后再使用该伪指令定义数据表。例如：

```
        AREA Example, CODE, READONLY
        ENTRY
        CODE32
        MOV R0, #200
        MOV R1, #300
        B   .
FUN     SPACE  100
        MAP FUN
A       FIELD 16
B       FIELD 32
S       FIELD 256
        END
```

（3）SPACE 伪指令

SPACE 伪指令用于分配一片连续的存储区域并初始化为 0。其语法格式如下。

```
<Label>  SPACE  <Expr>
```

Expr 为表达式，为要分配的字节数，SPACE 伪指令可用 "%" 代替。

```
DataSpace SPACE 100      ;分配连续的 100 字节的存储单元并初始化为 0
```

（4）DCB 伪指令

DCB 伪指令用于分配一片连续的以字节为单位的存储区域，并用指定的表达式对其进行初始化。其语法格式如下。

```
{<Label>}  DCB  <Expr>
```

{Label} DCB Expr{, Expr}{, Expr}…

- Label 为标号，为存储区域的首地址（可选）。
- Expr 为表达式，为从标号开始存放的数据。该表达式可以为 0～255 的数字或字符串。

例如：

Dat1 DCB 0X7E

注意：编程时要顶格书写。

DCB 伪指令可用 "=" 代替，即 Dat1=0X7E，在内存中如图 4-4 所示。

又例如：

Str DCB "This is a test !"   ;分配一片连续的字节
                                ;存储单元并初始化

注意：所谓分配一片连续的字节存储单元，就是说需要多少字节就分配多少字节的存储单元。

（5）DCD（或 DCDU）伪指令

DCD（或 DCDU）伪指令用于分配一片连续的字存储单元，并用伪指令中指定的表达式初始化。其语法格式如下。

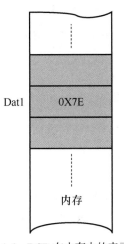

图 4-4　DCB 在内存中的表示

<Label> DCD(或 DCDU) <Expr>

Expr 为表达式，可以为程序标号或数字表达式。用 DCD 伪指令分配的字存储单元是字对齐的，而用 DCDU 伪指令分配的字存储单元并不严格要求字对齐。

例如：

DataTest DCD 4, 5, 6   ;分配一片连续的字存储单元并初始化

DCD 伪指令可用 "&" 代替。

注意：所谓分配一片连续的字存储单元，就是说需要多少字就分配多少字的存储单元。

（6）DCDO 伪指令

DCDO 伪指令用来为字分配一段字对齐的内存单元，并用一个地址偏移量初始化，这个偏移量是 DCDO 伪指令定义的标号地址到 R9 指定的地址之间的差值。其语法格式如下。

{<Label>} DCDO Expr{,Expr}

{<Label>} 是内存单元名称。

例如：

KEY1 DCDO START1   ;将地址为 KEY1 的字单元初始化为标号 START1 相对于 R9 的偏移量

（7）DCFD（或 DCFDU）伪指令

DCFD（或 DCFDU）伪指令用于为双精度的浮点数分配一片连续的字存储单元，并用伪指令中指定的表达式初始化。每个双精度的浮点数占据两个字存储单元。其语法格式如下。

<Label> DCFD(或 DCFDU) <Expr>

用 DCFD 伪指令分配的字存储单元是字对齐的，而用 DCFDU 伪指令分配的字存储单元并不严格要求字对齐。

例如：

```
FDataTest DCFD 5, -5, 2E115, -5E7     ;分配一片连续的字存储单元，并初始化为指定的
                                      ;双精度数
```

（8）DCFS（或 DCFSU）伪指令

DCFS（或 DCFSU）伪指令用于为单精度的浮点数分配一片连续的字存储单元，并用伪指令中指定的表达式初始化。每个单精度浮点数占据一个字存储单元。其语法格式如下。

```
<Label>  DCFS(或 DCFSU)  <Expr>
```

用 DCFS 伪指令分配的字存储单元是字对齐的，而用 DCFSU 伪指令分配的字存储单元并不严格要求字对齐。

例如：

```
FDataTest DCFS  DCFS 5, -5, 2E13, -5E7        ;分配一片连续的字存储单元，并初始化为
                                              ;指定的单精度数
```

（9）DCQ（或 DCQU）伪指令

DCQ（或 DCQU）伪指令用于分配一片以 8 字节为单位的连续存储区域，并用伪指令中指定的表达式初始化。其语法格式如下。

```
<Label>  DCQ(或 DCQU)  <Expr>
```

用 DCQ 伪指令分配的存储单元是字对齐的，而用 DCQU 分配的字存储单元并不严格要求字对齐。

例如：

```
DataTest DCQ 0X50     ;分配一片连续的存储单元并初始化为指定的值
```

注意：所谓分配一片以 8 字节为单位的连续存储区域，就是说需要多少 8 字节就分配多少 8 字节的存储单元。

（10）DCW（或 DCWU）伪指令

DCW（或 DCWU）伪指令用于为数据分配一片连续的半字存储单元，并用表达式对其进行初始化。

```
<Label>  DCW(或 DCWU)  <Expr>
```

Expr 为表达式，可以为程序标号或数字表达式。用 DCW 伪指令分配的半字存储单元是半字对齐的，而用 DCWU 分配的半字存储单元并不严格要求半字对齐。

例如：

```
DataTest DCW 1, 2, 3     ;分配一片连续的半字存储单元并初始化
```

4.3.4 控制程序流向伪指令

（1）IF、ELSE 和 ENDIF 伪指令

IF、ELSE 和 ENDIF 伪指令能根据条件成立与否决定是否执行某个程序段。其语法格式如下。

```
IF 逻辑表达式
    程序段 1
ELSE
    程序段 2
ENDIF
```

IF、ELSE、ENDIF 伪指令可以嵌套使用。

例如：

```
        AREA Example, CODE, READONLY
        ENTRY
        CODE32
        GBLL TEST            ;声明一个逻辑变量
TEST    SETL {TRUE}          ;对逻辑变量进行赋值
        IF TEST = {TRUE}
            MOV R1, #0X01
            MOV R2, #0X01
        ELSE
            MOV R1, #0X00
            MOV R2, #0X00
        ENDIF
        END
```

（2）WHILE 和 WEND 伪指令

WHILE 和 WEND 伪指令根据条件成立与否决定是否重复汇编一个程序段。其语法格式如下。

```
WHILE   逻辑表达式
    程序段
WEND
```

若 WHILE 伪指令后面的逻辑表达式为真，则重复汇编该程序段，直到逻辑表达式为假。WHILE 和 WEND 伪指令可以嵌套使用。

例如：

```
        AREA Example, CODE, READONLY
        ENTRY
        CODE32
        GBLA COUNTER         ;声明一个数值变量
COUNTER SETA 5               ;对数值变量赋值
        WHILE COUNTER < 10   ;检测数值变量
        ADD R0, R0, #0X01
COUNTER SETA COUNTER+1       ;数值变量+1
        WEND
        END
```

4.3.5　其他伪指令

（1）定义对齐方式伪指令 ALIGN

使用 ALIGN 伪指令可用添加填充字节的方式，使当前位置实现某种对齐。其语法格式如下。

```
ALIGN = 表达式
```

对齐方式为 $2^{表达式的值}$。

例如：下面程序段指定后面的指令为 8 字节对齐。

```
AREA Init, CODE, READONLY, ALIGN=3
    代码段
END
```

注意：此伪指令在 MDK 中不起作用，MDK 中都是 4 字节对齐。

（2）段定义伪指令 AREA

段定义伪指令 AREA 的格式如下。

```
AREA <Sectionname>,{<Attr>}{,<Attr>}…
```

- Sectionname。段名，若段名以数字开头，则必须用符号"|"把段名扩起来，如|1_test|。
- Attr。属性字段，多个属性字段用逗号分隔。属性值如表 4-1 所示。

表 4-1　属性值

属性	含义	备注
CODE	代码段	默认读/写属性为 READONLY
DATA	数据段	默认读/写属性为 READWRITE
READONLY	本段为只读	—
READWRITE	本段为可读可写	—
ALIGN 表达式	对齐方式	ELF 伪指令的代码段和数据段为字对齐
COMMON	多源文件共享段	—

例如：

```
AREA  Init, CODE, READONLY
…     ; 程序段
```

该伪指令定义了一个代码段，段名为 Init，属性为只读。一个汇编语言程序至少要有一个段，可以是代码段或数据段。

注意：关键字大小写都可以。

（3）CODE16 和 CODE32 伪指令

CODE16 伪指令用来表明其后的指令均为 16 位 Thumb 指令，CODE32 伪指令则表明其后面的指令均为 32 位 ARM 指令。其指令格式举例如下。

```
        CODE16   （或 CODE32）
        AREA Init, CODE, READONLY  ;段定义
        CODE32                     ;32 位的 ARM 代码
        MOV R0, #0X00
        ADD R0, R0, #01
        ADR R1, NEXT+1             ;将转移的地址装入 R1，并且最低位为 1
        BX  R1                     ;保证能切换到 Thumb 状态
        CODE16
NEXT    ADD R0, R0, #01
        MOV R2, #0X02
        END
```

（4）定义程序入口点伪指令 ENTRY

ENTRY 伪指令用于指定汇编程序的入口点。其语法格式如下。

```
ENTRY
```

在一个完整的汇编程序中至少要有一个 ENTRY 伪指令（当有多个 ENTRY 伪指令时，程序的真正入口点由链接器指定，在实际应用中只能有 1 个），但在一个源文件里最多只能有一个 ENTRY 伪指令（可以没有），ENTRY 伪指令可以放在程序前面，也可以放在程序后面。

例如：
```
AREA TEST2, CODE, READONLY
CODE32
MOV R1,#0X00
ADD R1,R1,#01
ADD R1,R1,R1
ENTRY
END
```

注意：有 ENTRY 伪指令的程序先执行。

（5）汇编结束伪指令 END

END 伪指令用于通知编译器汇编工作到此结束，不再往下汇编。其语法格式如下。

```
END
```

例如：
```
AREA Init, CODE, READONLY
…
END
```

（6）外部可引用符号声明伪指令 EXPORT（或 GLOBAL）

用伪指令 EXPORT 可以声明一个其他源文件可引用的符号，这种符号叫 "外部可引用符号"。其语法格式如下。

```
EXPORT  符号   {[WEAK]}
```

EXPORT 伪指令可用 GLOBAL 伪指令代替。符号在程序中要区分大小写，[WEAK]选项声明其他的同名符号优先于该符号被引用。

```
        AREA  Init, CODE, READONLY
        EXPORT Stest
Stest   …
        END
```

（7）IMPORT 伪指令

当在一个源文件中需要使用另外一个源文件的外部可引用符号时，在被引用的符号前面必须使用伪指令 IMPORT 对其进行声明，其语法格式如下。

```
IMPORT  符号   {[WEAK]}
```

如果源文件声明了一个外部可引用符号，则无论当前源文件中程序是否真正使用了该符号，该符号均会被加入到当前源文件的符号表中。[WEAK] 选项表示当前所有的源文件都没有定义这样一个符号时，编译器也不报错，并在多数情况下将该符号设置为 0。但该符号被 B 或 BL 指令所引用时，则将 B 或 BL 指令设置为 NOP 操作。

例如：

```
AREA Init, CODE, READONLY
IMPORT  Main
    ...
END
```

（8）等效伪指令 EQU

EQU 伪指令用于为程序中的常量、标号等定义一个等效的字符名字，其作用类似于 C 语言中的#define，其语法格式如下。

名称   EQU 表达式 {，类型}

EQU 伪指令可用 "*" 代替。由 EQU 伪指令定义的字符名称，当其表达式为 32 位常量时，可以指定表达式的数据类型。数据类型有以下 3 种：CODE16、CODE32 和 DATA。

```
Test EQU 50              ;定义标号 Test 的值为 50
Addr EQU 0x55, CODE32    ;定义 Addr 的值为 0x55，且该处为 32 位的 ARM 指令
```

（9）EXTERN 伪指令

EXTERN 伪指令与 IMPORT 伪指令的功能基本相同，但如果当前源文件中的程序实际并未使用该指令，则该符号不会被加入到当前源文件的符号表中。其他说明与 IMPORT 伪指令相同。

（10）GET（或 INCLUDE）伪指令

GET 伪指令用于将一个源文件包含到当前的源文件中，并将被包含的源文件在当前位置进行汇编。

GET 文件名

可以使用 INCLUDE 伪指令代替 GET 伪指令。GET 伪指令只能用于包含源文件，包含目标文件则需要使用 INCBIN 伪指令。

例 1：A1.S 文件如下。

```
AREA Init, CODE, READONLY
CODE32
MOV R0, #0X50
ADD R0, R0, #01
END
```

例 2：A2.S 文件如下。

```
AREA Init, CODE, READONLY
CODE32
MOV R1, #0X50
ADD R1, R1, #01
END
```

例 3：A3.S 文件如下。

```
AERA Init, CODE, READONLY
GET A1.s
```

```
GET A2.s
MOV R3, #0X50
ADD R3, R3, #01
END
```

例 3 程序汇编后的程序如图 4-5 所示。从图中可知，已把例 1、例 2 的程序汇编到前面。

```
0x00000000  E3A00050  MOV       R0,#0x00000050
      4:           ADD R0,R0,#01
0x00000004  E2800001  ADD       R0,R0,#0x00000001
0x00000008  E3A01050  MOV       R1,#0x00000050
      4:            ADD R1,R1,#01
0x0000000C  E2811001  ADD       R1,R1,#0x00000001
      3:           MOV R0,#0X50
0x00000010  E3A00050  MOV       R0,#0x00000050
      4:           ADD R0,R0,#01
0x00000014  E2800001  ADD       R0,R0,#0x00000001
      3:            MOV R1,#0X50
0x00000018  E3A01050  MOV       R1,#0x00000050
      4:            ADD R1,R1,#01
0x0000001C  E2811001  ADD       R1,R1,#0x00000001
      4:        MOV R3,#0X50
0x00000020  E3A03050  MOV       R3,#0x00000050
      5:           ADD R3,R3,#01
```

图 4-5 含 GET 伪指令的程序汇编结果

（11）INCBIN 伪指令

INCBIN 伪指令用于将一个目标文件或数据文件包含到当前的源文件中，被包含的文件不做任何变动地存放在当前文件中，编译器从其后开始继续处理。其语法格式如下。

```
INCBIN    文件名
```

例 1：目标文件 A1.O 由下列代码生成。

```
AREA Init, CODE, READONLY
CODE32
MOV R0,#0X50
ADD R0,R0,#01
END
```

例 2：A2.TXT 文本文件的内容为 123456789。

例 3：A3.S 文件如下。

```
AREA Init, CODE, READONLY
INCBIN A1.O        ;目标文件
INCBIN A2.TXT      ;文本文件
MOV R3, #0X50
ADD R3, R3, #01
END
```

（12）RN 伪指令

RN 伪指令用于给一个寄存器定义一个别名，以提高程序的可读性。其语法格式如下。

```
名称   RN   表达式
```

名称为给寄存器定义的别名，表达式为寄存器的编码。

例如：

```
TEMP   RN   R0            ;为 R0 定义一个别名 TEMP
```

```
TEMP   RN   1+2+3        ;为 R6 定义一个别名 TEMP
TEMP   RN   R0+R1        ;为 R1 定义一个别名 TEMP
TEMP   RN   R0+R1+R2     ;为 R3 定义一个别名 TEMP
```

注意： 可将数字或寄存器的编号加起来的数字作为寄存器编号，但其值不能大于 15。

给寄存器定义一个别名后就可以利用这个别名来编程。

```
AREA Init, CODE, READONLY
CODE32
TEMP   RN   R0
MOV TEMP, #0X50
ADD TEMP, TEMP, #01
END
```

（13）ROUT 伪指令

ROUT 伪指令用于给一个局部变量定义作用范围。其语法格式如下。

名称   ROUT

在程序中未使用该伪指令时，局部变量的作用范围为所在的 AREA；而使用该伪指令后，局部变量的作用范围为当前 ROUT 伪指令和下一个 ROUT 伪指令之间。

4.4 汇编语言编程规范

1. 汇编语言的语句格式

ARM（Thumb）汇编语言的语句格式如下。

{<标号>}   <指令或伪指令> {;注释}

注意： 大括号中的内容为可选内容。

在汇编语言程序设计中，每一条指令的助记符可以全部大写或全部小写，但不允许在一条指令中混用大小写，标号要顶格书写。如果一条语句太长，则可将该长语句分成若干行来书写，每行的末尾用"\"来表示下一行与本行为同一条语句。

2. 汇编语言程序中的常用符号

在 ARM 汇编语言中，符号可以代表地址、变量和数字常量。

符号命名规则如下。

（1）符号由大小写字母、数字和下画线组成。

（2）局部标号以数字开头，其他符号都不能以数字开头。

（3）符号是要区分大小写的。

（4）符号中的所有字符都是有意义的。

（5）符号名在其作用范围内必须唯一。

（6）程序中的符号不能与指令助记符、伪指令、宏指令同名。

这些规则主要涉及程序中的变量和常量。

3. 运算符的优先级

运算符遵循如下优先级原则。

（1）优先级相同的双目运算符运算顺序为从左到右。

（2）相邻的单目运算符的运算顺序为从右到左，且单目运算符的优先级高于其他运算符。

（3）括号运算符的优先级最高。

4. 数字表达式及运算符

（1）+、−、×、/ 及 MOD 算术运算符

① X + Y 表示 X 与 Y 的和。

② X − Y 表示 X 与 Y 的差。

③ X × Y 表示 X 与 Y 的乘积。

④ X / Y 表示 X 除以 Y 的商。

⑤ X:MOD:Y 表示 X 除以 Y 的余数。

注意：X 和 Y 必须是全局或局部数字变量。

（2）ROL、ROR、SHL 及 SHR 移位运算符

① X:ROL:Y 表示将 X 循环左移 Y 位。

② X:ROR:Y 表示将 X 循环右移 Y 位。

③ X:SHL:Y 表示将 X 左移 Y 位。

④ X:SHR:Y 表示将 X 右移 Y 位。

注意：X 和 Y 必须是全局或局部数字变量。

（3）AND、OR、NOT 及 EOR 按位逻辑运算符

① X:AND:Y 表示将 X 和 Y 按位做逻辑"与"操作。

② X:OR:Y 表示将 X 和 Y 按位做逻辑"或"操作。

③ :NOT:Y 表示将 Y 按位做逻辑"非"操作。

④ X:EOR:Y 表示将 X 和 Y 按位做逻辑"异或"操作。

注意：X 和 Y 必须是全局或局部数字变量。

5. 逻辑表达式及运算符

（1）=、>、<、>=、<=、/=、<> 运算符

① X = Y 表示 X 等于 Y。

② X > Y 表示 X 大于 Y。

③ X < Y 表示 X 小于 Y。

④ X >= Y 表示 X 大于或等于 Y。

⑤ X <= Y 表示 X 小于或等于 Y。

⑥ X /= Y 表示 X 不等于 Y。

⑦ X <> Y 表示 X 不等于 Y。

例如：

```
AREA Init, CODE, READONLY
CODE32
GBLS X
GBLS Y
  IF (X<>Y)
     MOV R0, #0X00
  ELSE
     MOV R0, #0X01
  ENDIF
```

```
END
```

注意：X 和 Y 可以是数字变量和字符串变量。

（2）LAND、LOR、LNOT 及 LEOR 运算符

① X:LAND:Y 表示将 X 和 Y 做逻辑"与"操作。

② X:LOR:Y 表示将 X 和 Y 做逻辑"或"操作。

③ :LNOT:Y 表示将 Y 做逻辑"非"操作。

④ X:LEOR:Y 表示将 X 和 Y 做逻辑"异或"操作。

注意：X 和 Y 是逻辑变量。

6. 字符串表达式及运算符

编译器所支持的字符串最大长度为 512 字节（Byte）。

（1）LEN 运算符

LEN 运算符返回字符串的长度（字符数）。若以 X 表示字符串表达。其语法格式如下。

```
:LEN:  X
```

例如：

```
      AREA Init, CODE, READONLY
      CODE32
      GBLS X
  X   SETS "12345"
      IF :LEN:X >4
         MOV R0, #0
      ELSE
         MOV R0, #1
      ENDIF
      END
```

这段程序汇编后是 MOV R0, #0 这条指令。

（2）CHR 运算符

CHR 运算符将 0～255 的整数转换为一个字符。若以 M 表示一个整数。其语法格式如下。

```
:CHR: M
```

例如：

```
      AREA Init, CODE, READONLY
      CODE32
      LDR  R0, TT
  TT  DCB  :CHR: 50
      END
```

注意：如果 M 大于 255，就是 M 和 256 取余数的值转换成字符，但内存中存放的是该字符对应的 ASCII 码。

（3）STR 运算符

STR 运算符将一个数字表达式或逻辑表达式转换为一个字符串。对于数字表达式，STR 运算符将其转换为一个以十六进制组成的字符串；对于逻辑表达式，STR 运算符将其转换为字符 T 或 F。其语法格式如下。

```
:STR: X        ;X 为数字表达式或逻辑表达式
```

注意：在 ARM 中，X 最多 32 位，转换成十六进制后最多 8 位。

例 1：X 为十六进制数字表达式。

```
        AREA Init, CODE, READONLY
        CODE32
        LDR  R0, TT
        MOV  R1, #0XFF
TT      DCB  :STR: 0X0FFFFF0F
        END
```

这段程序执行后 R0=0X46464630，0X46 是 F，0X30 是 0。注意数据存放的顺序。

例 2：X 为十进制数字表达式。

```
        AREA Init, CODE, READONLY
        CODE32
        LDR  R0, TT
        MOV  R1, #0XFF
TT      DCB  :STR: 5000
        END
```

这段程序执行后 R0=0X30303030，5000 对应的十六进制数为 0X00001388，此处程序取高 4 位。

例 3：X 为逻辑表达式 TRUE。

```
        AREA Init, CODE, READONLY
        CODE32
        LDR  R0, TT
        MOV  R1, #0XFF
TT      DCB  :STR: (50>30)
        END
```

这段程序执行后 R0=0X00000054，0X54 对应字符 T。

例 4：X 为逻辑表达式 FALSE。

```
        AREA Init, CODE, READONLY
        CODE32
        LDR  R0, TT
        MOV  R1, #0XFF
TT      DCB  :STR: (50<30)
        END
```

这段程序执行后 R0=0X00000046，0X46 对应字符 F。

（4）LEFT 运算符

LEFT 运算符返回某个字符串左端的一个子集。其语法格式如下。

```
X :LEFT: Y
```

X 为原字符串，Y 为一个整数，表示要返回左端的字符个数。

例如：

```
        AREA Init, CODE, READONLY
        CODE32
        GBLS T1
T1      SETS "123456789"
        LDR  R0, TT
        MOV  R1, #0XFF
TT      DCB T1 :LEFT: 4
        END
```

此段程序执行后 R0=0X34333231，即字符串为 "1234"。

（5）RIGHT 运算符

RIGHT 运算符返回某个字符串右端的一个子集。其语法格式如下。

```
X :RIGHT: Y
```

X 为原字符串，Y 为一个整数，表示要返回右端的字符个数。

例如：

```
        AREA Init, CODE, READONLY
        CODE32
        GBLS T1
T1      SETS "123456789"
        LDR  R0, TT
        MOV  R1, #0XFF
TT      DCB T1 :RIGHT: 4
        END
```

此段程序执行后 R0=0X39383736，即字符串为 "6789"。

（6）CC 运算符

CC 运算符用于将两个字符串连接成一个字符串。其语法格式如下。

```
X :CC: Y
```

X 为原字符串 1，Y 为原字符串 2，CC 运算符将 Y 连接到 X 的后面。

例如：

```
        AREA Init, CODE, READONLY
        CODE32
        GBLS T1
        GBLS T2
T1      SETS "12"
T2      SETS "AB"
        LDR  R0, TT
        MOV  R1, #0XFF
TT      DCB T1 :CC: T2
        END
```

此段程序执行后 R0=0X42413231，即字符串为 "12AB"。

7. 其他运算符

（1）"?" 运算符

"?" 运算符返回某代码行所生成的可执行代码的长度。其语法格式如下。

? X

返回定义符号 X 的代码行所生成的可执行代码的字节数。X 可以是变量名或标号地址，只能在伪指令中使用。

例如：

```
        AREA Init, CODE, READONLY
        CODE32
        LDR  R0, TT
T1      MOV  R1, #0XFF
        MOV  R2, #0XFF
TT      DCB  ? T1
        END
```

此段程序执行后 R0=0X00000004，因为 ARM 都是 32 位指令，即 4 字节。

（2）DEF 运算符

DEF 运算符判断是否定义了某个符号，其语法格式如下。

:DEF: X

如果符号 X 已经定义，则结果为真，否则为假。

例如：

```
        AREA Init, CODE, READONLY
        CODE32
        GBLA TEST
        IF :DEF: TEST
          MOV  R1, #0X0
        ELSE
          MOV  R1, #0X1
        ENDIF
        END
```

此段程序汇编后为 MOV R1, #0X0。

8. 程序中的变量代换

程序中的变量可通过代换操作取得一个常量，代换操作符为 "$"。如果在数字变量前面有一个代换操作符 "$"，则编译器会将该数字变量的值转换为十六进制的字符串，并用该十六进制的字符串代换 "$" 后的数字变量。如果在逻辑变量前面有一个代换操作符 "$"，则编译器会将该逻辑变量代换为它的取值（真或假），即 T 或 F。如果在字符串变量前面有一个代换操作符 "$"，则编译器会用该字符串变量的值代换 "$" 后的字符串变量。

例 1：关于数字变量前有 "$" 的情况。

```
        AREA Init, CODE, READONLY
        CODE32
        GBLA TEST1
        LDR  R0,  TEST2
TEST1   SETA 0X66
TEST2   DCB  "1234$TEST1"
        END
```

注意：数字变量转换成 8 位字符串，TEST2 为 "123400000066"。

例 2：关于逻辑变量前有 "$" 的情况。

```
      AREA Init, CODE, READONLY
      CODE32
      GBLL TEST1
      LDR  R0, TEST2
      MOV  R1, #0XFF
TEST1 SETL {TRUE}
TEST2 DCB "123$TEST1"
      END
```

此段程序执行后 R0=0X54333231，0X54 对应字符 T。

例 3：关于字符串变量前有 "$" 的情况。

```
      AREA Init, CODE, READONLY
      CODE32
      GBLS TEST1
      LDR  R0, TEST2
      MOV  R1, #0XFF
TEST1 SETS "1234"
TEST2 DCB "THIS IS $TEST1"
      END
```

字符串变量 TEST2 的值为 "This is 1234"。

思 考 题

1. 指令、伪指令、宏指令的区别是什么？
2. ARM 的 IF、ELSE 和 ENDIF 伪指令与 C 语言的 IF、ELSE 语句有何差异。
3. 常用的 ARM 编译环境有几种？它们的名称分别是什么？

第 5 章
ARM 编程基础

本章内容主要包括程序设计的基本概念、ARM 工程、ARM 程序框架、ARM 汇编语言程序设计、排序程序设计、数制转换及程序设计、编码转换及程序设计。

5.1 程序设计的基本概念

1. 什么叫程序

计算机程序是一组计算机能识别和执行的指令序列，运行于电子计算机上，以满足人们的某种需求。

计算机程序是以某些程序设计语言编写，运行于某种目标结构体系上的。举例来说，程序就如同以英语（程序设计语言）写成的文章，要让一个懂得英语的人（编译器/汇编器）来阅读、理解、标记这篇文章（结构体系）。一般来说，以英语文本为基础的计算机程序要经过编译、链接成为人难以解读，但容易被计算机解读的数字格式，然后投入运行。

2. 什么叫程序设计

程序设计是给出解决特定问题程序的过程，是软件构造活动中的重要组成部分。程序设计往往以某种程序设计语言为工具，给出这种语言下的程序。程序设计过程包括分析、设计、编码、测试、排错等阶段，专业的程序设计人员常被称为"程序员"。

任何设计活动都是在各种约束条件和相互矛盾的需求之间寻求一种平衡，程序设计也不例外。在计算机技术发展的早期，由于机器资源比较昂贵，程序的时间和空间成本往往是设计师关心的主要因素。随着硬件技术的飞速发展和软件规模的日益庞大，程序的结构、可维护性、复用性、扩展性等显得日益重要。

3. 什么叫源程序

源程序是指未经编译的、按照一定的程序设计语言规范编写的、人可读的文本文件，通常由高级语言编写。源程序可以用书籍、磁带或者其他载体呈现，常用的格式是文本文件。采用这种典型格式的目的是便于编译出计算机可执行的程序。将人可读的程序代码文本翻译成为计算机可以执行的二进制指令，这个过程叫"编译"，是由各种编译器来完成的。

4. 什么叫目标程序

目标程序，又称为"目的程序"，是源程序经编译后可直接被计算机运行的机器码集合，在计算机上以 .obj 作为文件扩展名。目标程序尽管已经是机器指令，但还是不能运行，因为目标程序还没有解决函数调用问题，需要将各个目标程序与库函数连接，才能形成完整的可执行程序。

5. 什么叫编译

编译（Compilation、Compile）通常有如下两种含义：（a）利用编译程序从源语言编写的源程序产生目标程序的过程；（b）用编译程序产生目标程序的动作。

编译会把高级语言变成计算机可以识别的二进制语言。计算机只能识别 1 和 0，编译程序把人们熟悉的语言换成二进制码。编译程序把一个源程序翻译成目标程序的工作过程分为 5 个阶段：词法分析、语法分析、语义检查和中间代码生成、代码优化、目标代码生成。编译主要是进行词法分析和语法分析，因此又称为"源程序分析"。分析过程中如发现有语法错误，会给出提示信息。

编译语言是一种以编译器来实现的编程语言。它不像直译语言那样由解释器将代码一句一句运行，而是用编译器先将代码编译为机器码再加以运行。理论上，任何编程语言都可以是编译式的，或直译式的，它们之间的区别仅与程序的应用有关。

6. 什么叫汇编

汇编多数时候是指汇编语言和汇编程序。把汇编语言翻译成机器语言的过程称为"汇编"。在汇编语言中，用助记符（Mnemonic）代替操作码，用地址符号（Symbol）或标号（Label）代替地址码。这样用符号代替机器语言的二进制码，就把机器语言变成了汇编语言。因此汇编语言也称为"符号语言"。用汇编语言编写的程序，机器不能直接识别，要由一种程序将汇编语言翻译成机器语言，这种起翻译作用的程序叫"汇编程序"，汇编程序是处理语言的系统软件。

随着现代软件系统越来越庞大、复杂，大量经过封装的高级语言（如 C/C++、Java）应运而生。这些新的语言使得开发过程更简单、更有效，使软件开发人员得以应付快速的软件开发要求。而汇编语言的复杂性使得其适用领域逐步减小。但这并不意味着汇编语言已无用武之地。由于汇编语言更接近机器语言，能够直接对硬件进行操作，生成的程序与其他语言相比具有更快的运行速度，占用的内存更小，因此在一些对时效性要求很高的程序、许多大型程序的核心模块以及工业控制方面，汇编语言还有大量应用。

7. 什么叫反编译

程序设计语言源程序经过编译后生成可执行文件，反编译就是其逆过程。但是通常不能把可执行文件转换成高级语言源代码，只能转换成汇编程序。反编译是一个复杂的过程，是通过对其他软件的目标程序（可执行程序）进行"逆向分析、研究"工作，以推导出其所采用的思路、原理、结构、算法、处理过程、运行方法等设计要素。推导出的成果可作为开发软件时的参考，或者直接用于软件产品中。

8. 什么叫反汇编

反汇编（Disassembly）即把目标代码转为汇编代码的过程，也是指把机器语言代码转换为汇编语言代码的意思，常用于软件破解、病毒分析、逆向工程、软件汉化等领域。学习和理解反汇编语言对软件调试、漏洞分析等有相当大的帮助，在此过程中可以领悟到软件开发者的编程思想。总之，软件的一切神秘运行机制全在反汇编代码里。

5.2 ARM 工程

由于 C 语言便于理解，有大量的支持库，所以它是 ARM 程序设计所使用的主要编程语言。

对硬件系统的初始化、CPU 状态设定、中断使能、主频设定以及 RAM 控制参数初始化等 C 程序力不能及的底层操作，还是要由汇编语言程序来完成。用汇编语言或 C/C++语言编写的程序叫"源程序"，对应的文件叫"源文件"。

一个 ARM 工程由多个文件组成，其中包括扩展名为.s 的汇编语言源文件、扩展名为.c 的 C 语言源文件、扩展名为.cpp 的 C++源文件、扩展名为.h 的头文件等。

ARM 工程的各种文件之间的关系，以及最后形成可执行文件的过程如图 5-1 所示。

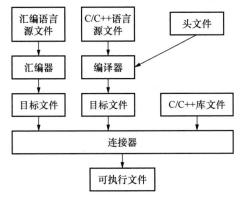

图 5-1　ARM 工程各种文件之间的关系

ARM 提供的开发工具 Code Warrior for ARM 中包含的主要编译器及其支持的语言和文件，如表 5-1 所示。

表 5-1　Code Warrior for ARM 中包含的主要编译器及其支持的语言和文件

编译器	支持的语言	源文件类型	源文件扩展名	目标文件类型
ARMCC	C	C	.c	ARM 代码
TCC	C	C	.c	Thumb 代码
ARMCPP	C++	C/C++	.c/.cpp	ARM 代码
TCPP	C++	C/C++	.c/.cpp	Thumb 代码

除了 C/C++编译器外，Code Warrior for ARM 开发工具还提供了汇编器 ARMASM。编译器负责生成目标文件，它是一种包含了调试信息的.elf 格式文件。编译器还要生成列表文件等相关文件，如表 5-2 所示。

表 5-2　ARM 编译器生成的文件

文件扩展名	说明
.h	头文件
.o	.elf 格式的目标文件
.s	汇编代码文件
.lst	错误及警告信息列表文件

各种源文件首先由编译器和汇编器将它们分别编译或汇编成汇编语言文件及目标文件，然后连接器负责将所有目标文件连接成一个文件，并确定各指令的地址，从而形成最终的可执行文件。

连接器有以下 3 个功能。

（1）生成与地址相关的代码，把所有文件连接成一个可执行文件。

（2）根据程序员所指定的选项，为程序分配地址空间。

（3）给出连接信息，以说明连接过程和连接结果。

5.3　ARM 程序框架

在应用系统的程序设计中，若所有的编程任务均用汇编语言来完成，其工作量是非常大的，这样做也不利于系统升级或应用软件移植。因此通常用汇编语言完成系统硬件的初始化，用高级语言完成用户的应用设计。执行时，首先执行初始化部分，然后再跳转到 C/C++部分。这样整个程序结构显得清晰明了、容易理解。ARM 的程序框架如图 5-2 所示。

1. 初始化程序部分

在用汇编语言程序完成初始化任务的过程中，有时需要在特权模式下做一些（如修改 CPSR 等）特权操作，所以不能过早地进入用户模式。上电复位后进入 SVC 模式，除用户模式外，在其他模式中能任意切换工作模式。

通常，初始化过程大致会经历图 5-3 所示的一些模式变化。

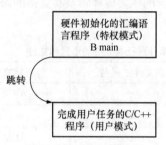

图 5-2　ARM 的程序框架

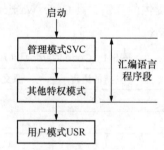

图 5-3　上电初始化过程中大致会经历的模式

2. 初始化程序部分与主应用程序部分的衔接

当所有系统初始化工作完成之后，就需要把程序流程转入主应用程序。最简单的方法是在汇编语言程序末尾使用跳转指令 B 或 BL，直接从启动代码跳转到 C/C++程序入口。具体示例代码如下。

```
B main      ;跳转到 C/C++程序
```

同时在汇编文件中有如下代码。

```
IMPORT main     ;因为 C 程序和汇编程序不在同一个文件中
```

完整的汇编语言程序如下。

```
IMPORT   main
AREA  Init, CODE, READONLY
ENTRY
LDR R0, =0X3FF0000
LDR R1, =0XE7FFFF80
```

```
STR R1, [R0]
LDR SP, =0X40001000
BL main
END
```

C 程序如下。

```
void main(void)
 {
    ...
 }
```

3. ARM 开发环境提供的程序框架

为方便工程开发，ARM 公司的开发环境 ARM ADS 为用户提供了一个可以选用的应用程序框架。该框架把用户做准备工作的程序分成启动代码和应用程序初始化两部分。

用于硬件初始化的汇编语言部分叫"启动代码"，用于应用程序初始化的 C 语言部分叫"应用程序初始化"。整个程序的执行流程图如图 5-4 所示。

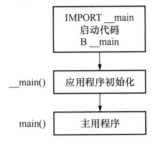

图 5-4 ARM 程序的执行流程图

5.4 ARM 汇编语言程序设计

5.4.1 段

用汇编语言编写的程序叫"汇编语言源程序"，包含源程序的文件叫"汇编语言程序文件"。一个工程可以有多个源文件，汇编源文件的扩展名为.s。在 ARM（Thumb）汇编语言程序中，通常以段为单位来组织代码。段是具有特定名称且功能相对独立的指令或数据序列。

根据段的内容，段可分为代码段和数据段。一个汇编程序至少应该有一个代码段（请读者思考，如果没有代码段，这个程序还有用吗？），当程序较长时，可以分割为多个代码段和数据段。

以下是一个汇编语言程序代码段的基本结构。

```
        AREA Init, CODE, READONLY   ;只读的代码段 Init
        ENTRY                        ;程序入口点
start   LDR R0, =0X3FF5000
        LDR R1, =0XFF   ;或 MOV R1, #0XFF
        STR R1, [R0]
        LDR R0, =0X3FF5008
        LDR R1, =0X01   ;或 MOV R1, #0X01
```

```
        STR    R1, [R0]
          ...
        END                            ;段结束
```

5.4.2 IF 分支程序设计

具有两个或两个以上执行路径的程序叫分支程序。

1. 普通分支程序设计

例 1：请编写一个分支程序段，如果寄存器 R5 中的数据等于 10，就把 R0 赋值为 1，否则将 R0 赋值为 0。

该程序的流程图如图 5-5 所示。

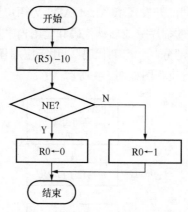

图 5-5 普通分支程序的流程图

- 经典实现方式。用比较指令、条件转移指令实现，这种实现方法容易理解和掌握，但程序效率不高。

```
        AREA TEST2, CODE, READONLY
        CODE32
        CMP    R5, #10
        BNE    T1
        MOV    R0, #1
        B      T2
T1      MOV    R0, #0
T2      MOV    R0, R0
        END
```

注意：倒数第二条指令是为方便调试而额外增加的。

- 用条件指令实现。ARM 的指令都可以带条件，条件满足才执行，这是 ARM 指令和其他指令的差异，这种方式编写的程序效率高。

```
AREA TEST2, CODE, READONLY
CODE32
MOV   R0, #1
CMP   R5, #10
MOVNE R0, #0
END
```

例 2：请编写一个程序段，当寄存器 R1 中的数据大于寄存器 R2 中的数据时，将 R1 中的数据减去 R2 中的数据，结果存入寄存器 R1；否则将 R2 中的数据减去 R1 中的数据，结果存入寄存器 R2。

程序流程图如图 5-6 所示。

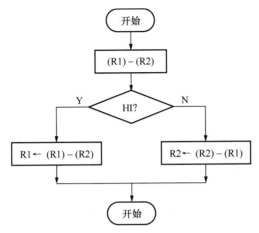

图 5-6　两个寄存器比较的程序流程图

注意：程序中的数据进行比较，数据可能是有符号数或无符号数，它们产生的条件不一样，具体如下：（a）HI，无符号数大于；（b）LS，无符号数小于或等于；（c）GT，有符号数大于（d）LE，有符号数小于或等于。

- 经典实现方式。

```
        AREA TEST2, CODE, READONLY
        CODE32
        CMP   R1, R2
        BHI   T1
        SUB   R2, R2, R1
        B     T2
T1      SUB   R1, R1, R2
T2      MOV   R0, R0
        END
```

注意：倒数第二条指令是为方便调试而额外增加的。

- 用条件指令实现。

```
AREA TEST2, CODE, READONLY
CODE32
CMP   R1, R2
SUBHI   R1, R1, R2
SUBLS   R2, R2, R1
MOV   R0, R0
END
```

2. 多分支（又称为"散转"）程序设计

程序分支点上有多于两个以上执行路径的程序叫"多分支程序"。

例：请编写一个程序段，判断寄存器 R1 中的数据是否为 10、15、0X12、22 中的任意一个，如果是则将 R0 设置为 1，否则将 R0 设置为 0。

● 经典程序流程图如图 5-7 所示。

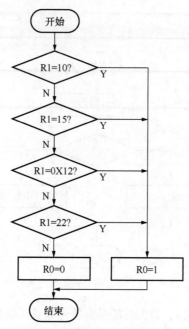

图 5-7　多个数判断经典流程图

对应的程序如下。

```
        AREA TEST2, CODE, READONLY
        CODE32
        CMP    R1, #10
        BEQ    T1
        CMP    R1, #15
        BEQ    T1
        CMP    R1, #0X12
        BEQ    T1
        CMP    R1, #22
        BEQ    T1
        MOV    R0, #0
        B      T3
T1      MOV    R0, #1
T3      MOV    R0, R0
        END
```

注意：倒数第二条指令是为方便调试而额外增加的。

● 使用 ARM 测试指令实现的流程图如图 5-8 所示。

对应程序如下。

```
  AREA TEST2, CODE, READONLY
  CODE32
  MOV    R0, #0
  TEQ    R1, #10
```

```
       TEQNE   R1, #15
       TEQNE   R1, #0X12
       TEQNE   R1, #22
       MOVEQ   R0 ,#1
       MOV     R0, R0
       END
```

注意：倒数第二条指令是为方便调试而额外增加的。

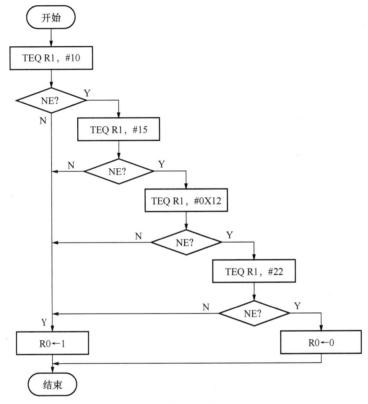

图 5-8　使用 ARM 测试指令实现的流程图

5.4.3　SWITCH 分支程序设计

当多分支程序每个分支对应的是一个程序段时，常常把各个分支程序段的首地址依次存放在一个叫"跳转地址表"的存储区域，然后在程序分支点处使用一个可以将跳转地址表中的目标地址传送到 PC 的指令来实现分支。

一个具有 3 个分支的跳转地址表示意图如图 5-9 所示。这也是 SWITCH 分支程序设计示意图。

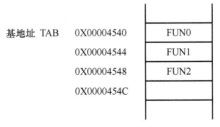

图 5-9　SWITCH 分支程序设计示意图

完整的程序段如下。

```
        AREA TEST2, CODE, READONLY
        CODE32
        MOV  R0, #3        ;R0 为要执行的程序段
        CMP  R0, #2        ;R0 的值只能是 0~2
        BHI  TT
        ADR  R5, JPTAB
        LDR  PC, [R5, R0, LSL #2]
TT      B  .
JPTAB   DCD  FUN0          ;跳转地址表
        DCD  FUN1
        DCD  FUN2
FUN0    MOV  R1, #01       ;分支 FUN0 的程序段
        MOV  R2, #01
        ADD  R1, R1, R0
        ADD  R2, R2, R0
        B  TT
FUN1    MOV  R1, #02       ;分支 FUN1 的程序段
        MOV  R2, #02
        ADD  R1, R1, R0
        ADD  R2, R2, R0
        B  TT
FUN2    MOV  R1, #03       ;分支 FUN2 的程序段
        MOV  R2, #03
        ADD  R1, R1, R0
        ADD  R2, R2, R0
        B  TT
        END
```

注意：此程序段仅是一个示意。

5.4.4 带 ARM/Thumb 状态切换的分支程序设计

在 ARM 程序中经常需要在程序跳转的同时进行处理器状态的切换，即从 ARM 指令状态切换到 Thumb 指令状态（或相反）。为了实现这个功能，系统提供了一条专用的、实现 4GB 空间范围内的绝对跳转切换指令 BX，切换示意图如图 5-10 所示。

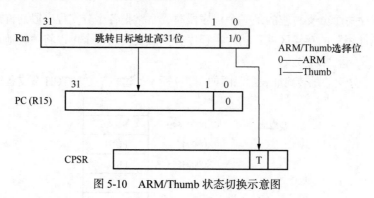

图 5-10 ARM/Thumb 状态切换示意图

下面是一段从 ARM 指令状态切换到 Thumb 指令状态的示例程序。

```
               AREA TEST2, CODE, READONLY
               CODE32    ;ARM 指令程序
               MOV R1, #01
               ADR R0, Into_Thumb + 1      ;这里+1 是保证能正确切换
               BX R0
               CODE16    ;Thumb 指令程序
Into_Thumb MOV  R2, #01
               ADD  R1, R1, #1
               B    .
               END
```

下面是一段 Thumb 指令状态和 ARM 指令状态相互切换的示例程序。

```
               AREA TEST2, CODE, READONLY
               CODE32    ;ARM 指令程序
               MOV R1, #01
               ADR R0, Into_Thumb + 1   ;这里+1 是保证能正确切换
               BX R0
               CODE16    ;Thumb 指令程序
Into_Thumb MOV   R2, #01
               ADD   R1, R1, #1
               ADR R0, Back_to_ARM
               BX R0
               CODE32    ;ARM 指令程序
Back_to_ARM MOV R1, #01
               ADD R1, R1, R0
               B    .
               END
```

注意：由于上电复位后处理器是在 ARM 指令状态，因此最先的程序一定要是 ARM 程序。

5.4.5　循环程序设计

当条件满足时，需要重复执行同一个程序段做同样工作的程序叫"循环程序"。被重复执行的程序段叫"循环体"，需要满足的条件叫"循环条件"。

循环程序有两种结构：DO-WHILE 结构和 DO-UNTIL 结构。DO-WHILE 结构流程图如图 5-11 所示，DO-UNTIL 结构流程图如图 5-12 所示。

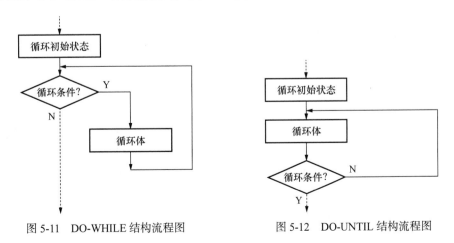

图 5-11　DO-WHILE 结构流程图　　　　　图 5-12　DO-UNTIL 结构流程图

在汇编语言程序设计中，常用的循环程序是 DO-UNTIL 结构，下面用程序说明。

例：请编写一个程序，把首地址为 DATA_TAB 的 10 个字的数据累加后存入 R0 中，注意不考虑溢出。

- DO-WHILE 结构的程序。

```
            AREA TEST2, CODE, READONLY
            CODE32
            MOV R0, #0
            MOV R1, #10
            ADR R2, DATA_TAB
LOOP        CMP R1, #0
            BEQ TT
            LDR R3, [R2]
            ADD R0, R0, R3
            SUB R1, R1, #1
            ADD R2, R2, #4
            B  LOOP
TT          B
DATA_TAB DCD 0X10,0X20,0X30,0X40,0X50,0X60,0X70,0X80,0X90,0X100
            END
```

- DO-UNTIL 结构的程序。

```
            AREA TEST2, CODE, READONLY
            CODE32
            MOV R0, #0
            MOV R1, #10
            ADR R2, DATA_TAB
LOOP        LDR R3, [R2]
            ADD R0, R0, R3
            ADD R2, R2, #4
            SUBS R1, R1, #1
            BNE  LOOP
TT          B
DATA_TAB DCD 0X10,0X20,0X30,0X40,0X50,0X60,0X70,0X80,0X90,0X100
            END
```

第二种方式比第一种方式少两条指令，并且第二种方式少一条跳转指令。

5.4.6 子程序及其调用

1. 子程序调用与返回

把可以反复调用的、能完成指定功能的程序段称为"子程序"。把调用子程序的程序称为"主程序"。

为进行识别，子程序的第一条指令之前必须赋予一个标号，以便其他程序可以用这个标号调用子程序。在 ARM 汇编语言程序中，主程序一般通过 BL 指令来调用子程序。该指令在执行时完成如下操作：将子程序的返回地址存放在连接寄存器 LR 中，同时将程序计数器 PC 指向子程序的入口点。

为使子程序执行完毕后能返回主程序的调用处，子程序末尾处应有 MOV、B、BX、

LDMFD 等指令，并在指令中将返回地址重新复制到 PC 中。

在调用子程序的同时，也可以使用 R0～R3 来进行参数的传递和从子程序返回运算结果。

例 1：子程序返回可以使用 MOV、BX 指令，具体如下。

```
relay    …
         MOV  PC, LR
```

使用 BX 指令返回主程序的调用处。

```
relay    …
         BX   LR
```

注意：有的编译器下不能使用 B 指令，因为 B 指令后面要求给出地址表达式。

例 2：一个使用 BL 指令调用子程序的汇编语言源程序的基本结构如下。

```
         AREA   Init, CODE, READONLY
         ENTRY
start    LDR  R0, =0X3FF5000
         LDR  R1, =0XFF
         STR  R1, [R0]
         LDR  R0, =0X3FF5008
         LDR  R1, =0X01
         STR  R1, [R0]
         BL   PR
         B    .
PR       MOV  R1, #0X50
         ADD  R0, R0, R1
         MOV PC, LR
         END
```

2．子程序中堆栈的使用

```
relay
    STMFD R13!, {R0～R12, LR}        ;压入堆栈
    …                               ;子程序代码
    LDMFD R13!, {R0～R12, PC}        ;弹出堆栈并返回
```

注意：R13 要指向有效的内存地址，否则不能有效保存数据。

例如，用 ARM 指令主程序调用 ARM 指令子程序的代码如下。

```
         AREA TT, CODE, READONLY
         ENTRY
         MOV R0, #1
         MOV R1, #2
         MOV R2, #3
         MOV R3, #4
         MOV R4, #5
         MOV R5, #6
         BL ADD1
         B  LOOP
ADD1     ADDS R0, R0, R1        ;完成 6 个数相加
         ADCS R0, R0, R2
```

```
            ADCS  R0, R0, R3
            ADCS  R0, R0, R4
            ADCS  R0, R0, R5
            BX  LR
LOOP        MOV R0, R0
            END
```

注意：该程序没有利用堆栈传递参数。

5.4.7　C 语言程序与汇编语言程序之间的函数调用

在 ARM 工程中，C 语言程序调用汇编语言函数和汇编语言程序调用 C 语言函数是经常发生的，为此规定了 ARM-Thumb 过程调用标准 ATPCS（ARM-Thumb Procedure Call Standard）。

1. ATPCS 简介

（1）堆栈与寄存器在函数调用过程中的作用。函数是通过寄存器和堆栈来传递参数并返回函数值的。下面是 C 语言程序调用 C 语言函数的情况。

```
int  Addint(int x, int y)
 {
    int s;
    s = x + y;
    return s;
  }
```

在 C 语言程序中，主函数 main()调用该函数的方法如下。

```
void main(void)
{
    int a,b;
    Addint(a,b);  //调用
    …
}
```

ARM 编译器使用的函数调用规则就是 ATPCS 标准。ATPCS 标准既是 ARM 编译器的编译规则，又是设计可被 C 语言程序调用的汇编函数的编写规则。

（2）ATPCS 标准关于堆栈和寄存器的使用规则。ATPCS 标准规定，ARM 的数据堆栈为 FD 型堆栈，即满递减堆栈。FD 型堆栈示意图如图 5-13 所示。

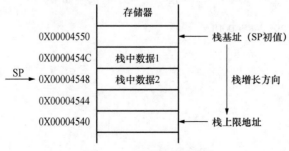

图 5-13　FD 型堆栈示意图

ATPCS 标准规定，对于参数不多于 4 个的函数，编译器必须按参数在列表中的顺序，自左向右为它们分配寄存器 R0～R3。函数返回时，R0 还被用来存放函数的返回值。

编译器为函数 Addint()的参数分配寄存器的示意图如图 5-14 所示。

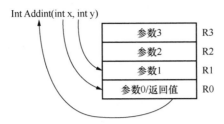

图 5-14　寄存器存放函数参数的示意图

如果函数参数多于 4 个，那么多余的参数则按自右向左的顺序压入堆栈，即参数入栈顺序与参数顺序相反。

函数参数使用寄存器和堆栈的示意图如图 5-15 所示。

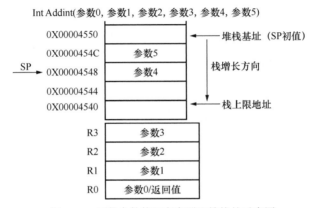

图 5-15　函数参数使用寄存器和堆栈的示意图

2. C 语言程序调用 ARM 汇编语言函数

例 1：下面是一个用汇编语言编写的函数，该函数把 R1 指向的数据块复制到 R0 指向的存储块，然后写一个 C 语言程序来调用该函数。

汇编语言函数部分如下。

```
        AREA tt, CODE, READONLY
        EXPORT Strcopy
Strcopy
        LDRB R2, [R1], #1
        STRB R2, [R0], #1
        CMP R2, #0
        BNE Strcopy
        MOV PC, LR
        END
```

根据 ATPCS 标准的 C 语言程序调用汇编语言函数，参数由左向右依次传递给寄存器 R0～R3 的规则，可知汇编语言函数 Strcopy 在 C 程序中的原型应该如下。

```
void Strcopy(char *d,const char* s);
```

在 C 语言文件中，调用 Strcopy 函数的完整程序如下。

```
extern void Strcopy(char *d,const char * s);
int main(void)
 {
      const char *src = "source";
      char dest[10];
      int I;
      Strcopy(dest, src);
      i =i*10;
      i= i+10;
   }
```

注意：这里只涉及两个参数，不涉及堆栈传递参数问题。

例 2：下面这段程序涉及 6 个参数的传递，既要使用寄存器，又要使用堆栈。

C 语言程序如下。

```
extern  int TT(int, int, int, int, int, int);
int main()
{
      int i0, i1, i2, i3, i4, i5, i6;
      i0=1;
      i1=2;
      i2=3;
      i3=4;
      i4=5;
      i5=6;
      i6=TT(i0, i1, i2, i3, i4, i5);
      i6=i6;
}
```

ARM 子程序如下。

```
      AREA TEST, CODE, READONLY
      EXPORT TT
TT    ADDS R0, R0, R1
      ADCS R0, R0, R2
      ADCS R0, R0, R3
      LDR R1, [SP]
      LDR R2, [SP,#4]
      ADCS R0, R0, R1
      ADCS R0, R0, R2
      BX LR
      END
```

3. ARM 汇编语言程序调用 C 语言函数

例 1：现有 C 语言函数 g()如下。

```
int g(int a, int b, int c, int d, int e)
{
      return a+b+c+d+e;
}
```

在汇编语言函数 f()中调用 C 语言函数 g()，以实现下面的功能。

int f(int i) {return –g(i, 2*i, 3*i, 4*i,5*i)}

整个汇编语言函数 f()的代码如下。

```
        AREA    tt,   CODE,   READONLY
        IMPORT    g                    ;声明 g 为外部引用符号
        EXPORT    f
        PRESERVE8
f       LDR  SP,=0X40000400
        MOV  R0,#1
        STR   LR,  [SP,#-4]!        ;断点存入堆栈，解决嵌套、返回
        ADD  R1, R0, R0  ;(R1)= i*2
        ADD  R2, R1, R0  ;(R2)= i*3
        ADD  R3, R1, R2  ;(R3)= i*5
        STR  R3, [SP, #-4]!           ;将（R3）即第 5 个参数 i*5 存入堆栈
        ADD  R3, R1, R1  ;(R3)= i*4
        BL   g    ;调用 C 函数 g()，返回值在寄存器 R0 中
        ADD  SP, SP, #4        ;清除堆栈，第 5 个参数，保持堆栈平衡
        RSB  R0, R0, #0        ;函数 f()的返回值（R0）=0-（R0）
        LDR  PC, [SP],#4    ;恢复断点并返回
        END
```

例 2：ARM 指令主程序调用 C 语言子程序。ARM 指令主程序如下。

```
IMPORT TC1
AREA HUIC, CODE, READONLY
PRESERVE8
LDR SP, =0X40000400
MOV R0, #1
MOV R1, #2
MOV R2, #3
MOV R3, #4
STR LR, [SP, #-4]!
MOV R4, #6
STR R4, [SP, #-4]!
MOV R4, #5
STR R4, [SP, #-4]!
BL TC1
ADD SP, SP, #8
LDR PC, [SP], #4
MOV R0, R0
END
```

C 语言子程序如下。

```
int   TC1(int i1,int i2, int i3,int i4,int i5,int i6)
{
     int i0;
     i0=i1 + i2 + i3 + i4 + i5 + i6;
     return i0;
}
```

4. C/C++语言和汇编语言混合编程

除了上面介绍的函数调用方法之外，ARM 编译器 ARMCC 中的内嵌汇编器还允许在 C 程序中内联或嵌入汇编代码，以提高程序的效率。

（1）内联汇编。

① 定义内联汇编程序。所谓内联汇编程序，就是在 C 语言程序中直接编写汇编语言程序段，从而形成一个语句块，这个语句块可以使用除了 BX 和 BLX 指令之外的全部 ARM 指令来编写，从而可以使程序实现一些不能从 C 语言获得的底层功能。其语法格式如下。

```
__asm
{
    汇编语句块
}
```

例如：

```
int  main(void)
  {
    int Tmp;
    __asm     //声明内联汇编代码
    {
        MRS  Tmp, CPSR
        BIC  Tmp, Tmp, #0x80
        MSR  CPSR_c, Tmp
    }
  }
```

在汇编语句块中，如果有两条指令占据了同一行，那么必须用分号"；"将它们分隔。如果一条指令需要占用多行，那么必须用反斜线符号"\"作为续行符。可以在内联汇编语言块内任意位置使用 C/C++格式的注释。内联汇编代码中定义的标号可被用作跳转或 C/C++ goto 语句的目标，同样，在 C/C++代码中定义的标号，也可被用作内联汇编代码跳转指令的目标。

② 内联汇编限制。内联汇编与真实汇编之间有很大区别，会受到很多限制。

- 它不支持 Thumb 指令，除了程序状态寄存器 PSR 外，不能直接访问其他任何物理寄存器等。

- 如果在内联汇编程序指令中出现了以某个寄存器名称命名的操作数，那么它叫虚拟寄存器，而不是实际的物理寄存器。编译器在生成和优化代码的过程中，会给每个虚拟寄存器分配实际的物理寄存器，但这个物理寄存器可能与指令中指定的不同。唯一的一个例外就是程序状态寄存器 PSR，任何对 PSR 的引用总是指向物理 PSR。

- 在内联汇编代码中不能使用寄存器 PC（R15）、LR（R14）和 SP（R13），任何试图使用这些寄存器的操作都会导致出现错误消息。

- 鉴于上述情况，在内联汇编语句块中最好使用 C/C++变量作为操作数。

- 虽然内联汇编代码可以更改处理器模式，但更改处理器模式会禁止使用 C 操作数或禁止对已编译 C 代码的调用，直到将处理器模式恢复为原设置之后。

（2）嵌入式汇编。嵌入式汇编程序是一个编写在 C 程序外的单独汇编语言程序，该程序段可以像函数那样被 C 程序调用。与内联汇编不同，嵌入式汇编具有真实汇编的所有特性，数据交换符合 ATPCS 标准，同时支持 ARM 和 Thumb 指令，所以它可以对目标处理器进行不受限制的低级访问。但不能直接引用 C/C++的变量。用__asm 声明的嵌入式汇编程序像 C 函数那样可以有参数和返回值。定义一个嵌入式汇编函数的语法格式如下。

```
__asm return_type function_name(parameter_list)
{
    汇编程序段
}
```

其中，return_type 为函数返回值类型，即 C 语言中的数据类型；function_name 为函数名；parameter_list 为函数参数列表。嵌入式汇编在形式上看起来就像使用关键字 __asm 进行了声明的函数，如下代码所示。

```
__asm int Add(int i, int j)
{
    ADD  R0, R0, R1
    MOV  PC, LR
}
```

参数名只允许使用在参数列表中，不能用在嵌入式汇编函数内。如下面定义的嵌入式汇编程序是错误的。

```
__asm int f(int i)
{
    ADD  i, i, #1    //错误
    MOV  PC, LR
}
```

根据 ATPCS 标准，应该使用寄存器 R0 来代替 i。在 C 程序中调用嵌入式汇编程序的方法与调用 C 语言函数的方法相同。

注意：在 ADS、MDK 中不支持嵌入式汇编。

（3）内联汇编代码与嵌入式汇编代码之间的差异。

① 内联汇编代码使用高级处理器处理，并在代码生成过程中与 C/C++代码集成。因此编译程序将 C/C++代码与内联汇编代码一起进行优化。

② 与内联汇编代码不同，嵌入式汇编代码从 C/C++代码中分离出来单独进行汇编，产生与 C/C++源代码编译对象相结合的编译对象。

③ 可通过编译程序来内联汇编代码，但无论是显式还是隐式，都无法内联嵌入式汇编代码。

内联汇编程序与嵌入式汇编程序的主要差异如表 5-3 所示。

表 5-3　内联汇编程序与嵌入式汇编程序的主要差异

项目	内联汇编程序	嵌入式汇编程序
指令集	仅限于 ARM	ARM 和 Thumb
ARM 汇编程序命令	不支持	支持
C 表达式	支持	仅支持常量表达式
优化代码	支持	不支持
内联	可能	从不
寄存器访问	不使用物理寄存器	使用物理寄存器
返回指令	自动生成	显示编写

5. 汇编语言程序访问 C 语言中的全局变量

一般来说，汇编语言程序与 C 语言程序不在同一个文件中，所以实质上这是一个引用不同文件定义的变量问题。解决这个问题的办法就是使用关键字 IMPORT 和 EXPORT。

（1）在 C 语言程序中声明的全局变量可以被汇编语言程序通过地址间接访问，具体访问方法如下。

① 使用 IMPORT 伪指令声明该全局变量。

② 使用 LDR 宏指令读取该全局变量的内存地址，该全局变量的内存地址存放在程序的数据缓冲池中。

③ 根据该数据的类型，使用相应的 LDR 指令读取该全局变量的值，再使用相应的 STR 指令修改该全局变量的值。

（2）各数据类型及其对应的 LDR/STR 指令如下。

① 无符号 char 类型的变量通过指令 LDRB/STRB 来读写。

② 无符号 short 类型的变量通过指令 LDRH/STRH 来读写。

③ int 类型的变量通过指令 LDR/STR 来读写。

④ 有符号 char 类型的变量通过指令 LDRSB 来读取。

⑤ 有符号 char 类型的变量通过指令 STRSB 来写入。

⑥ 有符号 short 类型的变量通过指令 LDRSH 来读取。

⑦ 有符号 short 类型的变量通过指令 STRSH 来写入。

⑧ 小于 8 个字的结构型变量可以通过一条 LDM/STM 指令来读/写整个变量。

⑨ 结构型变量的数据成员可以使用相应的 LDR/STR 指令来访问，这时必须知道该数据成员相对于结构型变量开始地址的偏移量。

例如：下面是一个汇编语言程序的函数，它引用了一个在其他文件中定义的 C 语言全局变量 Globvar，将其加 2 后写回 Globvar。

C 语言程序如下。

```
int Globvar;
extern int Asmsubrouttine(void);
int  main(void)
{
    int i;
    Globvar=200;
    i=Asmsubrouttine();
}
```

汇编语言程序如下。

```
            AREA Globals, CODE, READONLY
            EXPORT  Asmsubrouttine
            IMPORT  Globvar
Asmsubrouttine
            LDR   R1, =Globvar
            LDR   R0, [R1]
            ADD   R0, R0, #2
            STR   R0, [R1]
            MOV   PC, LR
            END
```

5.5　排序程序设计

5.5.1　排序的概念

排序是计算机程序设计中的一种重要操作，其功能是把一个数据元素集合或序列排列成一个有序的序列。排序分为内排序和外排序：内排序是指待排序列完全存放在内存中所进行的排序过程，适合不太大的元素序列；外排序是指大文件的排序，即待排序的文件存储在外部存储器上，待排序的文件无法一次装入内存，需要在内存和外部存储器之间进行多次数据交换，以达到对整个文件进行排序的目的。

本节重点讲内排序，内排序方法如下。

1. 插入排序（也称"直接插入排序"）

现有一个有序的数据序列，要求在这个已排好序的序列中插入一个数据，并要求插入此数据后序列仍然有序，这个时候就要用到插入排序。插入排序的基本操作就是将一个数据插入已经排好序的有序数据中，从而得到一个新的、个数加一的有序数据。该排序法适用于少量数据的排序，时间复杂度为 $O(n^2)$。这是一种稳定的排序方法。插入排序法把要排序的数组分成两部分：第一部分包含了这个数组除最后一个元素除外（数组多一个空间才有插入的位置）的所有元素；第二部分只包含一个元素（即待插入元素）。在第一部分排序完成后，再将这个元素插入已排好序的第一部分中。

插入排序的基本思想是将每一个待排序的记录，按其关键码值的大小插入到前面已经排好序的文件中的适当位置，直到全部插入完为止。

2. 选择排序（也称"简单选择排序"）

选择排序（Selection Sort）是一种简单直观的排序算法。它的工作原理是第一次从待排序的数据元素中选出最小（或最大）的一个元素，存放在序列的起始位置，再从剩余未排序元素中继续寻找最小（大）元素，存放到已排序序列的末尾。以此类推，直到将全部待排序的数据元素排完。选择排序是不稳定的排序方法。

3. 冒泡排序

冒泡排序（Bubble Sort）是一种计算机科学领域的较简单的排序算法。它重复地比较要排序的所有元素，依次比较两个相邻的元素，如果它们的顺序（如从大到小、首字母从 A 到 Z）错误就把它们交换。比较元素的工作重复地进行，直到没有相邻元素需要交换，也就是说元素已经排序完成。

因为大的（或小的）元素会经由交换慢慢"浮"到数列的顶端，就如同碳酸饮料中二氧化碳的气泡最终会上浮到顶端一样，故名"冒泡排序"。

4. 快速排序

快速排序（Quick Sort）是对冒泡排序的一种改进。它的基本思想是通过一趟排序将要排序的数据分割成独立的两部分，其中一部分的所有数据都比另外一部分的所有数据要小，然后再按此方法对这两部分数据分别进行快速排序，整个排序过程可以递归进行，以达到整个数据变成有序序列的目的。

5. 归并排序

归并排序（Merge Sort）是建立在归并操作上的一种有效的排序算法，该算法是采用分治法（Divide and Conquer）的一个非常典型的应用。它的基本思想是将已有序的子序列合并，得到完全有序的序列。即先使每个子序列有序，再使子序列之间有序。若将两个有序表合并成一个有序表，则称为"二路归并"。

6. 希尔排序

希尔排序（Shell's Sort）是插入排序的一种，又称为"缩小增量排序"（Diminishing Increment Sort），是插入排序算法的一种更高效的改进版本。希尔排序是非稳定排序算法，该方法由希尔（D.L.Shell）于 1959 年提出。

希尔排序是把记录按下标的一定增量分组，对每组使用插入排序算法排序。随着增量逐渐减少，每组包含的关键词越来越多，当增量减至 1 时，整个文件就被分成一组，算法便中止。

7. 堆排序

堆排序（Heap Sort）是指利用堆这种数据结构所设计的一种排序算法。堆是一个近似完全二叉树的结构，并同时满足堆积的性质，即子节点的键值或索引总是小于（或大于）它的父节点。

虽然排序方法很多，但快速排序在目前排序方法中被认为是最好的方法，冒泡排序是比较经典，也比较好理解的方法。

5.5.2 滤波的概念及种类

滤波（Wave Filtering）是将信号中特定波段频率滤除的操作，是抑制和防止干扰的一项重要措施。滤波分为经典滤波和现代滤波。

1. 经典滤波

经典滤波是基于傅里叶分析和变换提出的一个工程概念。根据高等数学理论，任何一个满足一定条件的信号，都可以被看成由无限个正弦波叠加而成。换句话说，工程信号就是由不同频率的正弦波叠加而成的，组成信号的不同频率的正弦波叫信号的"频率成分"或"谐波成分"。

2. 现代滤波

现代滤波是指用模拟电子电路对模拟信号进行滤波操作，其基本原理就是利用电路的频率特性实现对信号中频率成分的选择。滤波时，把信号看成由不同频率正弦波叠加而成的模拟信号，通过选择不同的频率成分来实现信号滤波。在计算机实际应用中，需要将模拟量转换为数字量（即进行 A/D 转换），为解决干扰问题，常用的方法主要有中值滤波和均值滤波。

5.5.3 中值滤波及程序设计

1. 中值滤波

中值滤波对脉冲噪声有良好的滤除作用，特别是在滤除噪声的同时，能够保护信号的边缘，使之不模糊。此外，中值滤波的算法比较简单，也易于用硬件实现。这些优良特性是线性滤波方法所不具有的。所以，中值滤波方法一经提出后，便在数字信号处理领域得到广泛应用。

中值滤波方法如下：对一个数字信号序列 $x_j(-\infty < j < \infty)$ 进行滤波处理时，首先要定义一个长度为奇数的 l 长窗口，$l=2n+1$，n 为正整数。设在某一个时刻，窗口内的信号样本为 $x(i-n), \cdots, x(i), \cdots, x(i+n)$，其中 $x(i)$ 为位于窗口中心的信号样本值。对这 l 个信号样本值按从小到大的顺序排列后，其中值在 i 处的样值，便定义为中值滤波的输出值。

在嵌入式的实际应用中，如 A/D 采样时，如果有瞬间干扰信号，那么采样回来的数据就有明显的变化，如明显偏大或偏小。如果把这些数据拿来显示，那显示数据就是跳跃式的，看起来明显有问题。因为模拟信号是连续变化的，并且其变化一般都是相对缓慢的，这时就可以采用中值滤波（也叫"算数中值滤波"），把这些干扰数据去除掉，其原理如下：在采样时连续采样奇数个数（$2n+1$），并把这些数排序，中间位置那个数（$n+1$ 位置）作为本次采样的值。

2. 中值滤波程序设计

为了保证程序的通用性，对任意 N（N 为奇数）个数都能找出中间值，N 值放在 R0 中，原始数据放在内存 0X40000000 开始的地址空间，每个数占 32 位（即 4 个字节），中值滤波的结果放在寄存器 R1 中，此处假设 R0=9。

中值滤波程序的流程图如图 5-16 所示。中值滤波的程序如下。

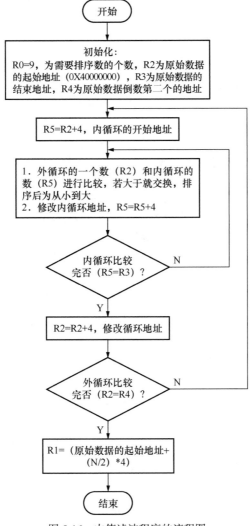

图 5-16　中值滤波程序的流程图

```
AREA SORT,CODE,READONLY        ;定义一个代码段
ENTRY
MOV R0,#9                      ;需要排序数的个数，为奇数
LDR R2,=0x40000000            ;R2 为原始数据的起始地址
```

```
        SUB  R1,R0,#1
        MOV  R4,#4
        MLA  R3,R1,R4,R2        ;R3 为原始数据的结束地址
        SUB  R4,R3,#4           ;R4 为原始数据的倒数第二个数的地址
LOOP1   ADD  R5,R2,#4           ;R5 为内循环的起始地址
LOOP2   LDR  R6,[R2]
        LDR  R7,[R5]
        CMP  R6,R7              ;比较交换，从小到大排序
        STRHI R6,[R5]
        STRHI R7,[R2]
        ADD  R5,R5,#4           ;修改内循环地址
        CMP  R5,R3              ;内循环结束比较
        BLS  LOOP2
        ADD  R2,R2,#4           ;修改外循环地址
        CMP  R2,R4              ;外循环结束比较
        BLS  LOOP1
        LDR  R2,=0x40000000
        MOV  R0,R0,LSR #1
        MOV  R4,#4
        MLA  R3,R0,R4,R2
        LDR  R1,[R3]            ;找到中间那个数并赋给 R1
        MOV  R0,#100
        END
```

5.5.4 均值滤波及程序设计

1. 均值滤波

均值滤波也称为"线性滤波"，其采用的主要方法为邻域平均法。线性滤波的基本原理是用均值代替原图像中的各个像素值，即为待处理的当前像素点(x, y)选择一个模板，该模板由其近邻的若干像素组成，求模板中所有像素的均值，再把该均值赋予当前像素点(x, y)，作为处理后图像在该点上的灰度 $g(x, y)$，即 $g(x, y)=1/m\sum f(x, y)$，m 为该模板中包含当前像素的像素总个数。

在嵌入式的实际应用中，如 A/D 采样时，如果有瞬间干扰信号，那么采样回来的数据就有明显的变化，如明显偏大或偏小。如果把这些数据拿来显示，那显示数据就是跳跃式的，看起来明显有问题，由于模拟信号是连续变化的，并且其变化一般都是相对缓慢的，这时就可以采用均值滤波（也叫"数值均值滤波"），把这些干扰数据去除掉，其原理如下：在采样时连续采样偶数个数（2N，如 4、6、10、18 等），并把这些数排序，然后去掉最大值和最小值，剩余的数再求平均值，这个值就作为本次采样的值。

注意：采样个数是 4、6、10、18 等偶数，是由于有些微处理器没有提供除法指令，即便提供除法指令，但使用除法指令的时间较长，采用这种处理可以大大提高效率。

2. 均值滤波程序设计

为了保证程序能对任意 N（N 为偶数）个数都能较快地算出均值，特约定 N 为 4、6、10、18 等。该值放在 R0 中，原始数据放在内存中 0X40000000 开始的地址空间，每个数占 32 位（即 4 个字节），均值滤波的结果放在寄存器 R1 中，此处设定 N=6。

均值滤波程序的流程图如图 5-17 所示。均值滤波程序如下。

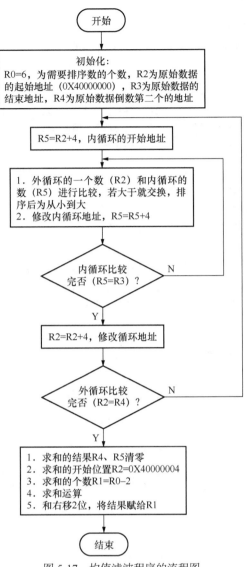

图 5-17　均值滤波程序的流程图

```
        AREA SORT, CODE, READONLY    ;定义一个代码段
        ENTRY
        MOV R0, #6                   ;R0 为偶数，是需要排序数的个数
        LDR R2, =0x40000000          ;R2 为原始数据在内存中的起始地址
        SUB R1, R0, #1
        MOV R4, #4
        MLA R3, R1, R4, R2           ;R3 为原始数据在内存中的结束地址
        SUB R4, R3, #4               ;R4 为原始数据在内存中的倒数第二个数的地址
LOOP1   ADD R5, R2, #4               ;R5 的初始值为顺数第二个数的地址，内循环地址
LOOP2   LDR R6, [R2]                 ;R2 为外循环地址
        LDR R7, [R5]
        CMP R6, R7                   ;比较
        STRHI R6, [R5]               ;高于就交换，排序后按从小到大排列
        STRHI R7, [R2]
        ADD R5, R5, #4               ;修改内循环地址
```

```
            CMP R5, R3
            BLS LOOP2
            ADD R2, R2, #4           ;修改外循环地址
            CMP R2, R4
            BLS LOOP1
            EOR R4, R4, R4
            EOR R5, R5, R5           ;R4、R5 为求和的结果，先要清零
            LDR R2, =0x40000004      ;由于去掉最大值和最小值，求和从第二个数开始
            SUB R1, R0, #2           ;R1 为求和的总个数
LOOP3       LDR R6,[R2]
            ADDS R4, R4, R6
            ADC R5, R5, #0
            ADD R2, R2, #4
            SUB R1, R1, #1           ;修改计数器
            CMP R1, #0
            BNE  LOOP3
            MOV R1, R0               ;R1 为需要排序数的总个数
            SUB R1, R1, #2           ;R2 为求和的总个数
LOOP4       MSR CPSR_F, #0           ;下面程序为求平均值
            MOV  R5, R5, RRX
            MOV  R4, R4, RRX
            MOV R1, R1, LSR #1
            CMP R1, #1
            BNE LOOP4
            MOV R1, R4               ;均值滤波的结果在 R1 中
            MOV R0, #100             ;为了调试方便加的代码
            END
```

5.6　数制转换及程序设计

5.6.1　数制转换

在计算机应用中经常面临数制转换问题，如人们习惯用十进制，而计算机是用二进制进行运算的，因此在输入时要将十进制数转化为二进制数，最后运算的结果又要将二进制数转化为十进制数，这样便于人们查看结果。

1. 十进制数转化为二进制数

十进制数转换为二进制数时，由于整数和小数的转换方法不同，所以先将十进制数的整数部分和小数部分分别转换后，再进行合并。

十进制整数转换为二进制整数采用"除以 2 取余数，逆序排列"法。具体做法如下：用十进制整数除以 2，可以得到一个商和一个余数，余数为二进制整数的最低位；将上一步所得的商再除以 2，又会得到一个商和一个余数，该余数为二进制整数的次低位，以此类堆，直到商为 0 时停止，此时的余数为二进制整数的最高位。

十进制整数转化为二进制整数的示例如下。

例1：255=（11111111）B。

255/2=127-----余 1

　　　　127/2=63------余 1

　　　　63/2=31--------余 1

　　　　31/2=15--------余 1

　　　　15/2=7---------余 1

　　　　7/2=3----------余 1

　　　　3/2=1----------余 1

　　　　1/2 得 0--------余 1

　　例 2：789=1100010101(B)。

　　　　789/2=394------余 1

　　　　394/2=197------余 0

　　　　197/2=98--------余 1

　　　　98/2=49---------余 0

　　　　49/2=24---------余 1

　　　　24/2=12----------余 0

　　　　12/2=6-----------余 0

　　　　6/2=3------------余 0

　　　　3/2=1------------余 1

　　　　1/2 得 0---------余 1

　　十进制小数转换成二进制小数采用"乘以 2 取整数，顺序排列"法。具体做法如下：用 2 乘以十进制小数，可以得到一个乘积，将该乘积的整数部分取出，此整数为二进制小数的最高位；用 2 乘以余下的小数部分，又得到一个乘积，将该乘积的整数部分取出，此整数为二进制小数的次高位，以此类推，直到乘积中的小数部分为 0，此时 0 或 1 为二进制小数的最后一位，或者达到所要求的精度为止。

　　十进制小数转化为二进制小数的示例如下。

　　例 1：0.625=（0.101）B。

　　　　0.625*2=1.25-------取出整数部分 1

　　　　0.25*2=0.5---------取出整数部分 0

　　　　0.5*2=1------------取出整数部分 1

　　例 2：0.7=（0.1 0110 0110…）B。

　　　　0.7*2=1.4----------取出整数部分 1

　　　　0.4*2=0.8----------取出整数部分 0

　　　　0.8*2=1.6----------取出整数部分 1

　　　　0.6*2=1.2----------取出整数部分 1

　　　　0.2*2=0.4----------取出整数部分 0

　　　　0.4*2=0.8----------取出整数部分 0

　　　　0.8*2=1.6----------取出整数部分 1

　　　　0.6*2=1.2----------取出整数部分 1

　　　　0.2*2=0.4----------取出整数部分 0

2．二进制数转化为十进制数

　　二进制数转化为十进制数时，从二进制数的最低位（即最右边）算起，各位上的数字乘以本位的权重（权重就是 2 的第几位的位数减 1 的次方，如第二位就是 $2^{2-1}=2^1$，得到 2；第八位就是 $2^{8-1}=2^7$，得到 128）把所有的值加起来即得到十进制数。

如二进制数 1101，换算成十进制数就是 $1\times2^0+0\times2^1+1\times2^2+1\times2^3=1+0+4+8=13$。

如果是二进制的小数，小数点后的第一位的权重是 2^{-1}，第二位的权重是 2^{-2}，其余以此类推。

如二进制数 0.1101，换算成十进制数就是 $1\times2^{-1}+1\times2^{-2}+0\times2^{-3}+1\times2^{-4}=0.5+0.25+0+0.0625=0.8125$。

5.6.2 程序设计

1. 十进制整数转化为二进制整数程序设计

由于 ARM 处理器中的所有运算都采用的是二进制，并且数据表示也采用的是二进制，所以如果要按数制转换的思想来编程很难，并且也不好演示结果。这里以实际应用中常用的从键盘输入数据为例来讲解。假设从键盘上输入 8 位十进制数，依次放在存储器 0X40000000 开始的 8 个字节单元，最高位在 0X40000000 中，将这 8 位十进制数转换成二进制数放在 R0 中。其思想为最高位乘以 10，将乘积和次高位相加，再将该结果乘以 10，将乘积和下一个高位相加，以此类推，直到把个位数加入为止。十进制整数转化为二进制整数的流程图如图 5-18 所示。

程序如下。

```
        AREA SORT, CODE, READONLY    ;段定义
        ENTRY                        ;程序入口
        LDR R1, =0x40000000          ;指向十进制数的最高位
        MOV R3, #8                   ;控制循环次数
        MOV R0, #0                   ;二进制的初始值为 0
        MOV R4, #10                  ;十进制的基数
LOOP    LDRB R2, [R1], #1            ;取 1 位十进制数
        MLA R5, R0, R4, R2           ;完成乘加操作
        MOV R0, R5
        SUBS R3, R3, #1              ;循环次数减 1
        BNE  LOOP
        MOV R0, #100
        END
```

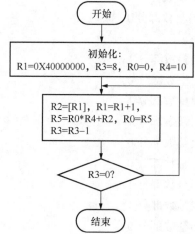

图 5-18 十进制整数转化为二进制整数的流程图

2. 二进制数转化为十进制数程序设计

这里以实际应用中将计算机中的计算结果（二进制数）转换为十进制数为例来讲解。

待转换的二进制数在 R0 中，转换的十进制数依次放在 0X40000000～0X4000000F 的存储器中，0X40000000 为最高位。其思想为待转化的二进制数除以 10，得到一个商和一个余数，该余数为个位；再将上步的商除以 10，得到一个商和一个余数，该余数为十位，以此类推，直到商为 0，这时的余数为最高位。二进制整数转化为十进制整数的流程图如图 5-19 所示。

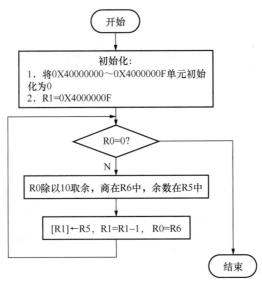

图 5-19　二进制整数转化为十进制整数的流程图

程序如下。

```
        AREA SORT, CODE, READONLY        ;段定义
        ENTRY                            ;程序入口
        LDR R1, =0x40000000              ;对 0x40000000～0x4000000F 初始化
        MOV R2, #0
        MOV R3, #4
LOOP    STR R2, [R1], #4
        SUBS R3, R3, #1
        BNE  LOOP
        LDR R1, =0x4000000F              ;十进制个位地址
M1      CMP R0, #0                       ;判断 R0 是否为 0
        BEQ  BEND
        BL DIV10                         ;调用除以 10 子程序，商在 R5，余数在 R6
        STRB R5, [R1] ,#-1               ;保存十进制数，地址值减 1
        MOV R0, R6                       ;商赋给 R0
        B M1
DIV10   MOV R3, R0                       ;除以 10 子程序，由于 ARM 没有除法指令
        MOV R4, #32
        MOV R5, #0
        MOV R6, #0
DIV2    MOV R6, R6, LSL #1
        MOV R5, R5, LSL #1
        MOVS R3, R3, LSL #1
```

```
        ADC R5, R5, #0
        SUBS R5, R5, #10
        ADDCS  R6, R6, #1
        ADDCC R5, R5, #10
        SUBS R4, R4, #1
        BNE  DIV2
        BX LR
BEND    MOV R0, R0
        END
```

5.7　编码转换及程序设计

5.7.1　编码转换

前面已经讲了人们输入的是十进制数，首先要转换为二进制数，才能参加各种运算，最后结果要转换为人们习惯辨认的十进制数来输出显示。这时就要将十进制数转换为字符点阵或 LED 码（取决于显示设备）。如果采用的是字符显示器或图形显示器，那就要转换为字符点阵或图形点阵。本节主要讲述在嵌入式应用中常用的、较为简单的 8 段数码管显示器，实物如图 5-20 所示。

图 5-20　5 位 8 段数码管显示器

该显示器共集成了 5 位 8 段数码管，每位的逻辑符号如图 5-21 所示。

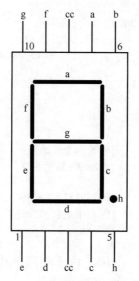

图 5-21　8 段数码管显示器逻辑符号

图 5-21 所示的 cc 是公共端。该显示器分为共阴极型和共阳极型两种，详细电路结构如图 5-22 所示。

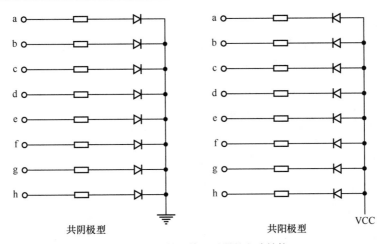

图 5-22 8 段数码管显示器的电路结构

要使用该显示器输出结果，就要将十进制数转换为 LED 码。

表 5-4 为 BCD 码对应的 LED 码。

表 5-4 BCD 码对应的 LED 码

数字	共阴极型	共阳极型
0	3F	C0
1	06	F9
2	5B	A4
3	4F	B0
4	66	99
5	6D	92
6	7D	82
7	07	F8
8	7F	80
9	6F	90
A	77	88
B	7C	83
C	39	C6
D	5E	A1
E	79	86
F	71	8E

5.7.2 BCD 码转换为 LED 码程序设计

计算机处理的数据都是二进制数，但人们习惯用十进制数，如果在嵌入式应用中采用 8 段数码管显示器，那么必须将已转换好的十进制数转换为 LED 码来显示。接着 5.6.2 小节的例子，假设 0X40000000~0X4000000F 的存储器中已存放了十进制数，并且每个单元存放 1 位十进制数，最高位在 0X40000000 单元中，现通过编程将其中的 1 位十进制数转换成 LED 码，这里假设为 0X40000000 单元，LED 采用共阳极型，转换结果放在 R0 中。

1. 第一种方法

这种方法是初学者常用的方法，很好理解，但效率较低，甚至在有些情况下程序会非常长，其程序流程图如图 5-23 所示，完整程序如下。

```
            AREA SORT, CODE, READONLY    ;段定义
            ENTRY                ;程序入口
            LDR R1, =0x40000000          ;取一位十进制数
            LDRB R2, [R1]
            CMP R2, #0    ;判断是否为 0 并赋 0 对应的 LED 码
            BNE T1
            MOV R0, #0XC0
            B   TEND
T1          CMP R2, #1    ;判断是否为 1 并赋 1 对应的 LED 码
            BNE T2
            MOV R0, #0XF9
            B   TEND
T2          CMP R2, #2    ;判断是否为 2 并赋 2 对应的 LED 码
            BNE T3
            MOV R0, #0XA4
            B   TEND
T3          CMP R2, #3    ;判断是否为 3 并赋 3 对应的 LED 码
            BNE T4
            MOV R0, #0XB0
            B   TEND
T4          CMP R2, #4    ;判断是否为 4 并赋 4 对应的 LED 码
            BNE T5
            MOV R0, #0X99
            B   TEND
T5          CMP R2, #5    ;判断是否为 5 并赋 5 对应的 LED 码
            BNE T6
            MOV R0, #0X92
            B   TEND
T6          CMP R2, #6    ;判断是否为 6 并赋 6 对应的 LED 码
            BNE T7
            MOV R0, #0X82
            B   TEND
T7          CMP R2,#7     ;判断是否为 7 并赋 7 对应的 LED 码
            BNE T8
            MOV R0, #0XF8
            B   TEND
T8          CMP R2, #8    ;判断是否为 8 并赋 8 对应的 LED 码
            BNE T9
            MOV R0, #0X80
            B   TEND
T9          MOV R0, #0X90    ;赋 9 对应的 LED 码
TEND        MOV R0,R0
            END
```

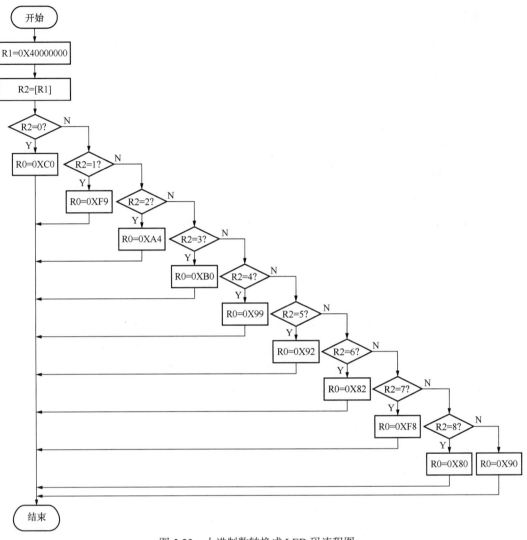

图 5-23　十进制数转换成 LED 码流程图一

注意：倒数第二条指令是为方便调试而额外增加的。

2．第二种方法

这种方法充分利用 ARM 的指令系统，如查表指令，程序流程图如图 5-24 所示。

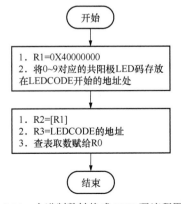

图 5-24　十进制数转换成 LED 码流程图二

其完整程序如下。

```
          AREA SORT, CODE, READONLY       ;段定义
          ENTRY                           ;程序入口点
          LDR R1, =0x40000000             ;存放十进制数地址
          LDR R2, [R1]                    ;取十进制数
          LDR R3, =LEDCODE                ;取 LED 码首地址
          LDRB R0, [R3, R2]               ;查表
          MOV R0, R0
LEDCODE   DCB 0XC0,0XF9,0XA4,0XB0,0X99,0X92,0X82,0XF8,0X80,0X90
          END
```

从本章的程序可知，要想通过编程实现一个功能，方法有很多种，但每种方法编写程序的复杂度和执行效率都不一样，全靠编程者在实际应用中多练和多学习。

思 考 题

1. 编写一个程序段，判断寄存器 R5 中的数据是否为 11、15、18、22、44、67 中的一个？如果是则将 R0 中的数据置为 1，否则将 R0 置为 0，并把这个程序段定义为一个代码段，要求：（a）画出程序流程图；（b）用 ARM 指令编写详细代码，程序要完整，并加注释。

2. 有如下 C 语言函数，请在 ARM 汇编语言编程中调用该函数。

```
int subxx(int x, int y)
{
    return  x-y;
}
```

3. 有如下 ARM 汇编语言函数 armstrcopy，请用 C 语言编程并调用该函数。

```
          AREA strcopy,CODE, READONLY
          EXPORT armstrcopy
armstrcopy
          LDRB R2,[R1],#1
          STRB R2,[R0],#1
          CMP R2,#0
          BNE armstrcopy
          MOV PC, LR
          END
```

4. 请用 ARM 指令编程，找出 1～100 中 4 的倍数的个数，要求：（a）画出程序流程图；（b）用 ARM 指令编写程序，程序要完整，并加注释。

第6章
S3C2440A 微处理器基础及应用

S3C2440A 微处理器的功能很强大，但由于篇幅有限，本章重点讲解 S3C2440A 微处理器的基本功能和结构、电源子系统、复位子系统、时钟和功率管理子系统、I/O 端口及简单应用实例。

6.1　S3C2440A 微处理器概述

三星公司推出的 16/32 位 RISC 微处理器 S3C2440A，为手持设备和一般类型应用提供了低价格、低功耗、高性能小型微控制器的解决方案。S3C2440A 微处理器采用了 ARM920T 的内核、0.13μm 的 CMOS 标准宏单元和存储器单元，特别适用于对成本和功率要求较高的应用。它采用了新的总线架构 AMBA（Advanced Micro-controller Bus Architecture，高级微控制器总线架构）。

AMBA 是由 ARM 公司推出的片上（On-Chip Bus）总线规范，它是目前芯片总线的主流标准。一开始推出的 1.0 版本只有系统总线（Advanced System Bus，ASB）和外设总线（Advanced Peripheral Bus，APB），为了节省面积，这时候的总线协定都采用 3 态总线。后来的 2.0 版本新增了高性能总线（Advanced High-performance Bus，AHB）。典型的基于 AMBA 总线的系统如图 6-1 所示。

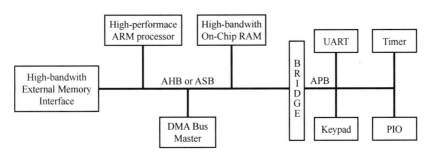

图 6-1　典型的基于 AMBA 总线的系统

S3C2440A 微处理器的特点是其核心处理器（CPU）采用 ARM 公司设计的 16/32 位

ARM920T 的 RISC 处理器。ARM920T 采用了 MMU、AMBA BUS 和哈佛高速缓冲体系结构。这一结构具有独立的 16KB 指令 Cache 和 16KB 数据 Cache。每个 Cache 都由具有 8 字长的行组成。通过提供一套完整的通用系统外设，S3C2440A 微处理器减少了整体系统成本，不需要配置额外的组件。

S3C2440A 微处理器芯片集成了以下功能部件。

（1）1.2V 内核供电部件，1.8V/2.5V/3.3V 存储器供电部件，3.3V 外部 I/O 供电部件，具备 16KB 的指令 Cache 和 16KB 的数据 Cache、MMU 微处理器。

（2）外部存储控制器（SDRAM 控制和片选逻辑）。

（3）LCD 控制器（最大支持 4K 色 STN 和 256K 色 TFT）提供 1 通道 LCD 专用 DMA。

（4）通道 DMA 有外部请求引脚。

（5）3 个通道 UART（IrDA 1.0，64 字节 Tx FIFO，64 字节 Rx FIFO）。

（6）2 个通道 SPI。

（7）1 个通道 IIC-Bus 端口（具有多主支持功能）。

（8）1 个通道 IIS-Bus 音频编解码器端口。

（9）AC 97 解码器端口。

（10）兼容 SD 主端口协议 1.0 版本和 MMC 卡协议 2.11 版本。

（11）2 个端口 USB 主机和 1 个端口 USB 设备（1.1 版本）。

（12）4 个通道 PWM 定时器和 1 通道内部定时器/看门狗定时器。

（13）8 个通道 10 比特 ADC 和触摸屏端口。

（14）具有日历功能的 RTC。

（15）相机端口（最大 4096 像素×4096 像素的投入支持，2048 像素×2048 像素的投入，支持缩放）。

（16）130 个通用 I/O 端口和 24 个通道外部中断源。

（17）具有普通、慢速、空闲和掉电模式。

（18）具有 PLL 片上时钟发生器。

1．S3C2440A 微处理器的内部结构框图

S3C2440A 微处理器的内部结构框图如图 6-2 所示。

2．S3C2440A 微处理器的引脚分配图

S3C2440A 微处理器的引脚分配图如图 6-3 所示，从图中可以看出，S3C2440A 微处理器有 17 行和 17 列，因此总共有 289 个引脚。

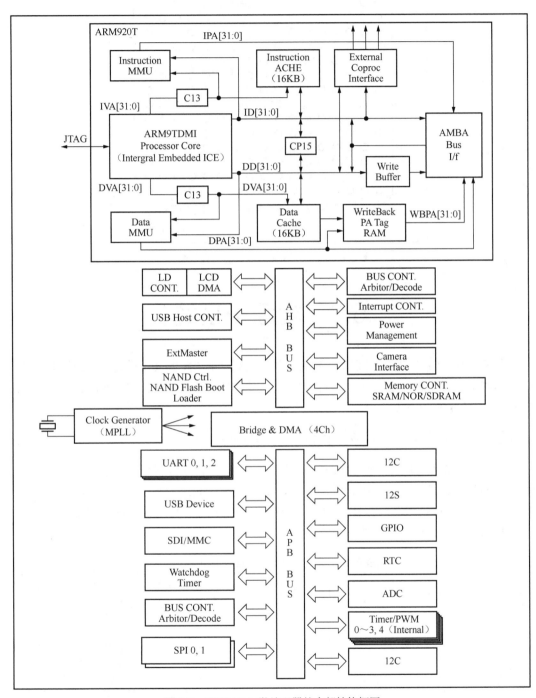

图 6-2　S3C2440A 微处理器的内部结构框图

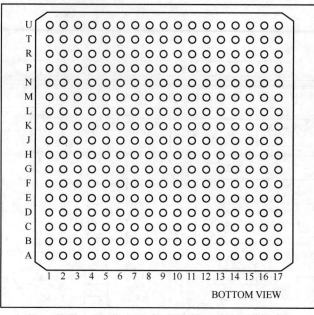

图 6-3　S3C2440A 微处理器的引脚分配图

6.2　电源子系统

　　计算机系统、CPU、微处理器要工作就必须加电源，那 S3C2440A 微处理器的供电引脚有哪些呢？这些引脚可接的电压是多少？对供电有哪些要求呢？本节主要介绍这些内容，并且给出实际应用的 3.3V 和 1.2V 电源电路。

6.2.1　S3C2440A 微处理器电源引脚介绍

　　S3C2440A 微处理器主要采用 1.2V 内核供电，3.3V 外部 I/O 供电。由于还包括数字电路部分供电和模拟电路部分供电，因此通常都是将数字电路部分供电和模拟电路部分分开供电。表6-1 是 S3C2440A 微处理器电源引脚说明（注意带 A 的是模拟的，如 VDD3.3V 是数字电路部分供电，VDDA3.3V 是模拟电路部分供电）。

表 6-1　S3C2440A 微处理器电源引脚说明

序号	引脚编号	引脚名称	I/O 类型	序号	引脚编号	引脚名称	I/O 类型
1	A1	VDDi	d12c	10	T6	VDDiarm	d12c
2	A10	VDDi	d12c	11	T8	VDDiarm	d12c
3	A16	VDDi	d12c	12	U1	VDDiarm	d12c
4	A6	VDDi	d12c	13	J2	VDDiarm	d12c
5	B11	VDDi	d12c	14	U2	VDDiarm	d12c
6	F1	VDDi	d12c	15	A9	VDDMOP	d33o
7	F16	VDDi	d12c	16	B12	VDDMOP	d33o
8	U11	VDDi	d12c	17	B14	VDDMOP	d33o
9	L2	VDDiarm	d12c	18	B16	VDDMOP	d33o

序号	引脚编号	引脚名称	I/O 类型	序号	引脚编号	引脚名称	I/O 类型
19	B6	VDDMOP	d33o	40	U10	VSSiarm	Si
20	C1	VDDMOP	d33o	41	U4	VSSiarm	si
21	F17	VDDMOP	d33o	42	U7	VSSiarm	Si
22	J1	VDDOP	d33o	43	A11	VSSMOP	so
23	T	VDDOP	d33o	44	A15	VSSMOP	So
24	T3	VDDOP	d33o	45	A5	VSSMOP	So
25	K12	VDDOP	d33o	46	A7	VSSMOP	So
26	T14	VSSA_ADC	d33th	47	B1	VSSMOP	So
27	R17	VSSA_MPLL	St	48	B13	VSSMOP	So
28	M12	VSSA_UPLL	St	49	D16	VSSMOP	So
29	A12	VSSi	Si	50	D17	VSSMOP	so
30	A3	VSSi	Si	51	E2	VSSMOP	So
31	A4	VSSi	Si	52	G1	VSSOP	So
32	B10	VSSi	Si	53	N1	VSSOP	So
33	C17	VSSi	Si	54	U15	VSSOP	So
34	F2	VSSi	Si	55	U3	VSSOP	So
35	G17	VSSi	Si	56	U9	VSSOP	So
36	H1	VSSiarm	Si	57	H11	VSSOP	so
37	K1	VSSiarm	Si	58	G4	VDDalive	d12i
38	T1	VSSiarm	Si	59	J17	VDDalive	d12i
39	T2	VSSiarm	Si				

注：本表中引脚名称中英文字母的大小写是芯片手册中给出的。

表 6-2 是表 6-1 中 I/O 类型的说明。

表 6-2　I/O 类型的说明

I/O 类型	描 述 说 明
d12c（vdd12ih_core），si（vssih）	1.2V VDD/VSS for internal logic
d33o（vdd33oph），so（vssoph）	3.3V VDD/VSS for external logic
d33th（vdd33th_abb），sth（vssbbh_abb）	3.3V VDD/VSS for analog circuitry
d12c（vdd12t_abb），st（vssbb_abb）	1.2V VDD/VSS for analog circuitry
d12i	1.2V VDD for alive power

注：本表中英文字母的大小写是芯片手册中给出的。

6.2.2　S3C2440A 微处理器电源子系统的设计与实现

电子产品常用的电源是 5V，但 S3C2440A 微处理器的主要供电是 1.2V 和 3.3V，要产生这两种电源，首先必须熟悉相关转换器的专用芯片，如 AP2406ES5-ADJ、SGM2019 等的芯片结构。

1. AP2406ES5-ADJ

AP2406ES5-ADJ 是一个 1.5MHz 的恒定开关频率、斜坡补偿电流模式的脉宽调制降压转换器。该装置集成了一个主开关和一个同步整流器，不需要外部肖特基二极管即可实现高效率的电压转换。它非常适合为便携式设备供电。AP2406ES5-ADJ 可以提供 2.5～5.5V 输入电压的 600mA 负载电流，输出电压可调低至 0.6V。AP2406ES5-ADJ 还可在 100%工作循环下运行，以实现低电压降操作，延长便携式设备系统寿命。轻负载下的空闲模式操作可以为噪声敏感应用提供非常低的输出纹波电压。

AP2406ES5-ADJ 采用 5 针薄型（1mm 厚）SOT 封装，可调输出电压，固定输出电压为 1.2V、1.5V 和 1.8V。

（1）AP2406ES5-ADJ 特性

① 高效，效率高达 96%。

② 1.5MHz 恒定开关频率。

③ 在 V_{in}=3V 时可提供 600mA 输出电流。

④ 集成主开关和同步整流器，不需要肖特基二极管。

⑤ 2.5～5.5V 输入电压范围。

⑥ 输出电压低至 0.6V。

⑦ 退出时 100%占空比。

⑧ 低静态电流 300μA。

⑨ 斜坡补偿电流模式控制，实现卓越的线路和负载瞬间响应。

⑩ 短路保护。

⑪ 热故障保护。

⑫ 低于 1μA 关闭电流。

⑬ 节省空间的 5 针薄型 SOT 封装。

（2）AP2406ES5-ADJ 引脚说明

AP2406ES5-ADJ 引脚说明如表 6-3 所示。

表 6-3　AP2406ES5-ADJ 引脚说明

引 脚 编 号	名称	功 能 说 明
1	RUN	转换器启用控制输入。输入高于 1.5V 的电压时，转换器运行；输入低于 0.3V 时，转换器将关闭。转换器关闭时，所有功能均被禁用，电源电流低于 1μA。不要让此引脚悬空（即没有连接）
2	GND	地
3	SW	电源开关输出。这一个开关连接到电感上，该引脚连接到内部 P-CH 和 N-CH MOSFET 开关的输出
4	V_{in}	电源输入引脚。必须使用 2.2μF 或更大的陶瓷电容器与接地（针脚 2）紧密地隔断
5（可调输出）	VFB	VFB：反馈输入引脚。将 VFB 连接到外部电阻分压器的中心点，反馈阈值电压为 0.6V
5（固定输出）	V_{out}	V_{out}（1.5V/1.8V）：输出电压反馈引脚。内部电阻分压器将输出电压分压，与内部参考电压进行比较

（3）AP2406ES5-ADJ 封装形式

① 固定电压转换器。固定电压转换器的芯片电路图如图 6-4 所示。

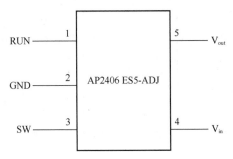

图 6-4　固定电压转换器的芯片电路图

固定电压转换器的参数说明如表 6-4 所示。

表 6-4　固定电压转换器的参数说明

部 件 编 号	上 面 印 字	温 度 范 围
AP2406ES5-1.5	A2XY	−40℃～+85℃
AP2406ES5-1.8	A3XY	−40℃～+85℃
AP2406ES5-1.2	A4XY	−40℃～+85℃

② 可调电压转换器。可调电压转换器的芯片电路图如图 6-5 所示。

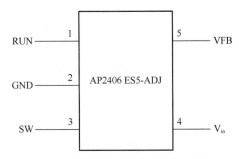

图 6-5　可调电压转换器的芯片电路图

可调电压转换器的参数说明如表 6-5 所示。

表 6-5　可调电压转换器的参数说明

部 件 编 号	上 面 印 字	温 度 范 围
AP2406ES-ADJ	A1XY	−40℃～+85℃

（4）内核部分电源电路

S3C2440A 微处理器芯片主要采用 1.2V 内核供电，内核供电电路的详细电路图如图 6-6 所示。

注意：VDD_CORE 电压为 1.2V，VDD_CORE 在 CPU 睡眠期间可以通过软件控制 PWR_EN 关闭，即可以用一个输出引脚来控制 RUN。

（5）数字部分电源电路

S3C2440A 微处理器芯片采用 3.3V 外部 I/O 供电，该电路的详细电路图如图 6-7 所示。

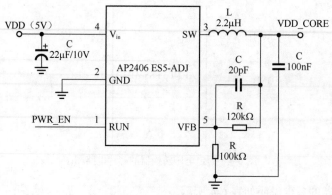

图 6-6　1.2V 内核供电电路图

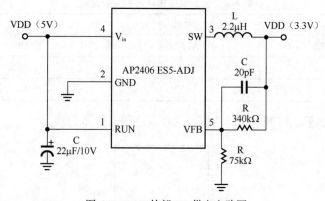

图 6-7　3.3V 外部 I/O 供电电路图

2. SGM2019

SGM2019 系列是低功耗、低噪声、250mA（AP2406ES5-ADJ 是 600mA）、射频线性转换器。

SGM2019 转换器可以给模拟电路部分、唤醒电路供电。SGM2019 系列的工作电压为 2.5～5.5V，输出高达 250mA。它是低电压、低功率应用的选择，低的接地电流使该器件对电池供电系统有很大的吸引力。SGM2019 系列也提供超低压差输出（250mA 输出时为 225mV），从而延长便携式电子设备的电池寿命。当系统需要一个安静的电压源时，如射频应用，就将受益于 SGM2019 系列的超低输出噪音（30μVrms）和高 PSRR。外部噪声旁路电容器连接到设备的 BP 针进一步降低了噪声。

（1）SGM2019 特性

① 低输出噪声。

② 低压差。

③ 热过载保护。

④ 输出电流限制。

⑤ 高 PSRR（1 kHz 时为 65dB）。

⑥ 10nA 逻辑控制停机。

⑦ 提供多种输出电压版本。

⑧ 固定输出为 0.9V、1.2V、1.3V、1.5V、1.8V、2.5V、2.7V、2.8V、2.85V、2.9V、3.0V、3.1V、3.2V、3.3V、3.6V、4.2V、5.0V。可调输出为 0.8～5.0V。

⑨ −40～85℃工作温度范围。

⑩ 无铅 SC70-4（R）、SC70-5 和 SOT23-5 包装，更加环保。

（2）SGM2019 引脚说明

SGM2019 引脚说明如表 6-6 所示。

表 6-6　SGM2019 引脚说明

引脚编号		名　称	功　　　能
SC70-5/SOT23-5	SC70-4		
1	4	V_{in}	转换器输入。电源电压可以在 2.5～5.5V，使用 1μF 电容接地
2	2	GND	地
3	1	EN	关断输入。该引脚为低电平时将电源电流降低到 10nA。正常工作时该引脚连接到 V_{in} 引脚。注：参见图 6-10、图 6-11
4	—	BP	参考噪声旁路（仅限固定电压版本）。旁路用低泄漏 0.01μF 陶瓷电容，降低输出噪声
4	—	FB	可调电压版本仅用于设置装置
5	3	V_{out}	转换器输出

（3）SGM2019 封装形式

SGM2019A 芯片型号有 SGM2019-0.9～SGM2019-5.0，其中 SGM2019-0.9 为 0.9V 输出，SGM2019-5.0 为 5.0V 输出。

SGM2019 可调输出的封装形式有两种：SC70-5、SOT23-5。SGM2019 固定输出的封装形式为 SC70-4。

SGM2019 可调输出封装形式图如图 6-8 所示。

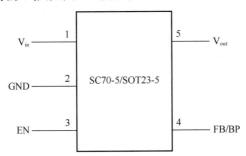

图 6-8　SGM2019 可调输出封装形式图

SGM2019 固定输出封装形式图如图 6-9 所示。

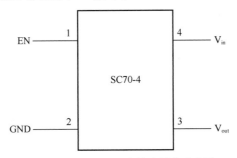

图 6-9　SGM2019 固定输出封装形式图

（4）模拟电路的部分电源电路

产生 3.3V 模拟电压的电路图如图 6-10 所示。

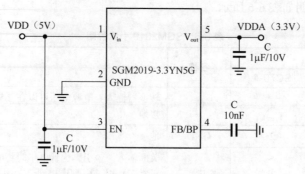

图 6-10　产生 3.3V 模拟电压的电路图

（5）唤醒电源电路

SGM2019 的唤醒电源是 1.2V，该电源产生的电路图如图 6-11 所示。

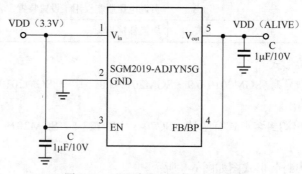

图 6-11　1.2V 唤醒电源产生的电路图

6.3　复位子系统

6.3.1　复位的概念及作用

计算机上电或按复位键后，系统产生一个复位（Reset）信号，这个复位信号使 CPU 的 PC（程序计数器）指向一个特定的值（不同的微处理器可能不一样），计算机系统就从这个 PC 所指的存储器中取指执行。因此在设计系统时将计算机的最初程序放在这个地址开始的地方，以保证计算机系统每次上电或复位时能正常启动。

1. 复位

复位是指让程序、电路等回到初始状态，重新开始运行的过程。

2. 复位分类

复位分为冷复位和热复位。

（1）冷复位就是断电后（电容存储的电荷要基本放光）重新上电的复位，程序从启动地址开始处执行，这时候内存中的所有数据丢失。由于计算机工作时要发热，断电后就会冷却，所以这时的复位叫"冷复位"。

（2）热复位就是没有断电，但复位引脚有复位信号（现在有的单片机、微处理器还可以软件复位），程序从启动地址开始处执行，这时候内存中的所有数据都还保持原来的状态（被运行程序修改的除外）。由于计算机一直处于工作状态，一直都在发热，所以这时的复位叫"热复位"。这种复位又分为以下 3 种。

① 上电复位。上电瞬间，电容充电电流最大，电容相当于短路，Reset 端为低电平，系统自动复位。当电容两端的电压达到电源电压时，电容充电电流为零，电容相当于开路，Reset 端为高电平，程序正常运行。微处理器有些是高电平复位，有些是低电平复位，两者电路有差异。

② 手动复位。系统正常工作中，当按下复位键时，Reset 直接与地相连，此时为低电平产生复位，同时电解电容被短路放电。当放开复位键时，电源对电容充电，在充电过程中，Reset 依然为低电平。当充电完成后，电容相当于开路，此时 Reset 为高电平，系统正常工作。

③ 软件复位。软件复位是通过 CPU 执行某条指令来复位，如计算机运行中同时按下键盘的"Ctrl + Alt + Delete"组合键可以让系统复位。

6.3.2　S3C2440A 微处理器复位引脚介绍

S3C2440A 微处理器的复位引脚编号为 H16，名称为"nRESET"，低电平有效，即低电平复位，其复位时序如图 6-12 所示。

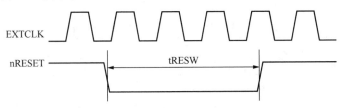

图 6-12　S3C2440A 微处理器 nRESET 复位时序图

tRESW 最少为 10 个 XTIpll 或 EXTCLK（参见 S3C2440A 微处理器数据手册时钟部分）。当 nRESET 信号变低时，S3C2440A 微处理器放弃执行指令，继续获取增加字地址的指令。当 nRESET 再次变高时，S3C2440A 微处理器执行如下操作。

（1）通过复制 PC 和 CPSR 的当前值来覆盖 R14_SVC 和 SPSR_SVC。保存的 PC 和 SPSR 的值没有定义。

（2）强制 M[4:0]到 10011（监控模式），设置 CPSR 的 I 位和 F 位，并清除 CPSR 的 T 位。

（3）强制 PC 从地址 0x00000000 中获取下一条指令。

（4）在 ARM 状态下恢复执行。

6.3.3　S3C2440A 微处理器复位电路的设计与实现

1. 简易上电复位电路

计算机系统中简易的复位电路图如图 6-13 所示。

该电路同时提供上电复位和按钮复位功能。

（1）这种电路的优点：电路简单，只需要 1 个电阻、1 个电容、1 个按键即可，成本低。

（2）这种电路的缺点：可靠性和稳定性较差。

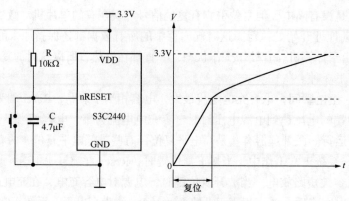

图 6-13　简易的复位电路图

2. 用专用复位电路芯片实现复位

专用复位电路芯片很多，如 MAX811/MAX812、IMP811T/IMP812 等。

（1）MAX811/MAX812 芯片。MAX811/MAX812 芯片引脚图如图 6-14 所示。

MAX811/MAX812 芯片引脚功能说明如表 6-7 所示。

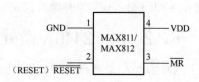

图 6-14　MAX811/MAX812 芯片引脚图

表 6-7　MAX811/MAX812 芯片引脚功能说明

引脚编号		名　称	功　能
MAX811	MAX812		
1	1	GND	地
2	—	$\overline{\text{RESET}}$	低电平有效复位输出。当 VDD 低于复位阈值电压或 $\overline{\text{MR}}$ 保持在较低电平时，$\overline{\text{RESET}}$ 保持低电平
—	2	RESET	高电平有效复位输出。当 VCC 低于复位阈值或 $\overline{\text{MR}}$ 保持在低电平时，RESET 保持高电平
3	3	$\overline{\text{MR}}$	手动复位输入。当 $\overline{\text{MR}}$ 为低电平时，$\overline{\text{RESET}}$ 为低电平，RESET 为高电平
4	4	VDD	+5V、+3.3V、+3V

复位电路如图 6-15 所示。

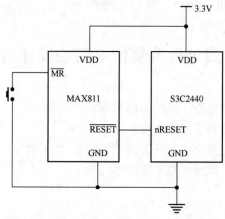

图 6-15　MAX811/MAX812 芯片复位电路图

（2）IMP811T/IMP812 芯片。IMP811T/IMP812 芯片是带手动复位的 4 脚μP 电压监测仪，有 6 个电压阈值，可用于支持 3～5V 系统，其阈值如表 6-8 所示。

表 6-8　IMP811T/IMP812 芯片复位门限

前缀（芯片编号的前缀）	复位门限电压（阈值）/V
L	4.63
M	4.38
J	4.00
T	3.08
S	2.93
R	2.63

IMP811T/ IMP812 芯片引脚图如图 6-16 所示。

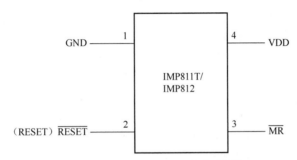

图 6-16　IMP811T/ IMP812 芯片引脚图

IMP811T/ IMP812 芯片复位定时和手工复位时序图如图 6-17 所示。

IMP811T/ IMP812 芯片引脚说明如表 6-9 所示。

表 6-9　IMP811T/ IMP812 芯片引脚说明

引 脚 编 号	引 脚 名 称	功　　能
1	GND	地
2（IMP811T）	$\overline{\text{RESET}}$（低电平有效）	如果 VDD 低于复位门限，则 $\overline{\text{RESET}}$ 输出低电平，并在复位条件移去后 $\overline{\text{RESET}}$ 输出低电平，且最少保持 140ms 的低电平。此外，只要手动复位是低电平，复位输出就是低电平
2（IMP812）	RESET（高电平有效）	如果 VDD 低于复位门限，则 RESET 输出高电平，并在复位条件移去后 RESET 输出高电平，且最少保持 140ms 的高电平。此外，只要手动复位是高电平，复位输出就是高电平
3	$\overline{\text{MR}}$（低电平有效）	手动复位输入。在 $\overline{\text{MR}}$ 上加逻辑低电平时 RESET 复位输出有效。只要 $\overline{\text{MR}}$ 是低电平，在 $\overline{\text{MR}}$ 返回高电平前保持 180ms，RESET 输出有效。低电平有效输入有一个内部 20kΩ上拉电阻，如果不使用，输入应保持打开状态。它可以由 TTL 或 CMOS 逻辑驱动或通过开关对地短路
4	VDD	电源输入电压（3.0V、3.3V、5.0V）

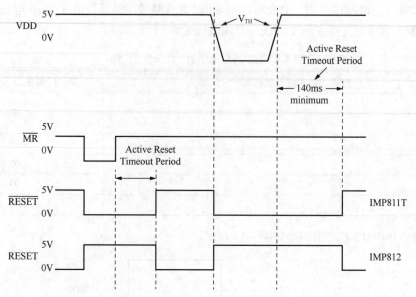

图 6-17　IMP811T/ IMP812 芯片复位定时和手工复位时序图

复位电路如图 6-18 所示。

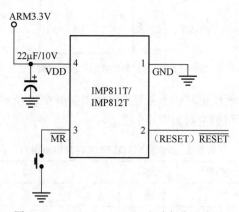

图 6-18　IMP811T/ IMP812 芯片复位电路图

6.4　时钟和功率管理子系统

微处理器的时钟和功率管理子系统（模块）决定了系统的工作效率和功耗，通常时钟频率越高，效率越高，但功耗也越高。

S3C2440A 微处理器的最大主频可达 400MHz。但是为了满足降低电磁干扰等要求，CPU 外接的时钟频率通常都是很低的。通常所使用的晶振为 12MHz，所以需要通过时钟控制逻辑的锁相环（PLL）来提高系统时钟频率。

时钟和功率管理子系统（模块）由 3 部分组成：时钟控制、USB 控制和功率控制。

S3C2440A 微处理器的时钟控制逻辑电路能够产生系统所需要的时钟，包括 CPU 的 FCLK、AHB 总线端口的 HCLK 和 APB 总线端口的 PCLK。

S3C2440A 微处理器有两个锁相环，一个用于 FCLK、HCLK、PCLK，另一个用于 USB 模块（48MHz）。由于时钟控制逻辑电路能够由软件控制，因此可以不将锁相环连接到各端口模块，以降低处理器时钟频率，从而降低功耗。

S3C2440A 微处理器有各种针对不同任务的最佳功率管理策略，时钟和功率管理子系统能够使系统工作在如下 4 种模式：正常模式、低速模式、空闲模式和掉电模式。

1. 正常模式

时钟和功率管理子系统向 CPU 和所有外部设备提供时钟。这种模式下，当所有外设都开启时，系统功率将达到最大。用户可以通过软件控制各种外设的打开和关闭。

2. 低速模式

没有接入锁相环的模式。与正常模式不同，低速模式直接使用外部时钟（XTIpll 或者 EXTCLK）作为 FCLK。这种模式下，功率仅由外部时钟决定。

3. 空闲模式

时钟和功率管理子系统关掉 FCLK，继续提供时钟给其他外设。空闲模式可以减少由 CPU 核心产生的功耗。任何中断请求都可以将 CPU 从中断模式唤醒。

4. 掉电模式

时钟和功率管理子系统断开内部电源，因此 CPU 和除唤醒逻辑单元以外的外设都不会产生功耗。要在掉电模式下工作需要有两个独立的电源，其中一个给唤醒逻辑单元供电，另一个给包括 CPU 在内的其他模块供电。在掉电模式下，第二个电源将被关掉。掉电模式可以由外设中断 EINT[15:0]或 RTC 唤醒。

6.4.1　S3C2440A 微处理器时钟和功率管理引脚介绍

S3C2440A 微处理器时钟和功率管理引脚说明如表 6-10 所示。

表 6-10　S3C2440A 微处理器时钟和功率管理引脚说明

引 脚 编 号	引 脚 名 称	I/O 类型
T13	OM3	is
P13	OM2	is
G14	XTIpll	m26
M14	Xtirtc	NC
G15	XTOpll	m26
L12	Xtortc	NC
H12	EXTCLK	is

I/O 类型及说明如下。

① m26。带使能和反馈电阻的振荡器单元。

② NC。不需要连接。

③ is。输入脚，LVCMOS 施密特触发器电平。

6.4.2　时钟源选择电路

外部时钟源分两种：晶振和外部频率。当系统复位时，在复位信号上升沿对引脚名称为 OM3（引脚编号为 T13）、OM2（引脚编号为 P13）进行采样，根据采样值来确定外部时钟源。

OM3:OM2 的值与时钟源的关系如表 6-11 所示。

表 6-11　OM3:OM2 的值与时钟源的关系

模式 OM[3:2]	MPLL 状态	UPLL 状态	主时钟源	USB 时钟源
00	On	On	晶振	晶振
01	On	On	晶振	外部时钟
10	On	On	外部时钟	晶振
11	On	On	外部时钟	外部时钟

6.4.3　时钟发生器

1. 时钟发生器

时钟发生器功能框图如图 6-19 所示。

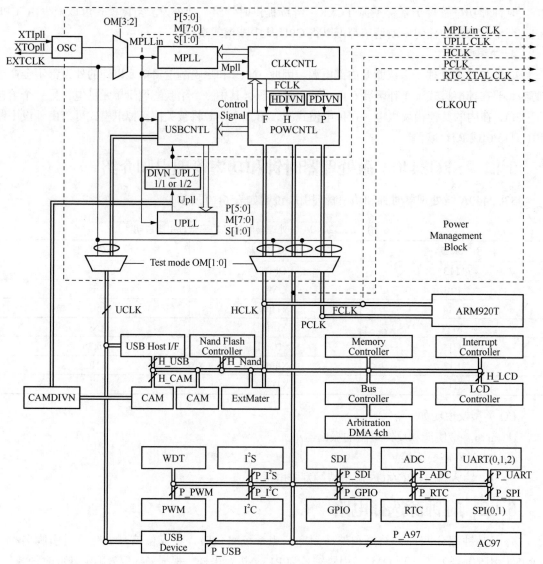

图 6-19　时钟发生器功能框图

2. 锁相环

锁相环（PLL）框图如图 6-20 所示。

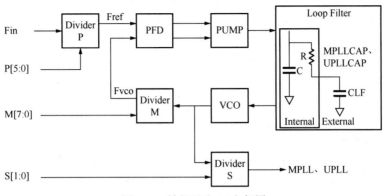

图 6-20　锁相环（PLL）框图

（1）$MPLL = (2^m \times Fin) / (p \times 2^s)$。

（2）$m = M$（分频器 M 的分频数值）$+ 8$。

（3）$p = P$（分频器 P 的分频数值）$+ 2$。

3. 时钟控制逻辑

时钟控制逻辑决定使用哪个时钟源，是锁相环时钟还是直接的外部时钟（XTIpll 或者 EXTCLK）。当锁相环被配置为一个新的频率值时，时钟控制逻辑在锁相环输出稳定之前禁止 FCLK，直到锁相环锁定系统时钟后取消禁止。时钟控制逻辑在打开电源时和从掉电模式中唤醒时起作用。

（1）上电重启。上电重启的时序图如图 6-21 所示。

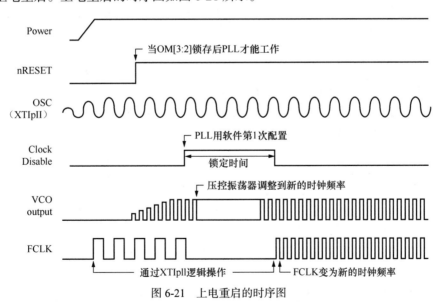

图 6-21　上电重启的时序图

（2）在普通操作模式下修改锁相环设置。通过设置 PMS 的值改变低速时钟时序图，如图 6-22 所示。

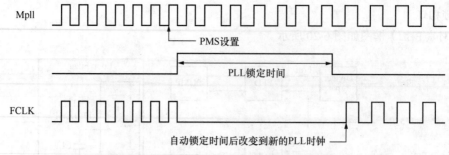

图 6-22 通过设置 PMS 的值改变低速时钟时序图

4. USB 模块控制

USB 主端口和 USB 驱动端口需要 48MHz 的时钟。在 S3C2440A 微处理器中，UPLL（USB dedicated PLL）为 USB 产生 48MHz 的时钟，在 UPLL 没有被设置之前 UCLK 不产生。不同条件下的 UCLK 和 UPLL 状态如表 6-12 所示。

表 6-12　不同条件下的 UCLK 和 UPLL 状态

条　件	UCLK 状态	UPLL 状态
重启之后	XTIpll 或者 EXTCLK	On
UPLL 配置之后	低电平：锁相环锁定时间 48MHz：锁相环锁定时间之后	On
CLKSLOW 寄存器关掉 UPLL	XTIpll 或者 EXTCLK	On
CLKSLOW 寄存器打开 UPLL	48MHz	On

5. FCLK、HCLK 和 PCLK

（1）FCLK 信号是 ARM920T 内核使用的时钟信号。

（2）HCLK 信号是 AHB 总线的时钟信号，在 ARM920T 内核、存储控制器、中断控制器、LCD 控制器、DMA 和 USB 主模块使用。

（3）PCLK 信号是 APB 总线的时钟信号，在外部设备中（如 WDT、IIS、I²C、PWM 定时器、MMC 端口、ADC、UART、GPIO、RTC 和 SPI）使用。

S3C2440A 微处理器在 FCLK、HCLK 和 PCLK 之间可以选择划分比率。比率由 CLKDIVN 控制寄存器的 HDIVN 和 PDIVN 决定，具体如表 6-13 所示。

表 6-13　FCLK、HCLK 和 PCLK 之间可以选择的划分比率

HDIVN	PDIVN	HCLK3_HALF/HCLK4_HALF	FCLK	HCLK	PCLK	划分比率
0	0	—	FCLK	FCLK	FCLK	1:1:1（缺省）
0	1	—	FCLK	FCLK	FCLK/2	1:1:2
1	0	—	FCLK	FCLK/2	FCLK/2	1:2:2
1	1	—	FCLK	FCLK/2	FCLK/4	1:2:4
3	0	0/0	FCLK	FCLK/3	FCLK/3	1:3:3
	1	0/0	FCLK	FCLK/3	FCLK/6	1:3:6
	0	1/0	FCLK	FCLK/6	FCLK/6	1:3:6
	1	1/0	FCLK	FCLK/6	FCLK/6	1:6:6

续表

HDIVN	PDIVN	HCLK3_HALF/HCLK4_HALF	FCLK	HCLK	PCLK	划分比率
2	0	0/0	FCLK	FCLK/4	FCLK/4	1:4:4
2	1	0/0	FCLK	FCLK/4	FCLK/8	1:4:8
2	0	0/1	FCLK	FCLK/8	FCLK/8	1:8:8
2	1	0/1	FCLK	FCLK/8	FCLK/16	1:8:16

在设置 PMS 的值之后，需要设置 CLKDIVN 寄存器的值，其会在锁相环锁定的时间后有效，在重启和改变电源管理模式之后也可以使用。

6. 功率管理

功率管理模块通过软件来控制系统模式，以降低 S3C2440A 微处理器的功耗。这些方案与锁相环、时钟控制逻辑和唤醒信号有关。图 6-23 所示为 S3C2440A 微处理器的时钟分布图。

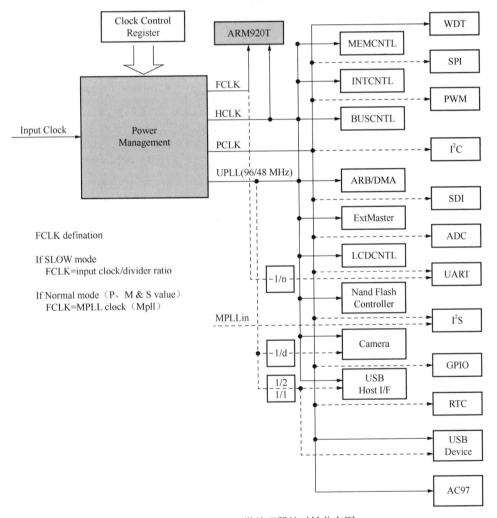

图 6-23　S3C2440A 微处理器的时钟分布图

S3C2440A 微处理器有 4 种电源模式，在 4 种模式之间切换是有限制的，有效的模式切换如图 6-24 所示。

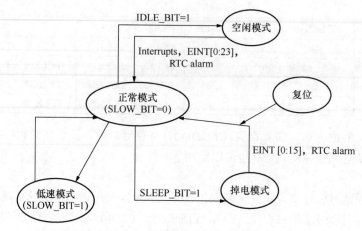

图 6-24　不同电源模式的切换图

不同电源模式下的时钟电源管理如表 6-14 所示。

表 6-14　不同电源模式下的时钟电源管理

模式	ARM920T	AHB Modules(1)/WDT	电源管理	GPIO	32.768kHz RTC 时钟	APB Modules(2)&USBH/LCD/NAND
正常模式	○	○	○	SEL	○	SEL
空闲模式	×	○	○	SEL	○	SEL
低速模式	○	○	○	SEL	○	SEL
掉电模式	OFF	OFF	等待唤醒事件	原状态	○	SEL

注：SEL 表示可选○或×，○表示使能，×表示禁止，OFF 表示电源关断。

（1）正常模式（NORMAL）。在正常模式下，所有的外设和基本模块都能完全正常工作，包括电源管理模块、CPU 核、总线控制器、寄存器控制器、中断控制器和 DMA。除基本模块外，可以通过使用 S/W（软件）对每一个外设时钟进行选择性的停止，以降低功耗。

（2）空闲模式（IDLE）。在空闲模式下，停止为 CPU 提供时钟信号，只对总线控制器、存储器控制器和电源管理等外设提供时钟。如果要退出空闲模式，则 EINT[23:0]或者 RTC 报警中断，或者其他的中断必须处于活动状态（如果想使用 EINT，则 GPIO 模块在启动前必须是开启的）。

（3）低速模式（SLOW）。低速模式是非锁相环模式。与正常模式不同的是，低速模式没有通过锁相环电路，而是直接使用了一个外部时钟（ETIpll 或者 EXTCLK）作为 FCLK 信号。在此模式中，电源的功耗仅取决于外部时钟的频率，将锁相环自身的耗电排除在外。在低速模式中由于没有锁相环自身部分的电源消耗，以及工作频率较低，从而降低了电源损耗。FCLK 是没有锁相环时将 FinN 等分后的时钟。分割的比率是由 CLKSLOW 和 CLKDIVN 控制寄存器中的 SLOW_VAL 决定的。表 6-15 列出了 SLOW 模式下 CLKSLOW 和 CLKDIVN 控制寄存器的设置。

表 6-15　SLOW 模式下 CLKSLOW 和 CLKDIVN 控制寄存器的设置

SLOW_VAL	FCLK	HCLK		PCLK		UCLK
		1/1 Option (HDIVN=0)	1/2 Option (HDIVN=1)	1/1 Option (PDIVN=0)	1/2 Option (PDIVN=1)	
000	EXTCLK 或 XTIpll/1	EXTCLK 或 XTIpll/1	EXTCLK 或 XTIpll/2	HCLK	HCLK/2	48MHz
001	EXTCLK 或 XTIpll/2	EXTCLK 或 XTIpll/2	EXTCLK 或 XTIpll/4	HCLK	HCLK/2	48MHz
010	EXTCLK 或 XTIpll/4	EXTCLK 或 XTIpll/4	EXTCLK 或 XTIpll/8	HCLK	HCLK/2	48MHz
011	EXTCLK 或 XTIpll/6	EXTCLK 或 XTIpll/6	EXTCLK 或 XTIpll/12	HCLK	HCLK/2	48MHz
100	EXTCLK 或 XTIpll/8	EXTCLK 或 XTIpll/8	EXTCLK 或 XTIpll/16	HCLK	HCLK/2	48MHz
101	EXTCLK 或 XTIpll/10	EXTCLK 或 XTIpll/10	EXTCLK 或 XTIpll/20	HCLK	HCLK/2	48MHz
110	EXTCLK 或 XTIpll/12	EXTCLK 或 XTIpll/12	EXTCLK 或 XTIpll/24	HCLK	HCLK/2	48MHz
111	EXTCL 或 XTIpll/14	EXTCLK 或 XTIpll/14	EXTCLK 或 XTIpll/28	HCLK	HCLK/2	48MHz

　　在低速模式中锁相环被关闭以降低锁相环的电源损耗。当锁相环在低速模式中被关闭并且用户将电源管理模式从低速模式改变为正常模式时，锁相环需要一段稳定时间（锁相环锁定）。锁相环稳定时间由内部逻辑电路通过锁定时间计数寄存器自动插入。在锁相环打开之后，所需的稳定时间为 150μs。在锁相环锁定的过程中，FCLK 是低速时钟。

　　（4）掉电模式（POWER_OFF）。在此模式下，断开了内部电源，所以 CPU 和内部逻辑没有电源消耗，除了在此模式下的唤醒逻辑模块。被激活的掉电模式需要两个独立的电源，一个为唤醒逻辑模块供电，另一个为除唤醒逻辑模块外的其他内部逻辑模块（包括 CPU）供电，并且被电源的开关控制。在掉电模式下，为 CPU 和内部逻辑模块供电的第二个电源将被关掉。退出掉电模式，可以通过 EINT[15:0]或者 RTC 报警中断发出。

　　进入掉电模式的过程如下。

　　① 设置 GPIO 配置。

　　② 在 INTMSK 寄存器中屏蔽所有中断。

　　③ 配置适当的唤醒源，包括 RTC 报警，为了使 SRCPND 和 EINTPEND 位置位，与唤醒源相关的 EINTMSK 位不必被屏蔽，尽管一个唤醒源被指定而且 EINTMSK 相关位被屏蔽，唤醒还是会发生，SRCPND 和 EINTPEND 位也不会置位。

　　④ 设置 USB 为中止模式（MISCCR[13:12]=11b）。

　　⑤ 将一些有用的值存入 GSTATUS3/4，这些寄存器在掉电模式下是被保持的。

　　⑥ 通过 MISCCR[1:0]将数据总线 D[31:0]的上拉电阻设置成打开。如果有外部总线保持器，如 74VCH162245，则关掉上拉电阻，否则打开上拉电阻。

　　⑦ 通过清除 LCDCON1.ENVID 位停止 LCD。

　　⑧ 读取 rREFRESH 和 rCLKCON 寄存器，并填入 TLB。

⑨ 通过设置 REFRESH[22]=1b，使 SDRAM 进入自动刷新模式。

⑩ 等待 SDRAM 自动刷新生效。

⑪ 通过设置 MISCCR[19:17]=111b，使 SDRAM 信号在掉电模式期间被保护起来（SCLK0、SCLK1、SCKE）。

⑫ 置位 CLKCON 寄存器的掉电模式位。

从掉电模式中唤醒的过程如下。

① 某个唤醒源生效时将产生一个内部复位信号。复位时间由一个内部 16 位计数器决定，此计数器的时钟如下。

tRST=（65535 / XTAL_frequency）

② 查询 GSTATUS[2]位，检查从掉电模式唤醒是否产生了一个 POWER_UP。

③ 通过将 MISCCR[19:17]设置为 000b，释放 SDRAM 信号保护。

④ 配置 SDRAM 控制器。

⑤ 等待 SDRAM 自动刷新完毕。大部分 SDRAM 需要所有的 SDRAM 执行周期。

⑥ GSTATUS3/4 的信息可以被用户使用，因为 GSTATUS3/4 的值已经在掉电模式下被保存了。

⑦ 对于 EINT[3:0]，检查 SRCPND 寄存器；对于 EINT[15:4]，检查 EINTPND 寄存器；对于 RTC 报警唤醒，检查 RTC 时间，因为在唤醒时 SRCPND 寄存器的 RTC 位不被置位。如果在掉电模式期间确定有 nBATT_FLT，SRCPND 寄存器的相关位会被置位。

6.4.4 时钟发生器和功率模块特殊寄存器

1. 锁定计数器寄存器

锁定计数器寄存器（LOCKTIME）地址信息如表 6-16 所示。

表 6-16　锁定计数器寄存器地址信息

寄　存　器	地　　　址	R/W	描　　　述	初　始　值
LOCKTIME	0X4C000000	R/W	锁相环锁定计数器寄存器	0X00FFFFFF

注意：所有寄存器的初始值即为上电复位后的值。

锁定计数器寄存器各位的描述如表 6-17 所示。

表 6-17　锁定计数器寄存器各位的描述

LOCKTIME	位	描　　　述	初　始　值
U_LTIME	[23:12]	用于 UCLK 的 UPLL 锁定计数器寄存器的值（U_LTIME>150μs）	0XFFF
M_LTIME	[11:0]	用于 FCLK、HCLK 和 PCLK 的 MPLL 锁定计数器寄存器的值（M_LTIME>150μs）	0XFFF

2. 锁相环控制寄存器

锁相环控制寄存器（MPLLCON/UPLLCON）地址信息如表 6-18 所示。

表 6-18　锁相环控制寄存器地址信息

寄　存　器	地　　　址	R/W	描　　　述	初　始　值
MPLLCON	0X4C000004	R/W	MPLL 配置寄存器	0X0005C080
UPLLCON	0X4C000008	R/W	UPLL 配置寄存器	0X00028080

锁相环控制寄存器各位的描述如表 6-19 所示。

表 6-19　锁相环控制寄存器各位的描述

MPLLCON/UPLLCON	位	描　述	初　始　值
MDIV	[19:12]	主分频器控制器	0X5C/0X28
PDIV	[9:4]	前分频器控制器	0X08/0X08
SDIV	[1:0]	后分频器控制器	0X0/0X0

注意：如果要同时设置 UPLL 和 MPLL，应该先设置 UPLL，然后设置 MPLL，且至少要间隔 7 个时钟周期。锁相环的选择如表 6-20 所示。

表 6-20　锁相环的选择

输 入 频 率	输 出 频 率	MDIV	PDIV	SDIV
12.00MHz	48.00MHz	56（0X38）	2	2
12.00MHz	96.00MHz	56（0X38）	2	1
12.00MHz	271.50MHz	173（0XAD）	2	2

注意：48MHz 用于 UPLLCON 寄存器。

可以根据公式设置锁相环的值，公式如下。

$$MPLL = (2^m \times Fin) / (p \times 2^s)$$

（1）$m = MDIV + 8$。

（2）$p = PDIV + 2$。

（3）$s = SDIV$。

3. 时钟控制寄存器

时钟控制寄存器（CLKCON）地址信息如表 6-21 所示。

表 6-21　时钟控制寄存器地址信息

寄 存 器	地　　址	R/W	描　述	初　始　值
CLKCON	0X4C00000C	R/W	时钟控制寄存器	0X7FFF0

时钟控制寄存器各位的描述如表 6-22 所示。

表 6-22　时钟控制寄存器各位的描述

CLKCON	位	描　述	初　始　值
AC97	[20]	控制进入 AC97 模块的 PCLK，0=禁止，1=使能	1
Camera	[19]	控制进入 Camera 模块的 PCLK，0=禁止，1=使能	1
SPI	[18]	控制进入 SPI 模块的 PCLK，0=禁止，1=使能	1
I²S	[17]	控制进入 I²S 模块的 PCLK，0=禁止，1=使能	1
I²C	[16]	控制进入 I²C 模块的 PCLK，0=禁止，1=使能	1
ADC(&Touch Screen)	[15]	控制进入 ADC 模块的 PCLK，0=禁止，1=使能	1
RTC	[14]	控制进入 RTC 模块的 PCLK，0=禁止，1=使能	1
GPIO	[13]	控制进入 GPIO 模块的 PCLK，0=禁止，1=使能	1
UART2	[12]	控制进入 UART2 模块的 PCLK，0=禁止，1=使能	1
UART1	[11]	控制进入 UART1 模块的 PCLK，0=禁止，1=使能	1

CLKCON	位	描 述	初 始 值
UART0	[10]	控制进入 UART0 模块的 PCLK，0=禁止，1=使能	1
SDI	[9]	控制进入 SDI 模块的 PCLK，0=禁止，1=使能	1
PWMTIMER	[8]	控制进入 PWMTIMER 模块的 PCLK，0=禁止，1=使能	1
USB Device	[7]	控制进入 USB Device 模块的 PCLK，0=禁止，1=使能	1
USB Host	[6]	控制进入 USB Host 模块的 PCLK，0=禁止，1=使能	1
LCDC	[5]	控制进入 LCDC 模块的 PCLK，0=禁止，1=使能	1
NAND Flash Controller	[4]	控制进入 NAND Flash Controller 模块的 PCLK，0=禁止，1=使能	1
SLEEP	[3]	控制进入睡眠模式，0=禁止，1=使能	0
IDLE BIT	[2]	控制进入空闲模式，0=禁止，1=使能	0
Reserved	[1:0]	保留	0

4. 低速时钟控制寄存器

低速时钟控制寄存器（CLKSLOW）地址信息如表 6-23 所示。

表 6-23　低速时钟控制寄存器地址信息

寄 存 器	地　址	R/W	描　述	初 始 值
CLKSLOW	0X4C000010	R/W	低速时钟控制寄存器	0X00000004

低速时钟控制寄存器各位的描述如表 6-24 所示。

表 6-24　低速时钟控制寄存器各位的描述

CLKSLOW	位	描　述	初 始 值
UCLK_ON	[7]	0：UCLK 开启；1：UCLK 关闭	0
Reserved	[6]	保留	—
MPLL_OFF	[5]	0：锁相环被打开，在锁相环稳定时间（最少 150μs）后，SLOW_BIT 能够被清零 1：锁相环被关闭，当 SLOW_BIT 为 1 时，锁相环被关闭	0
SLOW_BIT	[4]	0：FCLK=MPLL（MPLL 输出） 1：低速模式，FCLK=输入时钟/（2 X SLOW_VAL）（SLOW_VAL>0），FCLK=输入时钟（SLOW_VAL=0），输入时钟=XTIpll 或者 EXTCLK	0
Reserved	[3]	—	—
SLOW_VAL	[2:0]	当 SLOW_BIT 开启时，这 3 位低速模式的分频器数值	0X4

5. 时钟除数控制寄存器

时钟除数控制寄存器（CLKDIVN）地址信息如表 6-25 所示。

表 6-25　时钟除数控制寄存器地址信息

寄 存 器	地　址	R/W	描　述	初 始 值
CLKDIVN	0X4C000014	R/W	时钟除数控制寄存器	0

时钟除数控制寄存器各位的描述如表 6-26 所示。

表 6-26　时钟除数控制寄存器各位的描述

CLKDIVN	位	描　　　述	初　始　值
HDIVN1	[2]	所能得到的特殊总线时钟比率（1:4:4） 0：保留 1：HCLK 与 FCLK/4 具有相同的时钟，PCLK 与 FCLK/4 具有相同的时钟 备注：如果该位为 "0B1"，那么 HDIVN 与 PDIVN 必须被设置为 "0B0"	0
HDIVN	[1]	0：HCLK 和 FCLK 具有相同的时钟 1：HCLK 和 FCLK/2 具有相同的时钟	0
PDIVN	[0]	0：PCLK 和 HCLK 具有相同的时钟 1：PCLK 和 HCLK/2 具有相同的时钟	0

6.4.5　S3C2440A 微处理器时钟电路的设计与实现

根据表 6-11 的说明，图 6-25 所示为实际应用中时钟源选择电路连接框图。

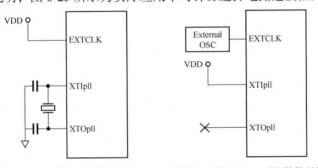

（a）X-TAL Oscillation（OM[3:2]=00）　　　（b）External Clock Source（OM[3:2]=11）

图 6-25　时钟源选择电路连接框图

注意：OM3、OM2 为 S3C2440A 微处理器芯片输入引脚。图 6-25（a）是 OM3、OM2 为低电平时的电路，这时的时钟源为晶振；图 6-25（b）是 OM3、OM2 为高电平时的电路，这时的时钟源为外部时钟。

图 6-26 所示为一个时钟的连接电路。

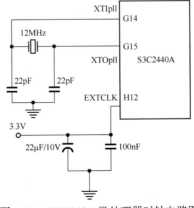

图 6-26　S3C2440A 微处理器时钟电路图

6.5 I/O 端口

处理器可通过 I/O 端口和外部硬件连接。ARM 芯片的 I/O 端口许多都是多功能复用的。要熟悉 ARM 芯片 I/O 端口的配置方法，就必须先熟悉 S3C2440A 微处理器芯片的 I/O 端口的功能配置和特殊功能寄存器的配置。

S3C2440A 微处理器有 132 个通用可编程多功能 I/O（输入/输出）引脚，可分为以下几类。

（1）端口 A（GPA）：25 位输出端口。

（2）端口 B（GPB）：11 位输入/输出端口。

（3）端口 C（GPC）：16 位输入/输出端口。

（4）端口 D（GPD）：16 位输入/输出端口。

（5）端口 E（GPE）：16 位输入/输出端口。

（6）端口 F（GPF）：8 位输入/输出端口。

（7）端口 G（GPG）：16 位输入/输出端口。

（8）端口 H（GPH）：11 位输入/输出端口。

（9）端口 J（GPJ）：13 位输入/输出端口。

这些端口许多都具有多功能性，可以通过引脚配置寄存器，将其设置为所需要的功能，如 I/O 功能、中断功能等。

每一个端口都可以通过软件设置来满足各种各样的系统设置和设计要求。每个端口的功能通常要在主程序开始前被定义。如果一个引脚的特殊功能没有使用，那么这个引脚可设置为 I/O 端口。在引脚配置之前，需要对引脚进行初始化设置，避免出现异常现象。

I/O 端口的各种功能是通过对端口各个寄存器进行设置来实现的，详细说明如下。

6.5.1 GPA 端口控制描述

1. GPA 端口的引脚及其功能

GPA 端口是 25 位输出端口，最高两位 GPA24、GPA23 保留，因此这两位没有引到芯片引脚上。具体描述及功能如表 6-27 所示。

表 6-27 GPA 端口的引脚及其功能说明

GPA	引脚编号	可选择的引脚功能		GPA	引脚编号	可选择的引脚功能	
GPA24	—	保留		GPA15	D3	输出	nGCS4
GPA23	—	保留		GPA14	C4	输出	nGCS3
GPA22	F4	输出	nFCE	GPA13	C3	输出	nGCS2
GPA21	N13	输出	nRSTOUT	GPA12	B2	输出	nGCS1
GPA20	E1	输出	nFRE	GPA11	D11	输出	ADDR26
GPA19	F3	输出	nFWE	GPA10	G10	输出	ADDR25
GPA18	D1	输出	ALE	GPA9	C11	输出	ADDR24
GPA17	F5	输出	CLE	GPA8	E10	输出	ADDR23
GPA16	C2	输出	nGCS5	GPA7	H10	输出	ADDR22

续表

GPA	引脚编号	可选择的引脚功能		GPA	引脚编号	可选择的引脚功能	
GPA6	C10	输出	ADDR21	GPA2	G9	输出	ADDR17
GPA5	D10	输出	ADDR20	GPA1	D9	输出	ADDR16
GPA4	H9	输出	ADDR19	GPA0	F10	输出	ADDR0
GPA3	F9	输出	ADDR18	—	—	—	—

2. GPA 寄存器（GPACON/GPADAT）

GPA 寄存器包括配置寄存器 GPACON 和数据寄存器 GPADAT，详细地址如表 6-28 所示。

表 6-28　GPA 寄存器地址

寄 存 器	地　　址	R/W	描　　述	初　始　值
GPACON	0X56000000	R/W	配置端口 A 的引脚	0X7FFFF
GPADAT	0X56000004	R/W	端口 A 数据寄存器	不确定
Reserved	0X56000008	—	保留	不确定
Reserved	0X5600000C	—	保留	不确定

注：每个寄存器预留 4 个地址。

GPACON 各位的描述如表 6-29 所示。

表 6-29　GPACON 各位的描述

GPACON	位	描　　述	GPACON	位	描　　述
GPA24	[24]	保留	GPA11	[11]	0 = 输出，1 = ADDR26
GPA23	[23]	保留	GPA10	[10]	0 = 输出，1 = ADDR25
GPA22	[22]	0 = 输出，1 = nFCE	GPA9	[9]	0 = 输出，1 = ADDR24
GPA21	[21]	0 = 输出，1 = nRSTOUT	GPA8	[8]	0 = 输出，1 = ADDR23
GPA20	[20]	0 = 输出，1 = nFRE	GPA7	[7]	0 = 输出，1 = ADDR22
GPA19	[19]	0 = 输出，1 = nFWE	GPA6	[6]	0 = 输出，1 = ADDR21
GPA18	[18]	0 = 输出，1 = ALE	GPA5	[5]	0 = 输出，1 = ADDR20
GPA17	[17]	0 = 输出，1 = CLE	GPA4	[4]	0 = 输出，1 = ADDR19
GPA16	[16]	0 = 输出，1 = nGCS[5]	GPA3	[3]	0 = 输出，1 = ADDR18
GPA15	[15]	0 = 输出，1 = nGCS[4]	GPA2	[2]	0 = 输出，1 = ADDR17
GPA14	[14]	0 = 输出，1 = nGCS[3]	GPA1	[1]	0 = 输出，1 = ADDR16
GPA13	[13]	0 = 输出，1 = nGCS[2]	GPA0	[0]	0 = 输出，1 = ADDR0
GPA12	[12]	0 = 输出，1 = nGCS[1]	—	—	—

注意：GPA21 信号电平取决于 VDDOP，其他引脚（GPA0～GPA20，GPA22～GPA24）取决于 VDDMOP。VDDOP 和 VDDMOP 的说明如表 6-30 所示。

表 6-30　VDDOP 和 VDDMOP 的说明

信　　号	输入/输出	说　　明
VDDOP	电源	S3C2440A I/O port VDD（3.3V）

信　号	输入/输出	说　明
VDDMOP	电源	S3C2440A memory I/O VDD 3.3V：SCLK up to 135 MHz 2.5V：SCLK up to 135 MHz 1.8V：SCLK up to 93 MHz

GPADAT 为准备输出的数据，其值为 23 位[22:0]。

注意：GPA 端口除作为特殊功能外，只能作为输出，不能作为输入。

① 当 GPA 端口引脚配置为非输出功能时，其输出无意义。

② 引脚输入没有意义。

GPA 数据寄存器 GPADAT 各位的描述如表 6-31 所示。

表 6-31　GPADAT 各位的描述

GPADAT	位	描　述
GPA[22:0]	[22:0]	当端口配置为输出端口时，对应引脚的状态和该位的值相同；当端口配置为特殊功能引脚时，各位的值将是一个不确定的值

6.5.2　GPB 端口控制描述

1. GPB 端口的引脚及其功能

GPB 是 11 位输入/输出端口，具体描述及功能如表 6-32 所示。

表 6-32　GPB 端口的引脚及其功能说明

GPB	引脚编号	可选择的引脚功能		GPB	引脚编号	可选择的引脚功能	
GPB10	K6	输入/输出	nXDREQ0	GPB4	K4	输入/输出	TCLK0
GPB9	L3	输入/输出	nXDACK0	GPB3	K3	输入/输出	TOUT3
GPB8	K5	输入/输出	nXDREQ1	GPB2	J7	输入/输出	TOUT2
GPB7	K7	输入/输出	nXDACK1	GPB1	J5	输入/输出	TOUT1
GPB6	L5	输入/输出	nXBREQ	GPB0	J6	输入/输出	TOUT0
GPB5	K2	输入/输出	nXBACK	—	—	—	—

2. GPB 寄存器（GPBCON、GPBDAT、GPBUP）

GPB 寄存器包括配置寄存器 GPBCON、数据寄存器 GPBDAT 和上拉寄存器 GPBUP，详细地址如表 6-33 所示。

表 6-33　GPB 寄存器地址

寄　存　器	地　址	R/W	描　述	初　始　值
GPBCON	0X56000010	R/W	配置端口 B 的引脚	0X0
GPBDAT	0X56000014	R/W	端口 B 数据寄存器	不确定
GPBUP	0X56000018	R/W	端口 B 上拉寄存器	0X0
Reserved	0X5600001C	—	保留	不确定

GPBCON 各位的描述如表 6-34 所示。

表 6-34　GPBCON 各位的描述

GPBCON	位	描　　　述
GPB10	[21:20]	00 = Input，01 = Output，10 = nXDREQ0，11 = 保留
GPB9	[19:18]	00 = Input，01 = Output，10 = nXDACK0，11 = 保留
GPB8	[17:16]	00 = Input，01 = Output，10 = nXDREQ1，11 = 保留
GPB7	[15:14]	00 = Input，01 = Output，10 = nXDACK1，11 = 保留
GPB6	[13:12]	00 = Input，01 = Output，10 = nXBREQ，11 = 保留
GPB5	[11:10]	00 = Input，01 = Output，10 = nXBACK，11 = 保留
GPB4	[9:8]	00 = Input，01 = Output，10 = TCLK [0]，11 = 保留
GPB3	[7:6]	00 = Input，01 = Output，10 = TOUT3，11 = 保留
GPB2	[5:4]	00 = Input，01 = Output，10 = TOUT2，11 = 保留
GPB1	[3:2]	00 = Input，01 = Output，10 = TOUT1，11 = 保留
GPB0	[1:0]	00 = Input，01 = Output，10 = TOUT0，11 = 保留

GPBDAT 为准备输出或输入的数据，其值为 11 位[10:0]。GPBUP 为 GPB 上拉寄存器，位 [10:0]有意义。

注意：当 GPB 引脚配置为非输入/输出功能时，其寄存器中的值没有意义。

数据寄存器 GPBDAT 各位的描述如表 6-35 所示。

表 6-35　GPBDAT 各位的描述

GPBDAT	位	描　　　述
GPB[10:0]	[10:0]	当端口配置为输入端口时，外部源的数据可以从对应引脚读入 当端口配置为输出端口时，写入寄存器的数据会被发送到对应的引脚上 当端口配置为特殊功能引脚时，各位的值将是一个不确定的值

上拉寄存器 GPBUP 各位的描述如表 6-36 所示。

表 6-36　GPBUP 各位的描述

GPBUP	位	描　　　述
GPB[10:0]	[10:0]	0：允许上拉电阻连接到对应引脚上 1：不允许上拉电阻连接到对应引脚上

6.5.3　GPC 端口控制描述

1. GPC 端口的引脚及其功能

GPC 是 16 位输入/输出端口，具体描述及功能如表 6-37 所示。

表 6-37　GPC 端口的引脚及其功能说明

GPC	引脚编号	可选择的引脚功能		GPC	引脚编号	可选择的引脚功能	
GPC15	P3	输入/输出	VD7	GPC11	R1	输入/输出	VD3
GPC14	M6	输入/输出	VD6	GPC10	N4	输入/输出	VD2
GPC13	P2	输入/输出	VD5	GPC9	L6	输入/输出	VD1
GPC12	N3	输入/输出	VD4	GPC8	N2	输入/输出	VD0

GPC	引脚编号	可选择的引脚功能		GPC	引脚编号	可选择的引脚功能	
GPC7	P1	输入/输出	LCD_LPCREVB	GPC3	L7	输入/输出	VFRAME
GPC6	M2	输入/输出	LCD_LPCREV	GPC2	M1	输入/输出	VLINE
GPC5	M3	输入/输出	LCD_LPCOE	GPC1	L4	输入/输出	VCLK
GPC4	M4	输入/输出	VM	GPC0	L1	输入/输出	LEND

2. GPC 寄存器（GPCCON、GPCDAT、GPCUP）

GPC 寄存器包括配置寄存器 GPCCON、数据寄存器 GPCDAT 和上拉寄存器 GPCUP，具体地址如表 6-38 所示。

表 6-38 GPC 寄存器地址

寄 存 器	地 址	R/W	描 述	初 始 值
GPCCON	0X56000020	R/W	配置端口 C 的引脚	0X0
GPCDAT	0X56000024	R/W	端口 C 数据寄存器	不确定
GPCUP	0X56000028	R/W	端口 C 上拉寄存器	0X0
Reserved	0X5600002C	—	保留	不确定

GPCCON 各位的描述如表 6-39 所示。

表 6-39 GPCCON 各位的描述

GPCCON	位	描 述
GPC15	[31:30]	00 = Input，01 = Output，10 = VD[7]，11 = 保留
GPC14	[29:28]	00 = Input，01 = Output，10 = VD[6]，11 = 保留
GPC13	[27:26]	00 = Input，01 = Output，10 = VD[5]，11 = 保留
GPC12	[25:24]	00 = Input，01 = Output，10 = VD[4]，11 = 保留
GPC11	[23:22]	00 = Input，01 = Output，10 = VD[3]，11 = 保留
GPC10	[21:20]	00 = Input，01 = Output，10 = VD[2]，11 = 保留
GPC9	[19:18]	00 = Input，01 = Output，10 = VD[1]，11 = 保留
GPC8	[17:16]	00 = Input，01 = Output，10 = VD[0]，11 = 保留
GPC7	[15:14]	00 = Input，01 = Output，10=LCD_LPCREVB，11 = 保留
GPC6	[13:12]	00 = Input，01 = Output，10 = LCD_LPCREV，11 = 保留
GPC5	[11:10]	00 = Input，01 = Output，10 = LCD_LPCOE，11 = 保留
GPC4	[9:8]	00 = Input，01 = Output，10 = VM，11 = I2SSDI
GPC3	[7:6]	00 = Input，01 = Output，10 = VFRAME，11 = 保留
GPC2	[5:4]	00 = Input，01 = Output，10 = VLINE，11 = 保留
GPC1	[3:2]	00 = Input，01 = Output，10 = VCLK，11 = 保留
GPC0	[1:0]	00 = Input，01 = Output，10 = LEND，11 = 保留

GPCDAT 为准备输出或输入的数据，其值为 16 位[15:0]。GPCUP 为 GPC 上拉寄存器，位 [15:0]有意义。

注意：当 GPC 引脚配置为非输入/输出功能时，其寄存器中的值没有意义。

数据寄存器 GPCDAT 各位的描述如表 6-40 所示。

表 6-40　数据寄存器 GPCDAT 各位的描述

GPCDAT	位	描　　述
GPC[15:0]	[15:0]	当端口配置为输入端口时，外部源的数据可以从对应引脚读入 当端口配置为输出端口时，写入寄存器的数据会被发送到对应的引脚上 当端口配置为特殊功能引脚时，如果读各位的值将是一个不确定的值

上拉寄存器 GPCUP 各位的描述如表 6-41 所示。

表 6-41　上拉寄存器 GPCUP 各位的描述

GPCUP	位	描　　述
GPC[10:0]	[15:0]	0：允许上拉电阻连接到对应引脚上 1：不允许上拉电阻连接到对应引脚上

6.5.4　GPD 端口控制描述

1. GPD 端口的引脚及其功能

GPD 端口是 16 位输入/输出端口，具体描述及功能如表 6-42 所示。

表 6-42　GPD 端口的引脚及其功能说明

GPD	引脚编号	可选择的引脚功能		
GPD15	U5	输入/输出	VD23	nSS0
GPD14	N7	输入/输出	VD22	nSS1
GPD13	R6	输入/输出	VD21	
GPD12	P6	输入/输出	VD20	
GPD11	T5	输入/输出	VD19	
GPD10	R5	输入/输出	VD18	SPICLK1
GPD9	T4	输入/输出	VD17	SPIMOSI1
GPD8	M7	输入/输出	VD16	SPIMISO1
GPD7	N6	输入/输出	VD15	
GPD6	P5	输入/输出	VD14	
GPD5	R4	输入/输出	VD13	
GPD4	P4	输入/输出	VD12	
GPD3	R3	输入/输出	VD11	
GPD2	N5	输入/输出	VD10	
GPD1	N7	输入/输出	VD9	
GPD0	R2	输入/输出	VD8	

2. GPD 寄存器（GPDCON、GPDDAT、GPDUP）

GPD 寄存器包括配置寄存器 GPDCON、数据寄存器 GPDDAT 和上拉寄存器 GPDUP，具体地址如表 6-43 所示。

表 6-43　GPD 寄存器地址

寄　存　器	地　　址	R/W	描　　述	初　始　值
GPDCON	0X56000030	R/W	配置端口 D 的引脚	0X0
GPDDAT	0X56000034	R/W	端口 D 数据寄存器	不确定
GPDUP	0X56000038	R/W	端口 D 上拉寄存器	0X0
Reserved	0X5600003C	—	保留	不确定

GPDCON 各位的描述如表 6-44 所示。

表 6-44　GPDCON 各位的描述

GPDCON	位	描　　述
GPD15	[31:30]	00 = Input, 01 = Output, 10 = VD[23], 11 = nSS0
GPD14	[29:28]	00 = Input, 01 = Output, 10 = VD[22], 11 = nSS1
GPD13	[27:26]	00 = Input, 01 = Output, 10 = VD[21], 11 = 保留
GPD12	[25:24]	00 = Input, 01 = Output, 10 = VD[20], 11 = 保留
GPD11	[23:22]	00 = Input, 01 = Output, 10 = VD[19], 11 = 保留
GPD10	[21:20]	00 = Input, 01 = Output, 10 = VD[18], 11 = SPICLK1
GPD9	[19:18]	00 = Input, 01 = Output, 10 = VD[17], 11 = SPIMOSI1
GPD8	[17:16]	00 = Input, 01 = Output, 10 = VD[16], 11 = SPIMISO1
GPD7	[15:14]	00 = Input, 01 = Output, 10 = VD[15], 11 = 保留
GPD6	[13:12]	00 = Input, 01 = Output, 10 = VD[14], 11 = 保留
GPD5	[11:10]	00 = Input, 01 = Output, 10 = VD[13], 11 = 保留
GPD4	[9:8]	00 = Input, 01 = Output, 10 = VD[12], 11 = 保留
GPD3	[7:6]	00 = Input, 01 = Output, 10 = VD[11], 11 = 保留
GPD2	[5:4]	00 = Input, 01 = Output, 10 = VD[10], 11 = 保留
GPD1	[3:2]	00 = Input, 01 = Output, 10 = VD[9], 11 = 保留
GPD0	[1:0]	00 = Input, 01 = Output, 10 = VD[8], 11 = 保留

GPDDAT 为准备输出或输入的数据，其值为 16 位[15:0]。GPDUP 为 GPD 上拉寄存器，位 [15:0]有意义。初始化时，位[15:12]无上拉功能，而位[11:0]有上拉功能。

注意：有上拉功能即有上拉电阻连接到对应引脚上。

注意：当 GPD 引脚配置为非输入/输出功能时，其寄存器中的值没有意义。

数据寄存器 GPDDAT 各位的描述如表 6-45 所示。

表 6-45　GPDDAT 各位的描述

GPDDAT	位	描　　述
GPD[15:0]	[15:0]	当端口配置为输入端口时，外部源的数据可以从对应引脚读入 当端口配置为输出端口时，写入寄存器的数据会被发送到对应的引脚上 当端口配置为功能引脚时，各位的值将是一个不确定的值

上拉寄存器 GPDUP 各位的描述如表 6-46 所示。

表 6-46　GPDUP 各位的描述

GPDUP	位	描　　述
GPD[10:0]	[15:0]	0：允许上拉电阻连接到对应引脚上 1：不允许上拉电阻连接到对应引脚上

6.5.5　GPE 端口控制描述

1. GPE 端口的引脚及其功能

GPE 端口是 16 位输入/输出端口，具体描述及功能如表 6-47 所示。

表 6-47　GPE 端口的引脚及其功能说明

GPE	引脚编号	可选择的引脚功能		
GPE15	M9	输入/输出	IICSDA	—
GPE14	U8	输入/输出	IICSCL	—
GPE13	L9	输入/输出	SPICLK0	—
GPE12	P9	输入/输出	SPIMOSI0	—
GPE11	K9	输入/输出	SPIMISO0	—
GPE10	J9	输入/输出	SDDAT3	—
GPE9	P8	输入/输出	SDDAT2	—
GPE8	M8	输入/输出	SDDAT1	—
GPE7	R8	输入/输出	SDDAT0	—
GPE6	K8	输入/输出	SDCMD	—
GPE5	N8	输入/输出	SDCLK	—
GPE4	U6	输入/输出	I2SSDO	AC_SDATA_OUT
GPE3	L8	输入/输出	I2SSDI	AC_SDATA_IN
GPE2	T7	输入/输出	CDCLK	AC_nRESET
GPE1	R7	输入/输出	I2SSCLK	AC_BIT_CLK
GPE0	P7	输入/输出	I2SLRCK	AC_SYNC

2. GPE 寄存器（GPECON、GPEDAT、GPEUP）

GPE 寄存器包括配置寄存器 GPECON、数据寄存器 GPEDAT 和上拉寄存器 GPEUP，具体地址如表 6-48 所示。

表 6-48　GPE 寄存器地址

寄　存　器	地　　址	R/W	描　　述	初　始　值
GPECON	0X56000040	R/W	配置端口 E 的引脚	0X0
GPEDAT	0X56000044	R/W	端口 E 数据寄存器	不确定
GPEUP	0X56000048	R/W	端口 E 上拉寄存器	0X0
Reserved	0X5600004C	—	保留	不确定

GPECON 各位的描述如表 6-49 所示。

表 6-49　GPECON 各位的描述

GPECON	位	描　述
GPE15	[31:30]	00 = Input，01 = Output，10 = IICSDA，11 = 保留，此引脚开路，无上拉电阻
GPE14	[29:28]	00 = Input，01 = Output，10 = IICSCL，11 = 保留，此引脚开路，无上拉电阻
GPE13	[27:26]	00 = Input，01 = Output，10 = SPICLK0，11 = 保留
GPE12	[25:24]	00 = Input，01 = Output，10 = SPIMOSI0，11 = 保留
GPE11	[23:22]	00 = Input，01 = Output，10 = SPIMISO0，11 = 保留
GPE10	[21:20]	00 = Input，01 = Output，10 = SDDAT3，11 = 保留
GPE9	[19:18]	00 = Input，01 = Output，10 = SDDAT2，11 = 保留
GPE8	[17:16]	00 = Input，01 = Output，10 = SDDAT1，11 = 保留
GPE7	[15:14]	00 = Input，01 = Output，10 = SDDAT0，11 = 保留
GPE6	[13:12]	00 = Input，01 = Output，10 = SDCMD，11 = 保留
GPE5	[11:10]	00 = Input，01 = Output，10 = SDCLK，11 = 保留
GPE4	[9:8]	00 = Input，01 = Output，10 = I2SSDO，11 = AC_SDATA_OUT
GPE3	[7:6]	00 = Input，01 = Output，10 = I2SSDI，11 = AC_SDATA_IN
GPE2	[5:4]	00 = Input，01 = Output，10 = CDCLK，11 = AC_nRESET
GPE1	[3:2]	00 = Input，01 = Output，10 = I2SSCLK，11 = AC_BIT_CLK
GPE0	[1:0]	00 = Input，01 = Output，10 = I2SLRCK，11 = AC_SYNC

GPEDAT 为准备输出或输入的数据，其值为 16 位[15:0]。GPEUP 为 GPE 上拉寄存器，位 [15:0]有意义。初始化时各个引脚都有上拉功能。

注意：当 GPE 引脚配置为非输入/输出功能时，其寄存器中的值没有意义。

数据寄存器 GPEDAT 各位的描述如表 6-50 所示。

表 6-50　GPEDAT 各位的描述

GPEDAT	位	描　述
GPE[15:0]	[15:0]	当端口配置为输入端口时，外部源的数据可以从对应引脚读入 当端口配置为输出端口时，写入寄存器的数据会被发送到对应的引脚上 当端口配置为功能引脚时，各位的值将是一个不确定的值

上拉寄存器 GPEUP 各位的描述如表 6-51 所示。

表 6-51　GPEUP 各位的描述

GPEUP	位	描　述
GPE[10:0]	[15:0]	0：允许上拉电阻连接到对应引脚上 1：不允许上拉电阻连接到对应引脚上

6.5.6　GPF 端口控制描述

1. GPF 端口的引脚及其功能

GPF 端口是 8 位输入/输出端口，具体描述及功能如表 6-52 所示。

表 6-52　GPF 端口的引脚及其功能说明

GPF	引脚编号	可选择的引脚功能		GPF	引脚编号	可选择的引脚功能	
GPF7	L16	输入/输出	EINT7	GPF3	M15	输入/输出	EINT3
GPF6	L15	输入/输出	EINT6	GPF2	L13	输入/输出	EINT2
GPF5	L14	输入/输出	EINT5	GPF1	M16	输入/输出	EINT1
GPF4	M17	输入/输出	EINT4	GPF0	N17	输入/输出	EINT0

2. GPF 寄存器（GPFCON、GPFDAT、GPFUP）

若将 GPF0～GPF7 用作 POWER_OFF 模式中的唤醒信号，那么必须要将其配置为外部中断（在中断模式中设置）。GPF 寄存器包括配置寄存器 GPFCON、数据寄存器 GPFDAT 和上拉寄存器 GPFUP，具体地址如表 6-53 所示。

表 6-53　GPF 寄存器地址

寄 存 器	地　　址	R/W	描　　述	初　始　值
GPFCON	0X56000050	R/W	配置端口 F 的引脚	0X0
GPFDAT	0X56000054	R/W	端口 F 数据寄存器	不确定
GPFUP	0X56000058	R/W	端口 F 上拉寄存器	0X0
Reserved	0X5600005C	—	—	—

GPFCON 各位的描述如表 6-54 所示。

表 6-54　GPFCON 各位的描述

GPFCON	位	描　　述
GPF7	[15:14]	00 = Input，01 = Output，10 = EINT[7]，11 = 保留
GPF6	[13:12]	00 = Input，01 = Output，10 = EINT[6]，11 = 保留
GPF5	[11:10]	00 = Input，01 = Output，10 = EINT[5]，11 = 保留
GPF4	[9:8]	00 = Input，01 = Output，10 = EINT[4]，11 = 保留
GPF3	[7:6]	00 = Input，01 = Output，10 = EINT[3]，11 = 保留
GPF2	[5:4]	00 = Input，01 = Output，10 = EINT2]，11 = 保留
GPF1	[3:2]	00 = Input，01 = Output，10 = EINT[1]，11 = 保留
GPF0	[1:0]	00 = Input，01 = Output，10 = EINT[0]，11 = 保留

GPFDAT 为准备输出或输入的数据，其值为 8 位[7:0]。GPFUP 为 GPF 上拉寄存器，位[7:0]有意义。初始化时各个引脚都有上拉功能。

注意：当 GPF 引脚配置为非输入/输出功能时，其寄存器中的值没有意义。

数据寄存器 GPFDAT 各位的描述如表 6-55 所示。

表 6-55　GPFDAT 各位的描述

GPFDAT	位	描　　述
GPF[7:0]	[7:0]	当端口配置为输入端口时，外部源的数据可以从对应引脚读入 当端口配置为输出端口时，写入寄存器的数据会被发送到对应的引脚上 当端口配置为功能引脚时，各位的值将是一个不确定的值

上拉寄存器 GPFUP 各位的描述如表 6-56 所示。

表 6-56　GPFUP 各位的描述

GPFUP	位	描　　述
GPF[7:0]	[7:0]	0：允许上拉电阻连接到对应引脚上 1：不允许上拉电阻连接到对应引脚上

6.5.7　GPG 端口控制描述

1．GPG 端口的引脚及其功能

GPG 端口是 16 位输入/输出端口，具体描述及功能如表 6-57 所示。

表 6-57　GPG 端口的引脚及其功能说明

GPG	引脚编号	可选择的引脚功能		
GPG15	U13	输入/输出	EINT23	
GPG14	L11	输入/输出	EINT22	
GPG13	T11	输入/输出	EINT21	
GPG12	M10	输入/输出	EINT20	
GPG11	U12	输入/输出	EINT19	TCLK1
GPG10	N10	输入/输出	EINT18	nCTS1
GPG9	M11	输入/输出	EINT17	nRTS1
GPG8	T10	输入/输出	EINT16	
GPG7	L10	输入/输出	EINT15	SPICLK1
GPG6	R11	输入/输出	EINT14	SPIMOSI1
GPG5	K10	输入/输出	EINT13	SPIMISO1
GPG4	P11	输入/输出	EINT12	LCD_PWREN
GPG3	R10	输入/输出	EINT11	nSS1
GPG2	J10	输入/输出	EINT10	nSS0
GPG1	T9	输入/输出	EINT9	—
GPG0	N9	输入/输出	EINT8	—

2．GPG 寄存器（GPGCON、GPGDAT、GPGUP）

若将 GPG0～GPG7 用作 POWER_OFF 模式中的唤醒信号，那么必须要将其配置为外部中断（在中断模式中设置）。GPG 寄存器包括配置寄存器 GPGCON、数据寄存器 GPGDAT 和上拉寄存器 GPGUP，具体地址如表 6-58 所示。

表 6-58　GPG 寄存器地址

寄　存　器	地　　址	R/W	描　　述	初　始　值
GPGCON	0X56000060	R/W	配置端口 G 的引脚	0X0
GPGDAT	0X56000064	R/W	端口 G 数据寄存器	不确定
GPGUP	0X56000068	R/W	端口 G 上拉寄存器	0X0
Reserved	0X5600006C	—	—	—

GPGCON 各位的描述如表 6-59 所示。

表 6-59　GPGCON 各位的描述

GPGCON	位	描　　述
GPG15[*]	[31:30]	00 = Input，01 = Output，10 = EINT[23]，11 = 保留
GPG14[*]	[29:28]	00 = Input，01 = Output，10 = EINT[22]，11 = 保留
GPG13[*]	[27:26]	00 = Input，01 = Output，10 = EINT[21]，11 = 保留
GPG12	[25:24]	00 = Input，01 = Output，10 = EINT[20]，11 = 保留
GPG11	[23:22]	00 = Input，01 = Output，10 = EINT[19]，11 = TCLK[1]
GPG10	[21:20]	00 = Input，01 = Output，10 = EINT[18]，11 = nCTS1
GPG9	[19:18]	00 = Input，01 = Output，10 = EINT[17]，11 = nRTS1
GPG8	[17:16]	00 = Input，01 = Output，10 = EINT[16]，11 = 保留
GPG7	[15:14]	00 = Input，01 = Output，10 = EINT[15]，11 = SPICLK1
GPG6	[13:12]	00 = Input，01 = Output，10 = EINT[14]，11 = SPIMOSI1
GPG5	[11:10]	00 = Input，01 = Output，10 = EINT[13]，11 = SPIMISO1
GPG4	[9:8]	00 = Input，01 = Output，10 = EINT[12]，11 = LCD_PWRDN
GPG3	[7:6]	00 = Input，01 = Output，10 = EINT[11]，11 = nSS1
GPG2	[5:4]	00 = Input，01 = Output，10 = EINT[10]，11 = nSS0
GPG1	[3:2]	00 = Input，01 = Output，10 = EINT[9]，11 = 保留
GPG0	[1:0]	00 = Input，01 = Output，10 = EINT[8]，11 = 保留

注：在 NAND 引导方式时，GPG[15:13]必须选择输入。

GPGDAT 为准备输出或输入的数据，其值为 16 位[15:0]。GPGUP 为 GPG 上拉寄存器，位 [15:0]有意义。初始化时[15:11]引脚无上拉功能，其他引脚有上拉功能（有上拉功能即有上拉电阻连接到对应引脚上）。

注意：当 GPG 引脚配置为非输入/输出功能时，其寄存器中的值没有意义。

数据寄存器 GPGDAT 各位的描述如表 6-60 所示。

表 6-60　GPGDAT 各位的描述

GPGDAT	位	描　　述
GPG[15:0]	[15:0]	当端口配置为输入端口时，外部源的数据可以从对应引脚读入 当端口配置为输出端口时，写入寄存器的数据会被发送到对应的引脚上 当端口配置为功能引脚时，各位的值将是一个不确定的值

上拉寄存器 GPGUP 各位的描述如表 6-61 所示。

表 6-61　GPGUP 各位的描述

GPGUP	位	描　　述
GPG[15:0]	[15:0]	0：允许上拉电阻连接到对应引脚上 1：不允许上拉电阻连接到对应引脚上

6.5.8 GPH 端口控制描述

1. GPH 端口的引脚及其功能

GPH 端口是 11 位输入/输出端口，具体描述及功能如表 6-62 所示。

表 6-62　GPH 端口的引脚及其功能说明

GPH	引脚编号	可选择的引脚功能		
GPH10	P10	输入/输出	CLKOUT1	
GPH9	R9	输入/输出	CLKOUT0	
GPH8	K15	输入/输出	UEXTCLK	
GPH7	J15	输入/输出	RXD2	nCTS1
GPH6	J11	输入/输出	TXD2	nRTS1
GPH5	K17	输入/输出	RXD1	
GPH4	K16	输入/输出	TXD1	
GPH3	K14	输入/输出	RXD0	
GPH2	K13	输入/输出	TXD0	
GPH1	L17	输入/输出	nRTS0	
GPH0	K11	输入/输出	nCTS0	

2. GPH 寄存器（GPHCON、GPHDAT、GPHUP）

GPH 寄存器包括配置寄存器 GPHCON、数据寄存器 GPHDAT 和上拉寄存器 GPHUP，具体地址如表 6-63 所示。

表 6-63　GPH 寄存器地址

寄存器	地址	R/W	描述	初始值
GPHCON	0X56000070	R/W	配置端口 H 的引脚	0X0
GPHDAT	0X56000074	R/W	端口 H 数据寄存器	不确定
GPHUP	0X56000078	R/W	端口 H 上拉寄存器	0X0
Reserved	0X5600007C	—	—	—

GPHCON 各位的描述如表 6-64 所示。

表 6-64　GPHCON 各位的描述

GPHCON	位	描述
GPH10	[21:20]	00 = Input，01 = Output，10 = CLKOUT1，11 = 保留
GPH9	[19:18]	00 = Input，01 = Output，10 = CLKOUT0，11 = 保留
GPH8	[17:16]	00 = Input，01 = Output，10 = UEXTCLK，11 = 保留
GPH7	[15:14]	00 = Input，01 = Output，10 = RXD[2]，11 = nCTS1
GPH6	[13:12]	00 = Input，01 = Output，10 = TXD[2]，11 = nRTS1
GPH5	[11:10]	00 = Input，01 = Output，10 = RXD[1]，11 = 保留
GPH4	[9:8]	00 = Input，01 = Output，10 = TXD[1]，11 = 保留

GPHCON	位	描　　述
GPH3	[7:6]	00 = Input，01 = Output，10 = RXD[0]，11 = 保留
GPH2	[5:4]	00 = Input，01 = Output，10 = TXD[0]，11 = 保留
GPH1	[3:2]	00 = Input，01 = Output，10 = nRTS0，11 = 保留
GPH0	[1:0]	00 = Input，01 = Output，10 = nCTS0，11 = 保留

　　GPHDAT 为准备输出或输入的数据，其值为 11 位[10:0]。GPHUP 为 GPH 上拉寄存器，位 [10:0]有意义。

　　注意：当 GPH 引脚配置为非输入/输出功能时，其寄存器中的值没有意义。

　　数据寄存器 GPHDAT 各位的描述如表 6-65 所示。

表 6-65　GPHDAT 各位的描述

GPHDAT	位	描　　述
GPH[10:0]	[10:0]	当端口配置为输入端口时，外部源的数据可以从对应引脚读入 当端口配置为输出端口时，写入寄存器的数据会被发送到对应的引脚上 当端口配置为功能引脚时，各位的值将是一个不确定的值

　　上拉寄存器 GPHUP 各位的描述如表 6-66 所示。

表 6-66　GPHUP 各位的描述

GPHUP	位	描　　述
GPH[10:0]	[10:0]	0：允许上拉电阻连接到对应引脚上 1：不允许上拉电阻连接到对应引脚上

6.5.9　GPJ 端口控制描述

1. GPJ 端口的引脚及其功能

　　GPJ 端口是 13 位输入/输出端口，具体描述及功能如表 6-67 所示。

表 6-67　GPJ 端口的引脚及其功能说明

GPJ	引脚编号	可选择的引脚功能		GPJ	引脚编号	可选择的引脚功能	
GPJ12	J4	输入/输出	CAMRESET	GPJ5	H7	输入/输出	CAMDATA5
GPJ11	J3	输入/输出	CAMCLKOUT	GPJ4	H3	输入/输出	CAMDATA4
GPJ10	G2	输入/输出	CAMHREF	GPJ3	H4	输入/输出	CAMDATA3
GPJ9	G7	输入/输出	CAMVSYNC	GPJ2	H5	输入/输出	CAMDATA2
GPJ8	G5	输入/输出	CAMPCLK	GPJ1	G3	输入/输出	CAMDATA1
GPJ7	H2	输入/输出	CAMDATA7	GPJ0	H6	输入/输出	CAMDATA0
GPJ6	J8	输入/输出	CAMDATA6	—	—	—	—

2. GPJ 寄存器（GPJCON、GPJDAT、GPJUP）

　　GPJ 寄存器包括配置寄存器 GPJCON、数据寄存器 GPJDAT 和上拉寄存器 GPJUP，具体地址如表 6-68 所示。

表 6-68　GPJ 寄存器地址

寄　存　器	地　　　址	R/W	描　　　　　述	初　始　值
GPJCON	0X560000D0	R/W	配置端口 J 的引脚	0X0
GPJDAT	0X560000D4	R/W	端口 J 数据寄存器	不确定
GPJUP	0X560000D8	R/W	端口 J 上拉寄存器	0X0
Reserved	0X560000DC	—	—	—

GPJCON 各位的描述如表 6-69 所示。

表 6-69　GPJCON 各位的描述

GPJCON	位	描　　　　　述
GPJ12	[25:24]	00 = Input，01 = Output，10 = CAMRESET，11 = 保留
GPJ11	[23:22]	00 = Input，01 = Output，10 = CAMCLKOUT，11 = 保留
GPJ10	[21:20]	00 = Input，01 = Output，10 = CAMHREF，11 = 保留
GPJ9	[19:18]	00 = Input，01 = Output，10 = CAMVSYNC，11 = 保留
GPJ8	[17:16]	00 = Input，01 = Output，10 = CAMPCLK，11 = 保留
GPJ7	[15:14]	00 = Input，01 = Output，10 = CAMDATA[7]，11 = 保留
GPJ6	[13:12]	00 = Input，01 = Output，10 = CAMDATA[6]，11 = 保留
GPJ5	[11:10]	00 = Input，01 = Output，10 = CAMDATA[5]，11 = 保留
GPJ4	[9:8]	00 = Input，01 = Output，10 = CAMDATA[4]，11 = 保留
GPJ3	[7:6]	00 = Input，01 = Output，10 = CAMDATA[3]，11 = 保留
GPJ2	[5:4]	00 = Input，01 = Output，10 = CAMDATA[2]，11 = 保留
GPJ1	[3:2]	00 = Input，01 = Output，10 = CAMDATA[1]，11 = 保留
GPJ0	[1:0]	00 = Input，01 = Output，10 = CAMDATA[0]，11 = 保留

数据寄存器 GPJDAT 各位的描述如表 6-70 所示。

表 6-70　GPJDAT 各位的描述

GPJDAT	位	描述
GPJ[12:0]	[12:0]	当端口配置为输入端口时，外部源的数据可以从对应引脚读入 当端口配置为输出端口时，写入寄存器的数据会被发送到对应的引脚上 当端口配置为功能引脚时，各位的值将是一个不确定的值

上拉寄存器 GPJUP 各位的描述如表 6-71 所示。

表 6-71　GPJUP 各位的描述

GPJUP	位	描　　　述
GPJ[12:0]	[12:0]	0：允许上拉电阻连接到对应引脚上 1：不允许上拉电阻连接到对应引脚上

6.5.10　上拉电阻/下拉电阻

在本节里许多端口都有一个上拉电阻，那该电阻的作用是什么？下面就详细讲解上拉电阻/

下拉电阻。

上拉就是将不确定的信号通过一个电阻钳位在高电平，电阻同时起限流作用。下拉同理，是将不确定的信号通过一个电阻钳位在低电平。上拉是对器件输入电流，下拉是输出电流。强弱只是因为上拉/下拉电阻的阻值不同，没有严格区分。非集电极（或漏极）开路输出型电路（如普通门电路）提供电流和电压的能力是有限的，上拉电阻主要是为集电极开路输出型电路提供输出电流通道。

1. 工作原理

在上拉电阻所连接的导线上，如果外部组件未启用，上拉电阻"微弱地"将输入电压信号"拉高"。当外部组件未连接时，对输入端来说，外部"看上去"就是高阻抗，通过上拉电阻可以将输入端口处的电压拉高到高电平。如果外部组件启用，它将取消上拉电阻所设置的高电平，上拉电阻可以使引脚在未连接外部组件的时候也能保持确定的逻辑电平。

上拉电阻与下拉电阻的电路分别如图 6-27 和图 6-28 所示。

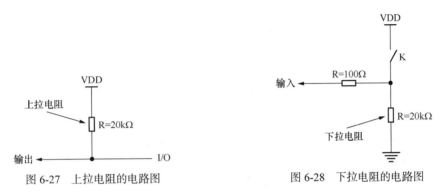

图 6-27　上拉电阻的电路图　　　　　图 6-28　下拉电阻的电路图

2. 作用

（1）当 TTL 电路驱动 CMOS 电路时，如果 TTL 电路输出的高电平低于 CMOS 电路的最低高电平（一般为 3.5V），这时就需要在 TTL 电路的输出端接上拉电阻，以提高 TTL 电路输出的高电平值。

（2）OC 门（集电极开路门）电路必须使用上拉电阻，以提高输出的高电平值。

（3）为增强输出引脚的驱动能力，有的单片机引脚上也使用上拉电阻。

（4）在 CMOS 芯片上，为了防止静电造成损坏，不用的引脚不能悬空，一般接上拉电阻以降低输入阻抗，提供泄荷通路。

（5）芯片的引脚加上拉电阻可提高输出电平，从而提高芯片输入信号的噪音容限，增强抗干扰能力。

（6）加上拉电阻、下拉电阻可提高总线的抗电磁干扰能力，引脚悬空比较容易受外界的电磁干扰。

（7）长线传输中电阻不匹配容易引起反射波干扰，加上拉电阻、下拉电阻可使电阻匹配，从而有效抑制反射波干扰。

3. 缺点

上拉电阻的缺点是当电流流经时其将消耗额外的能量，并且可能会引起输出电平的延迟。某些逻辑芯片对经过上拉电阻引入的电源供应瞬间状态较为敏感，这样就迫使为上拉电阻配置独立的、带有滤波的电压源。

6.6 简单应用实例

1. 声光报警应用

在实际应用中，为了产生声音、灯光报警，常常使用蜂鸣器、指示灯，这时就需要用到输出端口。S3C2440A 微处理器的端口许多都是多功能的，因此在使用时可以将其初始化为输出功能，这里假设用 GPB0 和 GPB1 来控制蜂鸣器和指示灯。

2. 声光报警应用电路图

电路图如图 6-29 所示。

注意：GPB0 输出低电平时，蜂鸣器响；GPB1 输出低电平时，指示灯发光。为了产生类似警笛声和闪光的输出，GPB0 和 GPB1 要交替输出 0 和 1。为简化编程，中间的间隔用延迟子程序实现。

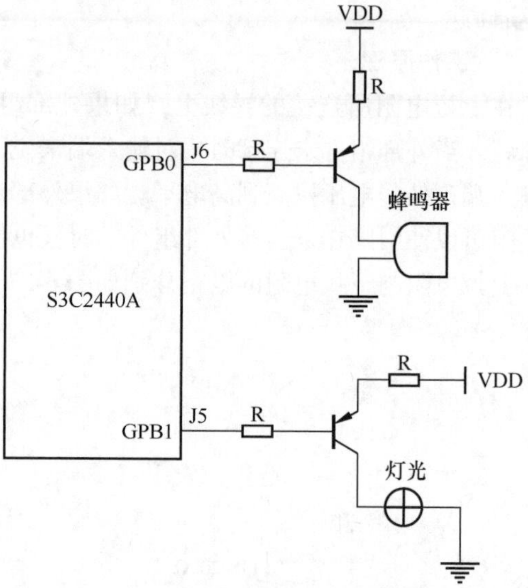

3. 涉及寄存器及操作

此应用涉及的寄存器如下。

（1）端口 B 配置寄存器 GPBCON（0x56000010）。

（2）端口 B 数据寄存器 GPBDAT（0x56000014）。

（3）端口 B 上拉寄存器 GPBUP（0x0x56000018），此处可以不操作。

GPBCON 各位的描述如表 6-34 所示。

根据表 6-34 得知，GPB0 和 GPB1 要配置为输出端口，即"01"，具体值如下。

图 6-29　声光报警应用电路图

```
GPBCON（0x56000010）=0XFFFFFFF5;   //0X 为十六进制
GPBDAT（0x0x56000014）=0XFFFFFFFC~ 0XFFFFFFFF;   //0X 为十六进制
```

4. 用 ARM 汇编语言实现的程序

```
        AREA LARM, CODE, READONLY    ;只读的代码段
        ENTRY                        ;程序入口点
 start  LDR R0,= 0x56000010          ;GPB0 和 GPB1 编程为输出口
        LDR R1,=0XFFFFFFF5
        STR R1,[R0]
        LDR R0,= 0x56000014          ;GPB0 和 GPB1 输出口 0
 LOOP   LDR R1,=0XFFFFFFFC
        STR   R1,[R0]
        BL delay                     ;调用延迟子程序
        LDR R1,=0XFFFFFFFF           ;GPB0 和 GPB1 输出口 1
        STR   R1,[R0]
        BL delay
        B  LOOP
 delay  LDR R2,=0X0000FFFF           ;延迟子程序
```

```
delay1  MOV R3,R3
        SUBS R2,R2,#1
        BNE   delay1
        MOV PC,LR
        END
```

5. 用 C 语言实现的程序

```c
#define GPACON (*((volatile unsigned int  *)0x56000010))
#define GPADAT (*((volatile unsigned int  *)0x56000014))
/******************延迟程序***********/
void  delayns(int dly)
{
      int  i;
      for (; dly>0; dly --)
          for(i=0; i<5000;i++);
}
/*** 蜂鸣程序 **/
int main(void)
{
    GPACON = 0XFFFFFFF5;  //输出
    while (1)
    {
       GPADAT = 0XFFFFFFFC;
       delayns(10);
       GPADAT = 0XFFFFFFFF;
       delayns(10);
    }
     return(0);
}
```

思　考　题

1. 电路设计中为何要将数字部分电源和模拟部分电源分开。
2. 现代计算机系统中复位有几种？有何差异？
3. 嵌入式微处理器中为何要设置几种电源工作模式？
4. 在嵌入式底层编程中用汇编语言编程与用 C 语言编程有何差异？

第**7**章
S3C2440A 微处理器存储器部分及应用

本章内容主要包括存储器控制器及应用、NAND Flash 控制器及应用。

7.1 存储器控制器及应用

7.1.1 概述

S3C2440A 微处理器存储器控制器提供访问外部存储器所需要的存储器控制信号。S3C2440A 微处理器的存储器控制器有以下特性。

（1）小/大端选择（通过软件设置）。

（2）地址空间：每个 BANK 有 128MB，共有 1GB/8BANK。

（3）除 BANK0（只能是 16/32 位位宽）之外，其他 BANK 都具有可编程访问大小（即 8/16/32 位位宽）。

（4）总共有 8 个存储器 BANK，其中 6 个是 ROM、SRAM 等类型存储器 BANK，剩下 2 个可以为 ROM、SRAM、SDRAM 等类型存储器 BANK。

（5）7 个固定存储器 BANK 的起始地址。

（6）1 个 BANK 的起始地址是可调整的，并且 BANK 的大小是可编程的。

（7）所有存储器 BANK 的访问周期是可编程的。

（8）总线访问周期可以通过插入外部等待来延长。

（9）支持 SDRAM 的自动刷新和掉电模式。

图 7-1 为 S3C2440A 微处理器复位后的存储器图。表 7-1 为 BANK6 和 BANK7 的开始地址和结束地址。

表 7-1　BANK6 和 BANK7 的开始地址和结束地址

地址范围	BANK6		BANK7	
	开始地址	结束地址	开始地址	结束地址
2MB	0X30000000	0X301FFFFF	0X30200000	0X303FFFFF

续表

地址范围	BANK6		BANK7	
	开始地址	结束地址	开始地址	结束地址
4MB	0X30000000	0X303FFFFF	0X30400000	0X307FFFFF
8MB	0X30000000	0X307FFFFF	0X30800000	0X30FFFFFF
16MB	0X30000000	0X30FFFFFF	0X31000000	0X31FFFFFF
32MB	0X30000000	0X31FFFFFF	0X32000000	0X33FFFFFF
64MB	0X30000000	0X33FFFFFF	0X34000000	0X37FFFFFF
128MB	0X30000000	0X37FFFFFF	0X38000000	0X3FFFFFFF

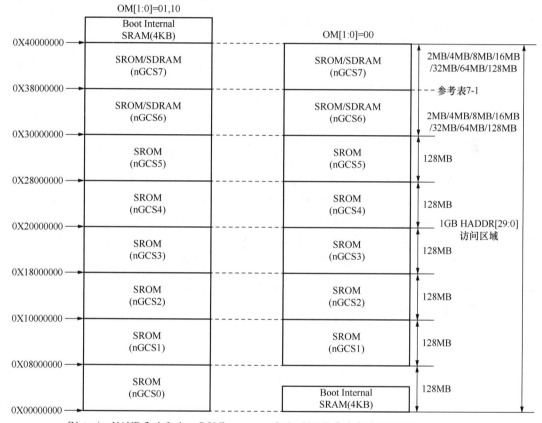

图 7-1　S3C2440A 微处理器复位后的存储器图

注意： BANK6 和 BANK7 必须是同样大小的存储器。

S3C2440A 微处理器芯片的性质决定了 SDRAM 类型的内存条只能焊接在 BANK6～BANK7 上，最大支持内存 256MB，即 0X30000000～0X3FFFFFFF。其中 BANK0～BANK5 可以焊接 ROM 或 SRAM 类型存储器，BANK6～BANK7 可以焊接 ROM、SRAM、SDRAM 类型存储器。也就是说，S3C2440A 微处理器的 SDRAM 内存应该焊接在 BANK6～BANK7 上，最大支持内存 256MB，BANK0～BANK5 通常焊接一些用于引导系统启动的小容量 ROM 类型存储器，具体焊接什么样的存储器、多大容量的存储器，根据每个开发板生产商不同而不同。如 MINI2440 开发板将 2MB 的 Nor Flash 焊接在了 BANK0 上，用于存放系统引导程序 BootLoader，将两片 32MB、16 位位宽的 SDRAM 内存焊接在 BANK6 和 BANK7 上，并联形成 64MB、32 位内存。

S3C2440A 微处理器使用的物理地址空间可以达到 4GB（由于有 32 位地址），其中前 1GB 的地址（也就是 0X00000000~0X40000000）为外设地址空间。还有一部分为 CPU 内部使用的特殊功能寄存器地址空间（地址范围为 0X48000000~0X5FFFFFFF），其余的地址空间没有使用。表 7-2 为某开发板的外设地址分配表。

表 7-2　某开发板的外设地址分配表

BANKX	外设名称	起始地址	结束地址	大小（Byte）	位宽
BANK0	Nor Flash	0X00000000	0X001FFFFF	2M	16
BANK1	IDE 端口命令块寄存器	0X08000000	0X0800000F	16	16
BANK2	IDE 端口控制块寄存器	0X10000000	0X1000000F	16	16
BANK3	10Mbit/s 网卡 CS8900A	0X19000000	0X190FFFFF	1M	16
BANK4	10/100Mbit/s 网卡 DM9000	—	—	—	16
BANK5	扩展串口 A	0X28000000	0X28000007	8	8
BANK5	扩展串口 B	0X29000000	0X29000007	8	8
BANK6	SDRAM	0X30000000	0X33FFFFFF	64M	32

S3C2440A 微处理器对外引出了 27 根地址线 ADDR0~ADDR26（也就是外设），它最多能够寻址 128MB，而 S3C2440A 微处理器的寻址空间可以达到 1GB，这是由于 S3C2440A 微处理器将 1GB 的地址空间分成了 8 个 BANK（BANK0~BANK7），其中每个 BANK 对应一根片选信号线（nGCS0~nGCS7 其中之一，片选信号线名称是厂家指定的，并且已引到芯片引脚上），当访问 BANKX 的时候，nGCSX 引脚电平拉低（X 为 0~7），用来选中外接设备，S3C2440A 微处理器通过 8 根片选信号线和 27 根地址线就可以访问 1GB 地址空间。

7.1.2　存储器类型

从图 7-1 中可知存储器类型有 SROM 和 SDRAM。SROM 类型存储器又分为 ROM 和 SRAM，下面对这几种存储器分别进行说明。

1. ROM

ROM（Read-Only Memory，只读存储器）是一种只能读取资料的存储器。在制造过程中，将资料以一特制光罩（Mask）烧录于电路中，其资料内容在写入后就不能更改，所以有时又称为"光罩式只读内存（Mask ROM）"。

2. SRAM

SRAM（Static Random-Access Memory，静态随机存取存储器）是随机存取存储器的一种。所谓的"静态"是指这种存储器只要保持上电，里面存储的数据就可以一直保持。与之对应的是 DRAM（Dynamic Random Access Memory，动态随机存取存储器），它里面所存储的数据需要周期性地刷新。但是，当断电后，SRAM 中存储的数据会消失（这个过程被称为"Volatile Memory"），这与在断电后还能存储资料的 ROM 或闪存是不同的。

3. SDRAM

SDRAM 即同步动态随机存取存储器（Synchronous Dynamic Random Access Memory）。同步是指内存工作需要同步时钟，内部命令的发送与数据的传输都以它为基准。动态是指存储阵列需要通过不断地刷新来保证数据不丢失。随机是指数据不是线性依次访问的，而是通过自由指定地址进行数据读写。

DRAM、SDRAM 和 SRAM 的区别主要是是否需要刷新电路和体积不同。详细区别如下。

（1）SRAM 不需要刷新电路就能保存它内部存储的数据，SDRAM 存储阵列需要通过不断地刷新来保证数据不丢失。DRAM 每隔一段时间要刷新充电一次，否则内部的数据就会丢失。因此 SRAM 具有较高的性能。

（2）SRAM 的集成度较低，相同容量的 DRAM 内存可以设计为较小的体积，而 SRAM 却需要设计为很大的体积，且功耗较大。

SDRAM 需要与 CPU 前端总线的系统时钟频率相同，并且内部命令的发送与数据的传输都以它为基准。SDRAM 是电容阵列，需要不断地充放电，通过不断刷新数据来保证数据不丢失，所以 SDRAM 有个重要参数是刷新频率。

可以把 SDRAM 想象成一个表格，若要写入某一个单元，则需指定行地址和列地址，如图 7-2 所示。整个由行列组成的块称之为"L-BANK"，大部分的 SDRAM 都是基于 4 个 L-BANK 设计的，也就是有 4 张这样的表格。寻址流程为先指定 L-BANK 的地址，再指定行地址，最后指定列地址，其中每个单元可以存放 8/16/32 位的数据。由图中可以看出，一共有 4 个分区，每一个

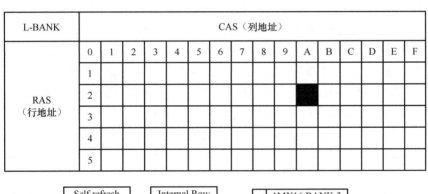

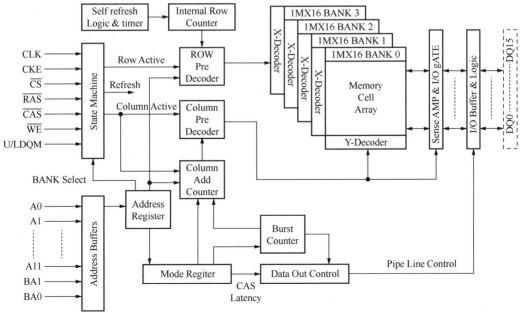

图 7-2　SDRAM 结构示意图

分区都是由行和列激活信号，并通过行和列的预解码实现行和列的锁定。其中地址缓存器赋予地址寄存器，用来产生行和列的预解码，模式寄存器用来控制写入的方式。状态机部分产生控制逻辑，功能和仲裁器一样。SDRAM的实施其实也是利用了DMA的原理，CPU只需给仲裁逻辑发送相应的指令，就会将数据从一个地方搬运到另一个地方。

SDRAM是多BANK结构，如在一个具有两个BANK的SDRAM的模组中，其中一个BANK在进行预充电期间，另一个BANK马上可以被读取，这样进行一次读取后，又马上去读取已经预充电BANK的数据时，就可以直接读取，这就大大提高了存储器的访问速度。为了实现这个功能，SDRAM需要增加对多个BANK的管理，控制其中的BANK进行预充电。在一个具有两个以上BANK的SDRAM中，一般会多一根叫"Ban"的引脚，用来实现在多个BANK之间的选择。

SDRAM具有多种工作模式，内部操作是一个复杂的状态机。SDRAM器件的引脚分为以下几类。

（1）控制信号引脚。包括片选、时钟、时钟使能、行列地址选择、读写有效及数据有效引脚。

（2）地址信号引脚。时分复用引脚，根据行列地址选择引脚，控制输入的地址为行地址或列地址。

（3）数据信号引脚。双向引脚，受数据是否有效控制。

SDRAM的所有操作都同步于时钟。根据时钟上升沿控制引脚和地址输入的状态，可以产生多种输入命令，如模式寄存器设置命令、激活命令、预充电命令、读命令、写命令、带预充电的读命令、带预充电的写命令、自动刷新命令、自刷新命令、突发停止命令、空操作命令。

根据输入命令，SDRAM状态在内部状态间转移。内部状态包括模式寄存器设置状态、激活状态、预充电状态、写状态、读状态、预充电读状态、预充电写状态、自动刷新状态及自刷新状态。

SDRAM支持的操作命令有行激活、预充电、自动预充电、猝发读、猝发写、自动刷新、自刷新、时钟和时钟屏蔽、DQM等。所有的操作命令通过控制线CS#、RAS#、CAS#、WE#和地址线、体选地址BA输入。下面分别介绍。

（1）行激活。行激活命令选择处于空闲状态存储体的任意一个行，使之进入准备读/写状态。从体激活到允许输入读/写命令的间隔时钟节拍数取决于内部特征延迟和时钟频率。如HY57V561620内部有4个存储体，为了减少器件门数，4个存储体之间的部分电路是公用的，因此它们不能同时被激活，而且从一个存储体的激活过渡到另一个存储体的激活也必须保证有一定的时间间隔。

（2）预充电。预充电命令用于对已激活的行进行预充电，即结束活动状态。预充电命令可以作用于单个存储体，也可以同时作用于所有的存储体（通过所有的存储体预充电命令）。对于猝发写操作，必须保证在写入预充电命令前写操作已经完成，并使用DQM禁止继续写入数据。预充电结束后回到空闲状态，也可以再次被激活，此时也可以输入进入低功耗、自动刷新、自刷新和模式设置等操作命令。预充电中重写的操作与刷新操作一样，只不过预充电不是定期的，只在读操作以后执行。因为读取操作会破坏内存中的电荷，所以内存不但要每64ms刷新一次，而且每次执行读操作之后还要再刷新一次。

（3）自动预充电。如果在猝发读或猝发写命令中，A10/AP位置为"1"，在读写操作完成后将自动附加一个预充电动作，操作结束活动状态，但在内部状态机回到空闲状态之前不能给器件发送新的操作命令。

（4）猝发读。猝发读命令允许某个存储体中的一行被激活后，连续读出若干个数据。第一个数据在经过指定的 CAS 延迟节拍后呈现在数据线上，以后每个时钟节拍都会读出一个新的数据。猝发读操作可以被同个存储体或不同个存储体的新的猝发读/写命令、同一个存储体的预充电命令及猝发停止命令中止。

（5）猝发写。猝发写命令与猝发读命令类似，允许某个存储体中的一行被激活后，连续写入若干个数据。第一个写数据与猝发写命令同时在数据线上给出，以后每个时钟节拍给出一个新的数据，输入缓冲在猝发数据量满足要求后停止接收数据。猝发写操作可以被猝发读/写命令、DQM 数据输入屏蔽命令、预充电命令及猝发停止命令中止。

（6）自动刷新。由于动态存储器的存储单元存在漏电现象，为了保证每个存储单元数据的正确性，HY57V561620 必须保证在 64ms 内对所有的存储单元刷新一遍。一个自动刷新周期只能刷新存储单元的一个行，每次执行刷新操作后内部刷新地址计数器自动加"1"。只有在所有存储体都空闲（因为 4 个存储体的对应行同时刷新）并且未处于低功耗模式时才能启动自动刷新操作，刷新操作执行期间只能输入空操作，刷新操作执行完毕后所有存储体都进入空闲状态。该器件可以每间隔 7.8μs 执行一次自动刷新命令，也可以在 64ms 内的某个时间段对所有单元集中刷新一遍。

（7）自刷新。自刷新是动态存储器的另一种刷新方式，通常用于在低功耗模式下保持 SDRAM 的数据。在自刷新方式下，SDRAM 禁止所有的内部时钟和输入缓冲（CKE 除外）。为了降低功耗，刷新地址和刷新时间全部由器件内部产生。一旦进入自刷新方式，只有通过 CKE 变低才能激活，其他的任何输入命令都不起作用。给出退出自刷新方式命令后必须保持一定节拍的空操作输入，以保证器件从自刷新方式退出。如果在正常工作期间采用集中式自动刷新方式，则在退出自刷新方式后必须进行一遍（对于 HY57V561620 来说，有 8192 个刷新循环）集中的自动刷新操作。

（8）时钟和时钟屏蔽。时钟信号是所有操作的同步信号，上升沿有效。时钟屏蔽信号 CKE 决定是否把时钟输入施加到内部电路。在读写操作期间，CKE 变低后的下一个节拍冻结输出状态和猝发地址，直到 CKE 变高为止。在所有存储体都处于空闲状态时，CKE 变低后的下一个节拍 SDRAM 进入低功耗模式，并一直保持到 CKE 变高为止。

（9）DQM。DQM 用于屏蔽输入/输出操作，对于输出相当于开门信号，对于输入相当于禁止把总线上的数据写入存储单元。对读操作 DQM 延迟两个时钟周期开始起作用，对写操作则是当前时钟有效。

7.1.3　存储器控制器简介

1. 存储器控制器有关信号

S3C2440A 微处理器存储器控制器有如表 7-3 所示的信号。

表 7-3　S3C2440A 微处理器存储器控制器信号

总线控制器		
引脚名称	输入/输出	说　明
OM[1:0]	输入	OM[1:0]用于将 S3C2440A 微处理器设置为 test 模式，仅用于制造。此外，它还确定 nGCS0 的总线宽度。上拉或下拉电阻确定复位周期中的逻辑级别。00：Nand-Boot；01：16 位；10：32 位；11：测试模式
ADDR[26:0]	输出	ADDR[26:0]（地址总线）用于输出相应的 BANK 内存地址

引脚名称	输入/输出	说　明
		总线控制器
DATA[31:0]	输入/输出	DATA[31:0]（数据总线）用于在内存读取过程中输入数据，在内存写入过程中输出数据。总线宽度可在 8/16/32 位之间进行编程设置
nGCS[7:0]	输出	nGCS[7:0]（常规芯片选择）表示当内存地址在每个 BANK 的地址区域内时相应的片选被激活。访问周期的数量和 BANK 大小可以编程设置
nWE	输出	nWE（写操作使能）表示当前总线周期是一个写入周期
nOE	输出	nOE（输出使能）表示当前总线周期是一个读取周期
nXBREQ	输入	nXBREQ（总线保留请求）允许另一个总线主机请求控制局部总线。BACK 激活表示已授予了总线控制
nXBACK	输出	nXBACK（总线保持确认）表示 S3C2440A 微处理器已把局部总线的控制权交给了另一个设备
nWAIT	输入	请求延长当前总线周期。只要 nWAIT 是 L，当前总线周期就无法完成
		SDRAM/SRAM
nSRAS	输出	SDRAM 行地址选通
nSCAS	输出	SDRAM 列地址选通
nSCS[1:0]	输出	选择 SDRAM 芯片
DQM[3:0]	输出	SDRAM 数据屏蔽
SCLK[1:0]	输出	SDRAM 时钟
SCKE	输出	SDRAM 时钟使能
nBE[3:0]	输出	启用上字节/下字节（如果是 16 位 SRAM）
nWBE[3:0]	输出	写字节使能
		NAND Flash
CLE	输出	命令锁存使能
ALE	输出	地址锁存使能
nFCE	输出	NAND Flash 芯片使能
nFRE	输出	NAND Flash 读操作使能
nFWE	输出	NAND Flash 写操作使能
NCON	输入	NAND Flash 配置（如果 NAND Flash 控制器没有使用，它应该被上拉到 VDDMOP）
FRnB	输入	NAND Flash 读/忙（如果 NAND Flash 控制器没有使用，它应该被上拉到 VDDMOP）

2．存储器控制器有关引脚

S3C2440A 微处理器存储器控制器有关引脚如表 7-4 所示。

表 7-4　S3C2440A 微处理器存储器控制器有关引脚

序号	引脚编号	引脚名称	I/O 类型	序号	引脚编号	引脚名称	I/O 类型
1	F7	ADDR0	t10s	3	B7	ADDR2	t10s
2	E7	ADDR1	t10s	4	F8	ADDR3	t10s

续表

序号	引脚编号	引脚名称	I/O 类型	序号	引脚编号	引脚名称	I/O 类型
5	C7	ADDR4	t10s	38	A17	DATA10	b12s
6	D8	ADDR5	t10s	39	C14	DATA11	b12s
7	E8	ADDR6	t10s	40	D15	DATA12	b12s
8	D7	ADDR7	t10s	41	C15	DATA13	b12s
9	G8	ADDR8	t10s	42	D14	DATA14	b12s
10	B8	ADDR9	t10s	43	B17	DATA15	b12s
11	A8	ADDR10	t10s	44	C16	DATA16	b12s
12	C8	ADDR11	t10s	45	E15	DATA17	b12s
13	B9	ADDR12	t10s	46	E14	DATA18	b12s
14	H8	ADDR13	t10s	47	E13	DATA19	b12s
15	E9	ADDR14	t10s	48	E12	DATA20	b12s
16	C9	ADDR15	t10s	49	E16	DATA21	b12s
17	D9	ADDR16	t10s	50	F15	DATA22	b12s
18	G9	ADDR17	t10s	51	G13	DATA23	b12s
19	F9	ADDR18	t10s	52	E17	DATA24	b12s
20	H9	ADDR19	t10s	53	G12	DATA25	b12s
21	D10	ADDR20	t10s	54	F14	DATA26	b12s
22	C10	ADDR21	t10s	55	F12	DATA27	b12s
23	H10	ADDR22	t10s	56	G11	DATA28	b12s
24	E10	ADDR23	t10s	57	G16	DATA29	b12s
25	C11	ADDR24	t10s	58	H13	DATA30	b12s
26	G10	ADDR25	t10s	59	F13	DATA31	b12s
27	D11	ADDR26	t10s	60	D4	nBE0	t10s
28	D12	DATA0	b12s	61	B5	Nbe1	t10s
29	C12	DATA1	b12s	62	D5	nBE2	t10s
30	E11	DATA2	b12s	63	E5	nBE3	t10s
31	A13	DATA3	b12s	64	A2	SCKE	t10s
32	F10	DATA4	b12s	65	B4	SCLK0	t12s
33	F11	DATA5	b12s	66	B3	SCLK1	t12s
34	C13	DATA6	b12s	67	C6	nSRAS	t10s
35	A14	DATA7	b12s	68	D6	nSCAS	t10s
36	D13	DATA8	b12s	69	D2	nGCS6	t10s
37	B15	DATA9	b12s	70	E6	nWE	t10s

表 7-4 中的 I/O 类型如表 7-5 所示。

表 7-5 I/O 类型

I/O 类型	说　明
t10s	Output PAD，LVCMOS，Tri-state，Output Drive Strenth Control，IO = 4、6、8、10mA
b12s	Bi-Directional PAD，LVCMOS，Schmitt-trigger，100 kΩ Pull-up Resistor with Control，Tri-state，Output Drive Strenth Control，IO = 6、8、10、12mA

3. 存储器控制器时序图

S3C2440A 微处理器外部 nWAIT 时序图（Tacc=4）如图 7-3 所示。

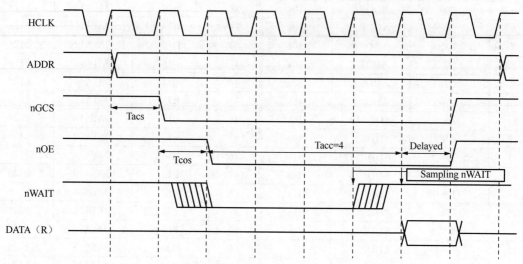

图 7-3　S3C2440A 微处理器外部 nWAIT 时序图（Tacc=4）

S3C2440A 微处理器 nXBREQ/nXBACK 时序图如图 7-4 所示。

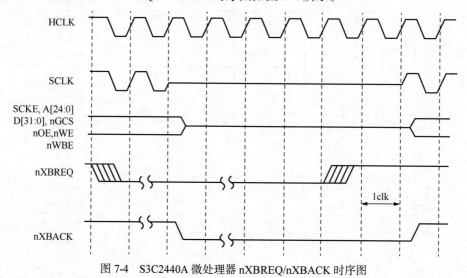

图 7-4　S3C2440A 微处理器 nXBREQ/nXBACK 时序图

7.1.4　存储器控制器功能描述

1. BANK0 总线宽度

BANK0 的数据总线（nGCS0）必须先设置成 16 位或 32 位，因为 BANK0 通常作为引导 ROM 区（映射到地址 0X00000000）。在复位时，系统将检测 OM[1:0]上的逻辑电平，并依据这个电平来决定 BANK0 区存储器的总线宽度，具体如表 7-6 所示。

表 7-6　BANK0 区存储器的总线宽度

OM1（操作模式 1）	OM0（操作模式 0）	引导 ROM 数据宽度
0	0	Nand Flash Mode

续表

OM1（操作模式 1）	OM0（操作模式 0）	引导 ROM 数据宽度
0	1	16 位
1	0	32 位
1	1	测试模式

2. 存储器（SROM/SDRAM）地址引脚的连接

在具体应用中，存储器芯片的地址和 CPU 的地址该如何连接？如果 CPU 的编址单位和存储器的编址单位是一致的，那就是 A0 连 A0、A1 连 A1 等。在 S3C2440A 微处理器中 CPU 的编址是以字节为单位的，存储器的编址可以为 8 位、16 位、32 位等，因此 S3C2440A 微处理器与存储器（SROM/SDRAM）地址引脚的连接方式由于数据宽度的不同而有所区别，表 7-7 为不同位宽的存储器连接。

表 7-7　不同位宽的存储器连接

存储器地址引脚	S3C2440A 微处理器地址/ 8 位数据总线	S3C2440A 微处理器地址/ 16 位数据总线	S3C2440A 微处理器地址/ 32 位数据总线
A0	A0	A1	A2
A1	A1	A2	A3
…	…	…	…

3. SDRAM BANK 地址引脚连接

要理解 SDRAM BANK 地址配置必须先了解其工作原理。

（1）逻辑 BANK 与芯片位宽。SDRAM 的内部是一个存储阵列，如果是管道式存储（类似于排队买票），就很难做到随机访问。阵列就如同表格一样，将数据"填"进去，可以把它想象成一张表格，和表格的检索原理一样，先指定一个行（Row），再指定一个列（Column），就可以准确地找到所需要的单元格，这就是内存芯片寻址的基本原理。对于内存，这个单元格可称为"存储单元"，那么这个表格（存储阵列）是什么呢？它就是逻辑 BANK（Logical Bank，L-BANK，本书沿用实际应用习惯都采取大写方式）。由于技术、成本等原因，不可能只做一个全容量的 L-BANK，而且最重要的是，由于 SDRAM 的工作原理限制，单一的 L-BANK 将会造成非常严重的寻址冲突问题，大幅降低内存效率。所以在 SDRAM 内部分割成多个 L-BANK，较早以前是两个，目前基本都是 4 个，这也是 SDRAM 规范中的最高 L-BANK 数量。RDRAM 则最多达到了 32 个，在最新 DDR-Ⅱ 的标准中，L-BANK 的数量也提高到了 8 个。这样，在进行寻址时就要先确定是哪个 L-BANK，然后在这个选定的 L-BANK 中选择相应的行与列进行寻址。可见对内存的访问，一次只能是一个 L-BANK 工作，而每次与北桥交换的数据就是 L-BANK 存储阵列中一个"存储单元"的容量。在某些厂商的表述中，将 L-BANK 中的存储单元称为 Word（此处代表位的集合而不是字节的集合）。SDRAM 的一个存储单元并不是存储一个 bit，一般是 8bit 的整数倍（8bit、16bit、32bit），这个存储单元的容量就是芯片的位宽（也是 L-BANK 的位宽），SDRAM 内存芯片一次传输的数据量就是芯片位宽。

（2）内存芯片的容量。清楚内存芯片的基本组织结构后，那内存的容量该如何计算呢？内存芯片的容量就是所有 L-BANK 中的存储单元的容量总和，计算方法如下。

存储容量 $= 2^{行数} \times 2^{列数}$（得到一个 L-BANK 的存储单元数量）× L-BANK 的数量，单位为 bit。

在很多内存产品介绍文档中，会用 M×W 的方式来表示芯片的容量（或者说是芯片的规格/组织结构）。M 是该芯片中存储单元的总数，单位是兆（英文简写 M，精确值是 1 048 576，而不是 1 000 000）；W 代表每个存储单元的容量，也就是 SDRAM 芯片的位宽（Width），单位是 bit。计算出来的芯片容量也是以 bit 为单位，但用户可以采用除以 8 的方法来换算为字节（Byte）。例如 8M×8，这是一个 8bit 位宽芯片，有 8M 个存储单元，总容量是 64Mbit（8MB）。以 MT48LC16M16A2 为例，该芯片结构为 4×16M×16bit，表示 4 个 BANK，每个 BANK 有 16M 个单元，每个单元位宽为 16bit，大小计算如下。

存储容量 = 4 × 16M × 16bit = 1024 Mbit = 128 MByte

SDRAM BANK 地址连接实例如表 7-8 所示。

表 7-8　SDRAM BANK 地址连接实例

BANK 大小	总线宽度	基本单元	存储器配置	BANK 地址
2MByte	×8	16Mbit	（1M×8×2BANK）×1	A20
	×16		（512K×16×2BANK）×1	
4MByte	×16	16Mbit	（1M×8×2BANK）×2	A21
	×16		（1M×8×2BANK）×2	
8MByte	×16	16Mbit	（2M×4×2BANK）×4	A22
	×32		（1M×8×2BANK）×4	
	×8	64Mbit	（4M×8×2BANK）×1	
	×8		（2M×4×2BANK）×4	A[22:21]
	×16		（2M×8×4BANK）×1	A22
	×16		（2M×16×2BANK）×1	A[22:21]
	×32		（512K×32×4BANK）×1	
16MByte	×32	16Mbit	（2M×4×2BANK）×8	A23
	×8	64Mbit	（8M×4×2BANK）×2	
	×8		（4M×4×4BANK）×2	A[23:22]
	×16		（2M×8×2BANK）×2	A23
	×16		（2M×8×2BANK）×2	A[23:22]
	×32		（2M×16×2BANK）×2	A23
	×32		（1M×16×4BANK）×1	A[23:22]
	×8	128Mbit	（4M×8×4BANK）×1	
	×16		（2M×16×4BANK）×1	
32MByte	×16	64Mbit	（8M×4×2BANK）×4	A24
	×16		（4M×4×4BANK）×4	A[24:23]
	×32		（4M×8×2BANK）×4	A24
	×32		（2M×8×4BANK）×4	A[24:23]
	×16	128Mbit	（4M×8×4BANK）×2	
	×32		（2M×16×4BANK）×2	
	×8	256Mbit	（8M×8×4BANK）×1	A[24:23]
	×16		（4M×16×4BANK）×1	

续表

BANK 大小	总线宽度	基本单元	存储器配置	BANK 地址
64MByte	×32	128Mbit	（4M×8×4BANK）×4	A[25:24]
	×16	256Mbit	（8M×8×4BANK）×2	
	×32		（4M×16×4BANK）×2	
	×8	512Mbit	（16M×8×4BANK）×1	
128MByte	×32	256Mbit	（8M×8×4BANK）×4	A[26:25]
	×8	512Mbit	（32M×4×4BANK）×2	
	×16		（16M×8×4BANK）×2	
	×32		（8M×16×4BANK）×2	

注意：

① BANK 大小是希望配置的存储器容量，此处改为存储器容量更好理解。

② 总线宽度是希望配置的总线宽度（即位数）。

③ 基本单元是所选用的器件情况。

④ 存储器配置是所选用的芯片规格及数量。

⑤ BANK 地址是根据这些位来选择 BANK。

以第一行为例来说明。BANK 大小是 2MByte（即要求 21 位地址线 A0～A20），总线宽度要求是 8 位，如果选基本单元为 16Mbit 的芯片（1M×8×2BANK），1 颗芯片就满足要求，该芯片有 2 个 BANK，因此最高位地址 A20 就作为 BANK 选择。

再以最后一行为例来说明。BANK 大小是 128MByte（即要求 27 位地址线 A0～A26），总线宽度要求是 32 位，如果选基本单元为 512Mbit 的芯片（8M×16×4BANK），2 颗芯片就满足要求，该芯片有 4 个 BANK，因此最高两位地址 A[26:25]就作为 BANK 选择。

4. ROM 存储器端口实例

（1）S3C2440A 微处理器和 1 个 8 位的 ROM 芯片连接。该芯片为 64KByte，即地址线为 16 位，数据线为 8 位，控制信号线为 3 位，详细连接如图 7-5 所示。

注意：由于 S3C2440A 微处理器的编址单位和存储器的编址单位都是 8 位，因此根据表 7-8 要求，采用这种连线方式。nGCSn 为片选，nWE 为写使能，nOE 为读使能。

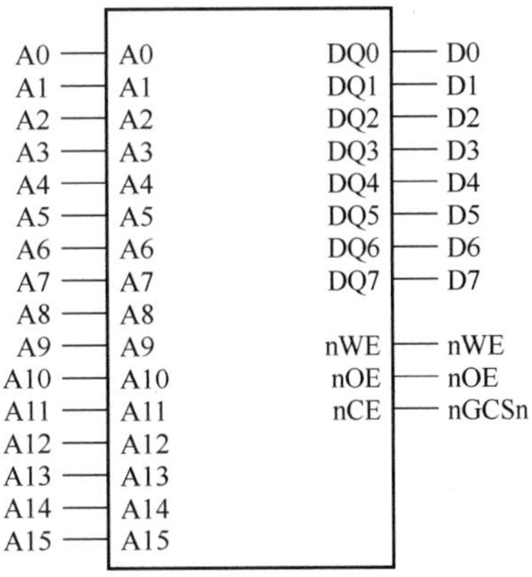

（2）S3C2440A 微处理器和 2 个 8 位的 ROM 芯片连接。用两个 8 位的 ROM 芯片构成一个 16 位的存储器。每个芯片

图 7-5　S3C2440A 微处理器和 1 个 8 位的 ROM 芯片连接

为 64KByte，即地址线为 16 位，数据线为 8 位，控制信号线为 3 位，详细连接如图 7-6 所示。

注意：由于 S3C2440A 微处理器的编址单位是 8 位，存储器的编址单位是 16 位，因此根据表 7-8 要求，采用这种连线方式。nGCSn 为片选，nWE 为写操作使能，nOE 为读操作使能。

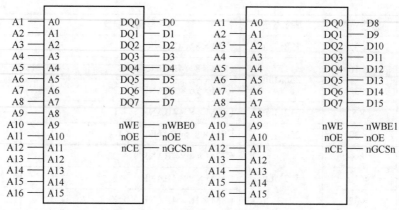

图 7-6　S3C2440A 微处理器和 2 个 8 位的 ROM 芯片连接

（3）S3C2440A 微处理器和 4 个 8 位的 ROM 芯片连接。用 4 个 8 位的 ROM 芯片构成一个 32 位的存储器。每个芯片为 64KByte，即地址线为 16 位，数据线为 8 位，控制信号线为 3 位，详细连接如图 7-7 所示。

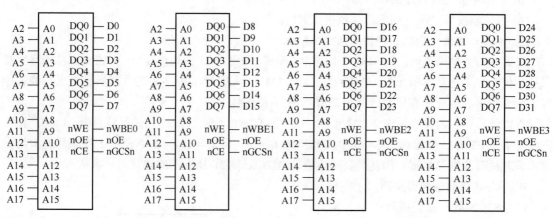

图 7-7　S3C2440A 微处理器和 4 个 8 位的 ROM 芯片连接

注意： 由于 S3C2440A 微处理器的编址单位是 8 位，存储器的编址单位是 32 位，因此根据表 7-8 要求，采用这种连线方式。nGCSn 为片选，nWE 为写操作使能，nOE 为读操作使能。

（4）S3C2440A 微处理器和 1 个 16 位的 ROM 芯片连接。该芯片为 2M×16 位，即地址线为 20 位，数据线为 16 位，控制信号线为 3 位，详细连接如图 7-8 所示。

注意： 由于 S3C2440A 微处理器的编址单位是 8 位，存储器的编址单位是 16 位，因此根据表 7-8 要求，采用这种连线方式，和两个 8 位拼成 16 位的连线相同。

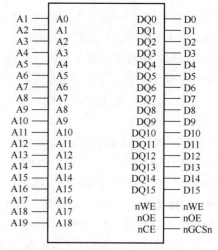

图 7-8　S3C2440A 微处理器和 1 个 16 位的 ROM 芯片连接

nGCSn 为片选，nWE 为写操作使能，nOE 为读操作使能。

5. SRAM 存储器端口实例

（1）S3C2440A 微处理器和 1 个 16 位的 SRAM 芯片连接。该芯片为 64K×16 位，即地址线为 16 位，数据线为 16 位，控制信号线为 5 位，详细连接如图 7-9 所示。

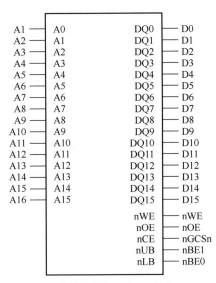

图 7-9　S3C2440A 微处理器和 1 个 16 位的 SRAM 芯片连接

注意：由于 S3C2440A 微处理器的编址单位是 8 位，存储器的编址单位是 16 位，因此根据表 7-8 要求，采用这种连线方式。nGCSn 为片选，nWE 为写操作使能，nOE 为读操作使能，nBE0 为低 8 位使能，nBE1 为高 8 位使能。

（2）S3C2440A 微处理器和 2 个 16 位的 SRAM 芯片连接。用两个 16 位的 SRAM 芯片构成 32 位的存储器。该芯片为 64K×16 位，即地址线为 16 位，数据线为 32 位，控制信号线为 5 位，详细连接如图 7-10 所示。

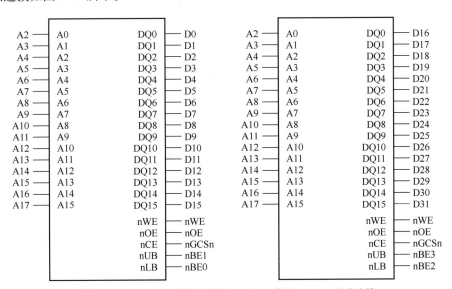

图 7-10　S3C2440A 微处理器和 2 个 16 位的 SRAM 芯片连接

注意：由于 S3C2440A 微处理器的编址单位是 8 位，存储器的编址单位是 32 位，因此根据表 7-8 要求，采用这种连线方式。nGCSn 为片选，nWE 为写操作使能，nOE 为读操作使能，nBE0 为低 8 位使能，nBE1 为高 8 位使能，nBE2 为低 8 位使能，nBE3 为高 8 位使能。

6. SDRAM 存储器端口实例

（1）S3C2440A 微处理器和 1 个 16 位的 SDRAM 芯片连接。该 SDRAM 芯片为 4M×16×4BANK，即 32MByte，图 7-11 所示为 S3C2440A 微处理器手册提供的连线图。

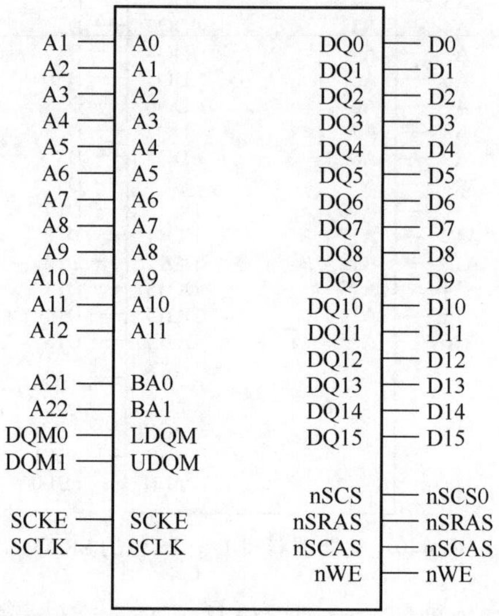

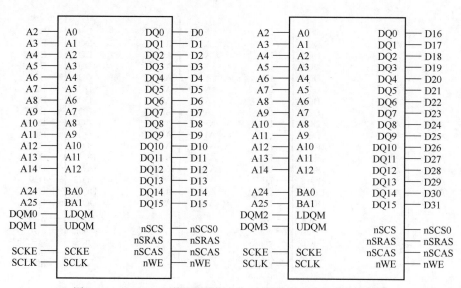

图 7-11　S3C2440A 微处理器手册提供的 SDRAM（4M×16×4BANKS）芯片连线图

但按表 7-8 的连线要求，因为存储器是 32MByte，所以需要 25 位地址（A0～A24）。由于芯片是 4 个 BANK，所以 BA1 应连接 A22，BA0 应连接 A21。

（2）S3C2440A 微处理器和 2 个 16 位的 SDRAM 芯片连接。将 2 个 16 位的 SDRAM 芯片拼成 32 位的存储器，这时的连接如图 7-12 所示。

图 7-12　S3C2440A 微处理器和 2 个 16 位的 SDRAM 芯片连线图

注意：两片存储器的容量为 64MByte，需要地址线 26 位地址（A0～A25）。由于是 4 个 BANK，所以 A24、A25 作为 BANK 选择。

7.1.5　S3C2440A 微处理器存储器控制器寄存器

1. 总线宽度/等待控制器寄存器（BWSCON）

总线宽度/等待控制器寄存器的地址描述如表 7-9 所示。

表 7-9　总线宽度/等待控制器寄存器的地址描述

寄存器	地　　址	R/W	描　　述	初　始　值
BWSCON	0X48000000	R/W	总线宽度和等待状态控制器寄存器	0X00000000

总线宽度/等待控制器寄存器各位的描述如表 7-10 所示。

表 7-10　总线宽度/等待控制器寄存器各位的描述

BWSCON	位	描　　述	初　始　值
ST7	[31]	决定 SRAM 映射在 BANK7 时是否使用 UB/LB 0：不使用 UB/LB（引脚 PIN[14:11]对应 nWBE[3:0]） 1：使用 UB/LB（引脚 PIN[14:11]对应 nBE[3:0]）	0
WS7	[30]	决定 BANK7 中的 SRAM 存储器的等待状态 0：等待禁止；1：等待使能	0
DW7	[29:28]	决定 BANK7 数据总线宽度 00：8 位；01：16 位；10：32 位；11：保留	0
ST6	[27]	决定 SRAM 映射在 BANK6 时是否使用 UB/LB 0：不使用 UB/LB（引脚 PIN[14:11]对应 nWBE[3:0]） 1：使用 UB/LB（引脚 PIN[14:11]对应 nBE[3:0]）	0
WS6	[26]	决定 BANK6 中的 SRAM 存储器的等待状态 0：等待禁止；1：等待使能	0
DW6	[25:24]	决定 BANK6 数据总线宽度 00：8 位；01：16 位；10：32 位；11：保留	0
ST5	[23]	决定 SRAM 映射在 BANK5 时是否使用 UB/LB 0：不使用 UB/LB（引脚 PIN[14:11]对应 nWBE[3:0]） 1：使用 UB/LB（引脚 PIN[14:11]对应 nBE[3:0]）	0
WS5	[22]	决定 BANK5 中的 SRAM 存储器的等待状态 0：等待禁止；1：等待使能	0
DW5	[21:20]	决定 BANK5 数据总线宽度 00：8 位；01：16 位；10：32 位；11：保留	0
ST4	[19]	决定 SRAM 映射在 BANK4 时是否使用 UB/LB 0：不使用 UB/LB（引脚 PIN[14:11]对应 nWBE[3:0]） 1：使用 UB/LB（引脚 PIN[14:11]对应 nBE[3:0]）	0
WS4	[18]	决定 BANK4 中的 SRAM 存储器的等待状态 0：等待禁止；1：等待使能	0

续表

BWSCON	位	描　述	初　始　值
DW4	[17:16]	决定 BANK4 数据总线宽度 00：8 位；01：16 位；10：32 位；11：保留	0
ST3	[15]	决定 SRAM 映射在 BANK3 时是否使用 UB/LB 0：不使用 UB/LB（引脚 PIN[14:11]对应 nWBE[3:0]） 1：使用 UB/LB（引脚 PIN[14:11]对应 nBE[3:0]）	0
WS3	[14]	决定 BANK3 中的 SRAM 存储器的等待状态 0：等待禁止；1：等待使能	0
DW3	[13:12]	决定 BANK3 数据总线宽度 00：8 位；01：16 位；10：32 位；11：保留	0
ST2	[11]	决定 SRAM 映射在 BANK2 时是否使用 UB/LB 0：不使用 UB/LB（引脚 PIN[14:11]对应 nWBE[3:0]） 1：使用 UB/LB（引脚 PIN[14:11]对应 nBE[3:0]）	0
WS2	[10]	决定 BANK2 中的 SRAM 存储器的等待状态 0：等待禁止；1：等待使能	0
DW2	[9:8]	决定 BANK2 数据总线宽度 00：8 位；01：16 位；10：32 位；11：保留	0
ST1	[7]	决定 SRAM 映射在 BANK1 时是否使用 UB/LB 0：不使用 UB/LB（引脚 PIN[14:11]对应 nWBE[3:0]） 1：使用 UB/LB（引脚 PIN[14:11]对应 nBE[3:0]）	0
WS1	[6]	决定 BANK1 中的 SRAM 存储器的等待状态 0：等待禁止；1：等待使能	0
DW1	[5:4]	决定 BANK1 数据总线宽度 00：8 位；01：16 位；10：32 位；11：保留	0
DW0	[2:1]	显示 BANK0 的数据总线宽度（只读）	—
Reserved	[0]	不使用	0

注意：

（1）在这个存储器控制器里，所有类型的主时钟都对应着总线时钟。如 SRAM 的 HCLK 就是总线时钟，SDRAM 的 SCLK 和总线时钟相同。

（2）nBE[3:0]为 nWBE[3:0]和 nOE 进行"与"运算之后的信号。

（3）UB/LB 分别是存储器高 8 位、低 8 位的数据线使能信号。

2. 总线控制器寄存器（BANKCONn：nGCS0～nGCS5）

总线控制器寄存器 BANKCON0～BANKCON5 的地址信息如表 7-11 所示。

表 7-11　总线控制器寄存器 BANKCON0～BANKCON5 的地址信息

寄　存　器	地　　址	R/W	描　述	初　始　值
BANKCON0	0X48000004	R/W	BANKCON0 控制器寄存器	0X0700
BANKCON1	0X48000008	R/W	BANKCON1 控制器寄存器	0X0700
BANKCON2	0X4800000C	R/W	BANKCON2 控制器寄存器	0X0700

续表

寄 存 器	地　　址	R/W	描　　述	初 始 值
BANKCON3	0X48000010	R/W	BANKCON3 控制器寄存器	0X0700
BANKCON4	0X48000014	R/W	BANKCON4 控制器寄存器	0X0700
BANKCON5	0X48000018	R/W	BANKCON5 控制器寄存器	0X0700

总线控制器寄存器 BANKCON0～BANKCON5 的各位描述如表 7-12 所示。

表 7-12　总线控制器寄存器 BANKCON0～BANKCON5 的各位描述

BANKCONn	位	描　　述	初 始 值
Tacs	[14:13]	在 nGCSn 起效前，地址信号的建立时间 00：0 clock；01：1 clock 10：2 clocks；11：4 clocks	00
Tcos	[12:11]	在 nOE 起效之前，片选的建立时间 00：0 clock；01：1clock 10：2 clocks；11：4 clocks	00
Tacc	[10:8]	访问周期 000：1 clock；001：2 clocks 010：3 clocks；011：4 clocks	111
Tcoh	[7:6]	nOE 之后，片选的保持时间 00：0 clock；01：1clock 10：2 clocks；11：4 clocks	00
Tcah	[5:4]	nGCSn 之后，地址信号的保持时间 00：0 clock；01：1 clock 10：2 clocks；11：4 clocks	00
Tacp	[3:2]	Page 模式的访问周期（在 Page 模式下） 00：2 clocks；01：3 clocks 10：4 clocks；11：6 clocks	00
PMC	[1:0]	Page 模式配置 00：正常（1 data）；01：4 data 10：8 data；　　　11：16 data	00

3. BANK 控制器寄存器（BANKCONn：nGCS6～nGCS7）

BANK 控制器寄存器 BANKCON6～BANKCON7 的地址信息如表 7-13 所示。

表 7-13　BANK 控制器寄存器 BANKCON6～BANKCON7 的地址信息

寄 存 器	地　　址	R/W	描　　述	初 始 值
BANKCON6	0X4800001C	R/W	BANK6 控制器寄存器	0X18008
BANKCON7	0X48000020	R/W	BANK7 控制器寄存器	0X18008

BANK 控制器寄存器 BANKCON6～BANKCON7 各位的描述如表 7-14 所示。

表 7-14   BANK 控制器寄存器 BANKCON6～BANKCON7 各位的描述

BANKCONn	位	描 述	初 始 值
MT	[16:15]	决定 BANK6 和 BANK7 的存储器类型 00：ROM 或 SRAM；01：保留 10：保留；11：Sync.DRAM	11
存储器类型=ROM 或 SRAM[MT=00]（由以下 15 位控制）			
Tacs	[14:13]	nGCSn 起效之前，地址信号的建立时间 00：0 clock；01：1 clock 10：2 clocks；11：4 clocks	00
Tcos	[12:11]	nOE 起效之前，地址信号的建立时间 00：0 clock；01：1 clock 10：2 clocks；11：4 clocks	00
Tacc	[10:8]	访问时间： 000：1 clock；001：2 clocks 010：3 clocks；011：4 clocks 100：6 clocks；101：8 clocks 110：10clocks；111：14 clocks	111
Tcoh	[7:6]	nOE 之后，片选的保持时间 00：0 clock；01：1 clock 10：2 clocks；11：4 clocks	00
Tcah	[5:4]	nGCSn 之后，地址信号的保持时间 00：0 clock；01：1 clock 10：2 clocks；11：4 clocks	00
Tacp	[3:2]	Page 模式的访问周期 00：2 clocks；01：3 clocks 10：4 clocks；11：6 clocks	00
PMC	[1:0]	Page 模式配置 00：正常（1 data）；01：4 数据连续访问 10：8 数据连续访问；11：16 数据连续访问	00
存储器类型=SDRAM[MT=11]（由以下 4 位控制）			
Trcd	[3:2]	RAS 到 CAS 延迟 00：2 clocks；01：3 clocks；10：4 clocks	10
SCAN	[1:0]	列地址位数 00：8 位；01：9 位；10：10 位	00

4．SDRAM 刷新控制寄存器

刷新控制寄存器的地址信息如表 7-15 所示。

表 7-15   刷新控制寄存器的地址信息

寄 存 器	地 址	R/W	描 述	初 始 值
刷新	0X48000024	R/W	SDRAM 刷新控制寄存器	0XAC0000

它的设置决定了 SDRAM 的刷新是否允许、刷新模式、RAS 预充电的时间、RAS 和 CAS 最短时间、CAS 保持时间以及刷新计数值，各位的描述如表 7-16 所示。

表 7-16 刷新控制寄存器各位的描述

刷 新	位	描 述	初 始 值
REFEN	[23]	SDRAM 刷新使能：0：停止；1：使能	1
TREFMD	[22]	SDRAM 刷新模式 0：自动刷新；1：自刷新（在自刷新模式下），SDRAM 控制信号被置于适当的电平	0
Trp	[21:20]	SDRAM RAS 预充电时间 00：2 clocks；01：3 clocks；10：4 clocks；11：不支持	10
Tsrc	[19:18]	SDRAM 运行周期时间 00：4 clocks；01：5 clocks；10：6 clocks；11：7 clocks；SDRAM 的运行周期时间（Trc）=Tsrc+Trp，如果 Trp=3 clocks 和 Tsrc=7 clocks，则 Trc=10 clocks	11
Reserved	[17:16]	不使用	00
Reserved	[15:11]	不使用	0000
Refresh Counter	[10:0]	SDRAM 刷新计数器值，刷新时间=（2^{11}−刷新计数值+1）/HCLK。如果刷新时间是 15.6μs，HCLK 是 60MHz，则刷新计数器值计算如下 刷新计数值=2^{11}+1−60×15.6	0

5. BANKSIZE 寄存器

BANKSIZE 寄存器是控制 BANK 大小的寄存器，主要是决定 BANK6/7 的存储区域的空间大小。BANKSIZE 寄存器的地址信息如表 7-17 所示。

表 7-17 BANKSIZE 寄存器的地址信息

寄 存 器	地 址	R/W	描 述	初 始 值
BANKSIZE	0X48000028	R/W	可灵活设置的 BANK 大小寄存器	0X0

BANKSIZE 寄存器各位的描述如表 7-18 所示。

表 7-18 BANKSIZE 寄存器各位的描述

BANKSIZE	位	描 述	初 始 值
BURST_EN	[7]	ARM 内核猝发操作使能 0：禁止；1：使能	0
Reserved	[6]	不使用	0
SCKE_EN	[5]	SCKE 使能控制 0：SDRAM SCKE 禁止；1：SDRAM SCKE 使能	0
SCLK_EN	[4]	只有在 SDRAM 访问周期期间，SCLK 才使能，这样做可以减少功耗，当 SDRAM 不被访问时，SCLK 变成低电平 0：SCLK 总是激活 1：SCLK 只有在访问期间（推荐的）激活，推荐设置为 1	0
Reserved	[3]	不使用	0

续表

BANKSIZE	位	描 述	初 始 值
BK76MAP	[2:0]	BANK6/7 的存储空间分布 000：32MB/32MB；　　001：64MB/64MB 010：128MB/128MB；　100：2MB/2MB 101：4MB/4MB；　　　110：8MB/8MB 111：16MB/16MB	010

6. SDRAM 模式寄存器集寄存器（MRSR）

SDRAM 模式寄存器集寄存器的地址信息描述如表 7-19 所示。

表 7-19　SDRAM 模式寄存器集寄存器的地址信息

寄 存 器	地 址	R/W	描 述	初 始 值
MRSRB6	0X4800002C	R/W	模式寄存器集 BANK6 寄存器	X
MRSRB7	0X48000030	R/W	模式寄存器集 BANK7 寄存器	X

SDRAM 模式寄存器集寄存器各位的描述如表 7-20 所示。

表 7-20　SDRAM 模式寄存器集寄存器各位的描述

MRSR	位	描 述	初 始 值
Reserved	[11:10]	不使用	—
WBL	[9]	猝发写的长度 0：猝发（固定的） 1：保留	X
TM	[8:7]	测试模式 00：模式寄存器集（固定的） 01、10、11：保留	X
CL	[6:4]	CAS 反应时间 000：1 clock；010：2 clocks；011：3 clocks；其他：保留	X
BT	[3]	猝发类型 0：连续的（固定） 1：保留	X
BL	[2:0]	猝发时间 000：1（固定的） 其他：保留	X

注意：当代码在 SDRAM 中运行时，绝不能重新配置 MRSR 寄存器。

注意：在掉电模式下，SDRAM 必须进入 SDRAM 的自刷新模式。

7.1.6　存储器扩展实例及编程应用

下面使用 EM63A165TS 作为实例讲述存储器的扩展及编程应用。EM63A165TS 是 16M×16 位同步 DRAM（SDRAM），其特性及相关框图与引脚如下。

1. 特性

（1）快速访问时间：4.5/5.4/5.4ns。

（2）快速时钟频率：200/166/143MHz。

（3）完全同步操作。

（4）内部采用管道结构。

（5）4M 单元×16 位×4BANK。

（6）可编程模式寄存器，包括以下 4 种。

① CAS 延迟。2 或 3。

② 突发长度。1、2、4、8 或整页。

③ 突发类型。交错或线性突发。

④ 突发停止功能。

（7）自动刷新和自刷新。

（8）8192 次刷新循环/64ms。

（9）CKE 电源关闭模式。

（10）单+3.3V 电源供电。

（11）端口为 LVTTL。

（12）54 针 400 密尔塑料 TSOP II 封装，无铅和无卤，更加环保。

关键特性如表 7-21 所示。

表 7-21　EM63A165TS 的关键特性

EM63A165TS		−5/6/7
TCK3	Clock Cycle time（min.）	5/6/7 ns
TAC3	Access time from CLK（max.）	4.5/5.4/5.4 ns
tRAS	Row Active time（min.）	40/42/49 ns
TRC	Row Cycle time（min.）	55/60/63 ns

订货信息如表 7-22 所示。

表 7-22　EM63A165TS 的订货信息

Part Number	Frequency	Package
EM63A165TS-5G	200MHz	TSOP II
EM63A165TS-6G	166MHz	TSOP II
EM63A165TS-7G	143MHz	TSOP II

注：TS 表示 TSOP II 封装，G 表示无铅和无卤。

2. 概述

EM63A165TS SDRAM 是一种高速 CMOS、包含 256Mbit 的同步 DRAM。它是内部配置为 4 组 4M 字节×16、带同步端口的 DRAM（所有信号在时钟信号 CLK 的正边缘锁存）。对 SDRAM 的突发读写访问，访问从选定位置开始并继续访问一个可编程数量的位置。访问通过 BankActivate 寄存器命令开始，然后是读或写命令。

EM63A165TS 提供可编程读取或写入突发长度为 1、2、4、8 字节或全页数据的功能，有一个突发中止选项。提供的自动预充电功能可以在突发序列结束时自动定时进行预充电。自动刷新或自刷新功能都很容易使用。

通过可编程模式寄存器，系统可以选择最合适的模式来使其性能最优化。这种芯片非常适合有高内存带宽和高性能要求的计算机应用。

3. 功能框图及引脚分配

EM63A165TS 芯片的功能框图如图 7-13 所示。

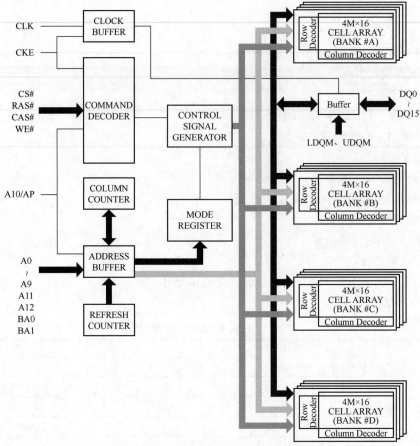

图 7-13 EM63A165TS 芯片的功能框图

EM63A165TS 芯片的引脚分配如图 7-14 所示。

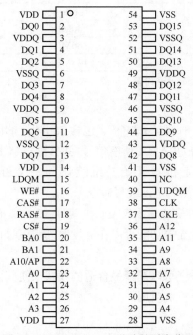

图 7-14 EM63A165TS 芯片的引脚分配

EM63A165TS 芯片的引脚描述如表 7-23 所示。

表 7-23　EM63A165TS 芯片的引脚描述

引脚符号	类型	描　　述		
CLK	输入	时钟。由系统时钟驱动,所有 SDRAM 输入信号在 CLK 的正边缘采样,CLK 还增加了内部猝发计数器和控制输出寄存器		
CKE	输入	时钟使能。CKE 激活(高电平)和停用(低电平)CLK 信号。如果 CKE 与时钟同步变低(设置和保持时间与其他输入相同),则内部时钟从下一个时钟周期开始被挂起,只要 CKE 保持低电平输出状态,猝发地址就被冻结。当所有 BANK 都处于空闲状态时,停用时钟控制进入电源关闭和自刷新模式。CKE 是同步的,除非是在设备断电和自刷新模式期间,这时 CKE 是异步的,直到退出自刷新模式。输入缓冲和 CLK 在断电和自刷新模式期间被禁用,提供低待机功率		
BA0、BA1	输入	BANK 激活。BA0、BA1 输入选择 BANK 进行操作		
		BA1	BA0	选择 BANK
		0	0	BANK #A
		0	1	BANK #B
		1	0	BANK #C
		1	1	BANK #D
A0～A12	输入	地址输入。A0～A12 在 BankActivate 命令(行地址 A0～A12)执行期间进行采样,读/写命令(列地址 A0～A8,并且 A10 定义自动预充电)在相应 BANK 的 4M 中选择一个单元。在预充电命令执行期间,A10 被取样以确定是否所有 BANK 都要预充电(A10 = 高电平)。在模式寄存器集设置命令执行期间,地址输入还提供操作码		
CS#	输入	芯片选择。CS#使能(低电平采样)和禁用(高电平采样)命令译码器。当 CS#采样为高电平时,所有命令都被屏蔽。在系统中有多个 BANK 的时候,CS#提供外部 BANK 的选择,这时它被认为是命令代码部分		
RAS#	输入	行地址选通。RAS#信号定义了 CAS#和 WE#的操作命令,在 CLK 上升沿时锁存 CAS#和 WE#。当 RAS#和 CS#为低电平,且 CAS#为高电平时,根据 WE#信号,要么选择 BankActivate 命令,要么选择预充电命令。当 WE#为高电平时,将选择 BankActivate 命令,并且由 BA 指定的 BANK 转为活动状态。当 WE#为低电平时,在预充电操作后预充电命令被选中,被 BA 选择的 BANK 进入空闲状态		
CAS#	输入	列地址选通。CAS#信号定义了 RAS#和 WE#的操作命令,在 CLK 上升沿时锁存 RAS#和 WE#。当 RAS#为高电平,且 CS#为低电平时,列访问在 CAS#低电平时启动。然后读或写命令根据 WE#为低电平或高电平		
WE#	输入	写使能。WE#定义了 RAS#和 CAS#的操作命令,在 CLK 上升沿时锁存 RAS#和 CAS#。WE#输入用于选择 BankActivate 或预充电命令和读或写命令		
LDQM、UDQM	输入	数据输入/输出屏蔽。在读模式中控制输出缓冲区,在写模式中屏蔽输入数据		
DQ0～DQ15	输入/输出	数据 I/O。DQ0～DQ15 输入和输出数据与 CLK 上升沿同步。在读和写期间 I/O 是被屏蔽的		
NC	—	不连接。这些引脚可以不连接		
VDDQ	电源	DQ 电源。为 DQ 提供隔离电源(+3.3V ± 0.3V),以提高噪声抗扰度		
VSSQ	地	DQ 接地。为 DQ 提供隔离接地(0 V),以提高噪声抗扰度		
VDD	电源	电源为+3.3V ± 0.3V		
VSS	地	地		

4. 用两片 EM63A165TS 来扩展 16M 32 位的数据存储器

EM63A165TS 是 16M×16 位 SDRAM，而 S3C2440A 微处理器是 32 位的 CPU，现在用两片 EM63A165TS 来拼成 16M 32 位的存储器，其电路如图 7-15 所示。

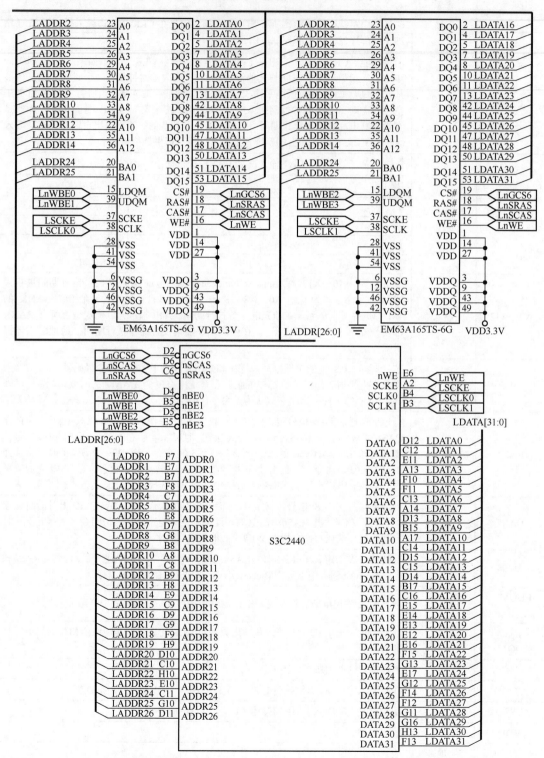

图 7-15 用两片 EM63A165TS 来扩展 16M 32 位的数据存储器图

参数配置程序段如下。

```
         MEM_CTL_BASE EQU 0x48000000        ;特殊功能寄存器的基地址
         SDRAM_BASE   EQU 0x30000000        ;SDRAM 的基地址
         MEMSETUP
                                            ;设置存储器控制器以便使用 SDRAM 等外设
         MOV  R1,  #MEM_CTL_BASE            ;存储器控制器的 13 个寄存器的开始地址
         ADRL R2, MEM_CFG_VAL               ;这 13 个值的起始地址
         ADD  R3, R1, #52                   ;13*4 = 52
LOOP     LDR  R4, [R2], #4                  ;读取设置值，让 R2+4
         STR  R4, [R1], #4                  ;将此值写入寄存器。并让 R1+4
         CMP  R1, R3                        ;判断是否设置完 13 个寄存器
         BNE  LOOP                          ;若没有写完，继续
         B .                                ;等待
         ALSIGN 4
MEM_CFG_VAL          ;存储器控制器 13 个寄存器的设置值
    BWSCON   DCD     0X22000000             ;BANK7、BANK6 是 32 位
    BANKCON0 DCD     0X00000700             ;BANK0 使用缺省值
    BANKCON1 DCD     0X00000700             ;BANK1 使用缺省值
    BANKCON2 DCD     0X00000700             ;BANK2 使用缺省值
    BANKCON3 DCD     0X00000700             ;BANK3 使用缺省值
    BANKCON4 DCD     0X00000700             ;BANK4 使用缺省值
    BANKCON5 DCD     0X00000700             ;BANK5 使用缺省值
    BANKCON6 DCD     0X00018005             ;BANK6 初始值
    BANKCON7 DCD     0X00018005             ;BANK7 初始值
    REFRESH  DCD     0X008C07A3             ;刷新控制
    BANKSIZE DCD     0X000000B1             ;BANK6、BANK7 大小控制
    MRSRB6   DCD     0X00000030             ;BANK6 模式寄存器设置
    MRSRB7   DCD     0X00000030             ;BANK7 模式寄存器设置
```

此段程序主要是对 SDRAM，即 BANK6、BANK7 进制设置。

7.2　NAND Flash 控制器及应用

由于 NOR Flash 价格较高，而 SDRAM 和 NAND Flash 存储器价格相对较低，促使一些嵌入式开发者选择在 NAND Flash 上执行启动代码，在 SDRAM 上执行主程序。

S3C2440A 微处理器的驱动代码可以在外部的 NAND Flash 存储器上被执行。为了支持 NAND Flash 的 Boot Loader，S3C2440A 微处理器配备了一个内部的 SRAM 缓冲器，名为 "Steppingstone"。启动时，NAND Flash 上的前 4KByte 将被装载到 Steppingstone 中，并且装载到 Steppingstone 上的启动代码会被执行。

一般情况下，启动时会将 NAND Flash 上的内容复制到 SDRAM 中，在启动代码执行完毕后就跳转到 SDRAM 中执行主程序。启动时，系统会使用硬件的 ECC（错误校验码）对 NAND Flash 的数据进行有效性检查。

7.2.1　NAND Flash 控制器的特性

1. NAND Flash 控制器的特性

（1）自动启动。启动代码在启动时被传输到 4KBytes 的 Steppingstone 上。传输后代码会在

Steppingstone 上被执行。

（2）NAND Flash 存储器端口。支持 256 字（Word）、512 字节（Byte）、1000 字（Word）和 2000 字节（Byte）页。

（3）软件模式。用户可以直接访问 NAND Flash，利用这个特性可以对 NADN Flash 存储器进行读/擦除/编程操作。

（4）端口。提供 8/16 位的 NADN Flash 存储器端口总线。

（5）由硬件的 ECC 生成、检测和指示（软件纠错）。

（6）SFR 端口。支持小端模式，对数据和 ECC 数据寄存器进行字节/半字/字访问，对其他寄存器进行字访问。

（7）Steppingstone 端口。支持大小端，支持字节/半字/字访问。

（8）Steppingstone 4KB 内部 SRAM 缓冲器可以在 NAND Flash 启动后被用于其他目的。

2. NAND Flash 模块图

NAND Flash 的模块图如图 7-16 所示。

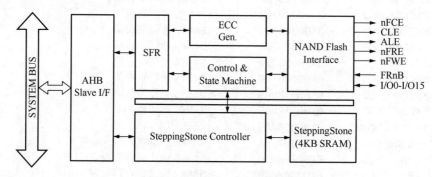

图 7-16　NAND Flash 的模块图

3. Boot Loader 功能

Boot Loader 的模块图如图 7-17 所示。

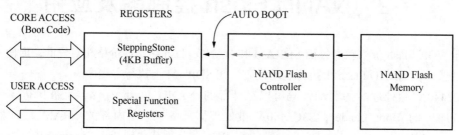

图 7-17　Boot Loader 的模块图

在启动期间，NAND Flash 控制器通过引脚状态得到连接 NAND Flash 的信息 NCON（AdvFlash）、GPG13（页容量）、GPG14（地址周期）、GPG15（总线宽度，参考引脚配置）。在上电或重启以后，NAND Flash 控制器自动装载 4KB 的 Boot Loader 代码。在装载 Boot Loader 代码后，其在 Steppingstone 中被执行。

注意：在自动重启期间，ECC 没有进行检查，因为 NAND Flash 的前 4KB 数据一般认为没有位错误。

4. 引脚配置

（1）OM[1:0]=00。使能 NAND Flash 存储器启动。

（2）NCON。NAND Flash 存储器选择。

① 0。正常 NAND Flash（256Word 或 512Byte 页大小，3/4 地址周期）存储器。

② 1。高级 NAND Flash（1KWord/2KByte 页大小，4/5 地址周期）存储器。

（3）GPG13。NAND Flash 存储器页容量选择。

① 0。1 页=256Word（NCON=0）或 1 页=1KByte（NCON=1）。

② 1。1 页=512Word（NCON=0）或 1 页=2KByte（NCON=1）。

（4）GPG14。NAND Flash 存储器地址周期选择。

① 0。3 个地址周期（NCON=0）或 4 个地址周期（NCON=1）。

② 1。4 个地址周期（NCON=0）或 5 个地址周期（NCON=1）。

（5）GPG15 NAND Flash 存储器总线宽度选择。

① 0。8 位总线宽度。

② 1。16 位总线宽度。

注意：配置引脚——NCON，GPG[15:13]将在复位时提取，在正常情况下，这些引脚一定是设置为输入的，当通过软件和异常情况进入休眠时，这些引脚的状态不被改变。

5. NAND Flash 存储器配置

NAND Flash 存储器配置如表 7-24 所示。

表 7-24　NAND Flash 存储器配置

NCON0	GPG13	GPG14	GPG15
0：正常 NAND Flash	0：256Word	0：3 地址周期	0：8 位总线宽度
	1：512Byte	1：4 地址周期	
1：高级 NAND Flash	0：1KWord	0：4 地址周期	1：16 位总线宽度
	1：2KByte	1：5 地址周期	

注：上述 4 位共有 16 种状态，并不是每种状态都可以使用。

例如，NAND Flash 配置实例如表 7-25 所示。

表 7-25　NAND Flash 配置实例

部件	页大小/总大小	NCON0	GPG13	GPG14	GPG15
K9S1208V0M-XXXX	512Byte / 512Mbit	0	1	1	0
K9K2G16U0M-XXXX	1KWord / 2Gbit	1	0	1	1

6. NAND Flash 存储器的时序图

CLE & ALE（TACLS=1，TWRPH0=0，TWRPH1=0）传输命令/地址的时序图如图 7-18 所示。

CLE & ALE（TACLS=1，TWRPH0=0，TWRPH1=0）传输数据的时序图如图 7-19 所示。

7. 软件模式

S3C2440A 微处理器仅支持软件模式访问 NAND Flash。

（1）写命令寄存器=NAND Flash 存储器命令周期。

（2）写地址寄存器=NAND Flash 存储器地址周期。

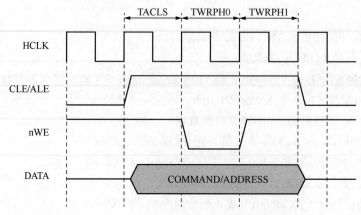

图 7-18　CLE & ALE（TACLS=1，TWRPH0=0，TWRPH1=0）传输命令/地址的时序图

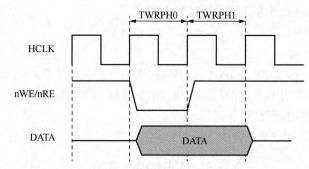

图 7-19　CLE & ALE（TACLS=1，TWRPH0=0，TWRPH1=0）传输数据的时序图

（3）写数据寄存器=将数据写入 NAND Flash 存储器（写周期）。

（4）读数据寄存器=从 NAND Flash 存储器读数据（读周期）。

（5）读主 ECC 寄存器和空闲 ECC 寄存器 =从 NAND Flash 存储器读数据。

注意：在软件模式中，必须用查询或中断来检测 RnB 引脚状态。

8. 数据寄存器配置

（1）16 位 NAND Flash 存储器端口。

① 字访问（即 32 位）。

字访问的寄存器如表 7-26 所示。

表 7-26　字访问的寄存器

寄存器	大小端	位[31:24]	位[23:16]	位[15:8]	位[7:0]
NFDATA	小端	2nd I/O[15:8]	2nd I/O[7:0]	1st I/O[15:8]	1st I/O[7:0]
NFDATA	大端	1st I/O[15:8]	1st I/O[7:0]	2nd I/O[15:8]	2nd I/O[7:0]

注：1st 为第一次访问，2nd 为第二次访问。

② 半字访问（即 16 位）。

半字访问的寄存器如表 7-27 所示。

表 7-27　半字访问的寄存器

寄存器	大小端	位[31:24]	位[23:16]	位[15:8]	位[7:0]
NFDATA	大/小端	无效值	无效值	1st I/O[15:8]	1st I/O[7:0]

（2）8 位 NAND Flash 存储器端口。

① 字访问（即 32 位）。

字访问的寄存器如表 7-28 所示。

表 7-28　字访问的寄存器

寄存器	大小端	位[31:24]	位[23:16]	位[15:8]	位[7:0]
NFDATA	小端	4th I/O[7:0]	3rd I/O[7:0]	2nd I/O[7:0]	1st I/O[7:0]
NFDATA	大端	1st I/O[7:0]	2nd I/O[7:0]	3rd I/O[7:0]	4th I/O[7:0]

注：1st 为第一次访问，2nd 为第二次访问，3rd 为第三次访问，4th 为第四次访问。

② 半字访问（即 16 位）。

半字访问的寄存器如表 7-29 所示。

表 7-29　半字访问的寄存器

寄存器	大小端	位[31:24]	位[23:16]	位[15:8]	位[7:0]
NFDATA	小端	无效值	无效值	2nd I/O[7:0]	1st I/O[7:0]
NFDATA	大端	无效值	无效值	1st I/O[7:0]	2nd I/O[7:0]

③ 字节访问（即 8 位）。

字节访问的寄存器如表 7-30 所示。

表 7-30　字节访问的寄存器

寄存器	大小端	位[31:24]	位[23:16]	位[15:8]	位[7:0]
NFDATA	大/小端	无效值	无效值	无效值	1st I/O[7:0]

9. Steppingstone（4KByte SRAM）

NAND Flash 存储器使用 NAND Flash 作为启动缓冲器，启动完成后可以将这个区域用于其他用途。

10. NAND Flash 存储器映射

NAND Flash 存储器映射图如图 7-20 所示。

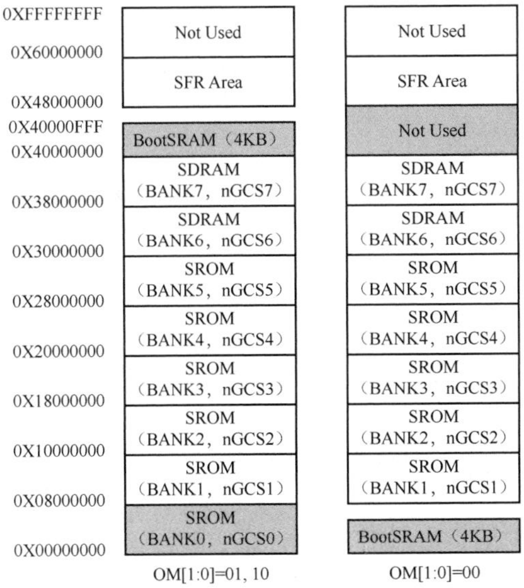

图 7-20　NAND Flash 存储器映射图

注意：SROM 为 ROM 或 SRAM。

11. NAND Flash 存储器端口

（1）一个 8 位 NAND Flash 存储器的端口如图 7-21 所示。

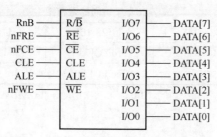

图 7-21　一个 8 位 NAND Flash 存储器的端口

当写地址时，DATA[15:8]和 DATA[7:0]数据相同（即地址相同）。

（2）两个 8 位 NAND Flash 存储器拼成 16 位存储器的端口如图 7-22 所示。

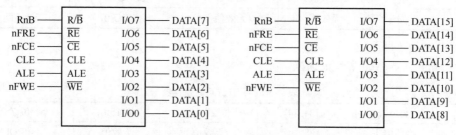

图 7-22　两个 8 位 NAND Flash 存储器拼成 16 位存储器的端口

（3）一个 16 位 NAND Flash 存储器的端口如图 7-23 所示。

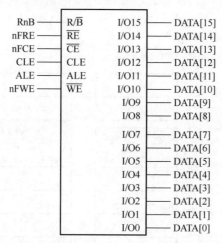

图 7-23　一个 16 位 NAND Flash 存储器的端口

7.2.2　NAND Flash 配置寄存器

NAND Flash 配置寄存器如表 7-31 所示。

表 7-31　NAND Flash 配置寄存器

寄 存 器	地　　址	读写	描　　述	初 始 值
NFCONF	0X4E000000	R/W	NAND Flash 配置寄存器	0X0000100X

NAND Flash 配置寄存器各位的含义如表 7-32 所示。

表 7-32　NAND Flash 配置寄存器各位的含义

NFCONF	位	描　　述	初 始 值
保留	[15:14]	保留	—
TACLS	[13:12]	CLE 和 ALE 持续时间设置值（0～3），持续时间 =HCLK X TACLS	01
保留	[11]	保留	0
TWRPH0	[10:8]	TWRPH0 持续时间设置值（0～7），持续时间=HCLK X（TWRPH0+1）	000
保留	[7]	保留	0
TWRPH1	[6:4]	TWRPH1 持续时间设置值（0～7），持续时间=HCLK X（TWRPH1+1）	000
AdvFlash（只读）	[3]	对自动引导的高级 NAND Flash 存储器 0：支持每页 256 或 512Byte NAND Flash 存储器 1：支持每页 1024 或 2048Byte NAND Flash 存储器 在复位或从睡眠模式唤醒时由 NCON0 引脚状态决定	H/W Set（NCON0）
页大小（只读）	[2]	当 AdvFlash=0 时 0：每页 256Byte；1：每页 512Byte 当 AdvFlash=1 时 0：每页 1024Byte；1：每页 2048Byte 由 GPG13 决定	H/W Set（GPG13）
AddrCycle（只读）	[1]	NAND Flash 存储器的地址周期 当 AdvFlash=0 时 0：3 地址周期；1：4 地址周期 当 AdvFlash=1 时 0：4 地址周期；1：5 地址周期 由 GPG14 决定	H/W Set（GPG14）
BusWidth	[0]	NAND Flash 存储器的 I/O 总线宽度 0：8 位；1：16 位 由 GPG15 决定，该位可由软件设置	H/W Set（GPG15）

7.2.3　NAND Flash 控制寄存器

NAND Flash 控制寄存器如表 7-33 所示。

表 7-33　NAND Flash 控制寄存器

寄 存 器	地　　址	R/W	描　　述	初 始 值
NFCONT	0X4E000004	R/W	NAND Flash 控制寄存器	0X0384

NAND Flash 控制寄存器各位的含义如表 7-34 所示。

表 7-34　NAND Flash 控制寄存器各位的含义

NFCONT	位	描　述	初　始　值
保留	[14:15]	保留	0
Lock-tight	[13]	锁紧配置 0：关闭锁紧；1：打开锁紧。一旦该位设置为 1 就不能清除。除非复位或从睡眠模式中唤醒使该位为 0（不能用软件清除） 当该位设置为 1 时，[NFSBLK（0x4E000038）]to[NFEBLK（0x4E00003C）-1]这个区域没有锁定，除这个区域外的写、擦除命令都是无效的，仅读命令有效 如果试图写、擦除锁定区域，将发生非法访问（NFSTAT[3]位被设置） 如果 NFSBLK 和 NFEBLK 一致，整个区域将被锁定	0
Soft Lock	[12]	软锁配置 0：关闭软锁；1：打开软锁 软锁区域在任何时间都可以通过软件改变 当该位设置为 1 时，[NFSBLK（0X4E000038）to NFEBLK（0X4E00003C）-1]这个区域未锁定，除这个区域外，写、擦除命令是无效的，仅读命令有效 如果试图写、擦除锁定区域，将发生非法访问（NFSTAT[3]位被置 1） 如果 NFSBLK 和 NFEBLK 一致，整个区域将被锁定	1
保留	[11]	保留	0
EnbIllegalAccINT	[10]	非法访问中断控制 0：关闭中断；1：打开中断 当 CPU 试图编程或擦除锁定区域[NFSBLK（0X4E000038）to NFEBLK（0X4E00003C）-1]时，非法访问中断发生	0
EnbRnBINT	[9]	RnB 状态输入信号改变中断控制 0：关闭 RnB 中断；1：打开 RnB 中断	0
RnB_TransMode	[8]	RnB 改变检查配置 0：上升沿检查；1：下降沿检查	0
保留	[7]	保留	0
SpareECCLock	[6]	是否锁定备用区域 ECC 生成 0：不锁定备用区域 ECC；1：锁定备用区域 ECC 备用区域 ECC 状态寄存器为 FSECC（0X4E000034）	1
MainECCLock	[5]	是否锁定主数据区域 ECC 生成 0：未锁定主数据区域 ECC 生成 1：锁定主数据区域 ECC 生成 主数据区域 ECC 状态寄存器为 NFMECC0/1（0X4E00002C/30）	1
InitECC	[4]	初始化 ECC 译码/编码（仅写） 1：初始化 ECC 译码/编码	0

续表

NFCONT	位	描　　　述	初　始　值
保留	[2:3]	保留	0
Reg_nCE	[1]	NAND Flash 存储器 nFCE 信号控制 0：强制 nFCE 为低（使能芯片选择） 1：强制 nFCE 为高（未使能芯片选择） 备注：启动时是自动控制的，这个值仅在 MODE 位为 1 时 有效	1
MODE	[0]	NAND Flash 控制器操作模式 0：NAND Flash 控制器关闭（不工作） 1：NAND Flash 控制器使能	0

7.2.4　NAND Flash 命令寄存器

NAND Flash 命令寄存器如表 7-35 所示。

表 7-35　NAND Flash 命令寄存器

寄　存　器	地　　址	R/W	描　　　述	初　始　值
NFCMMD	0X4E000008	R/W	NAND Flash 命令设置寄存器	0X00

NAND Flash 命令寄存器各位的含义如表 7-36 所示。

表 7-36　NAND Flash 命令寄存器各位的含义

NFCMMD	位	描　　　述	初　始　值
Reserved	[15:8]	保留	0X00
NFCMMD	[7:0]	NAND Flash 存储器命令	0X00

7.2.5　NAND Flash 地址寄存器

NAND Flash 地址寄存器如表 7-37 所示。

表 7-37　NAND Flash 地址寄存器

寄　存　器	地　　址	R/W	描　　　述	初　始　值
NFADDR	0X4E00000C	R/W	NAND Flash 地址设置寄存器	0X0000XX00

NAND Flash 地址寄存器各位的含义如表 7-38 所示。

表 7-38　NAND Flash 地址寄存器各位的含义

NFADDR	位	描　　　述	初　始　值
Reserved	[15:8]	保留	0X00
NFADDR	[7:0]	NAND Flash 存储器地址	0X00

7.2.6　NAND Flash 数据寄存器

NAND Flash 数据寄存器如表 7-39 所示。

表 7-39　NAND Flash 数据寄存器

寄　存　器	地　　址	R/W	描　　述	初　始　值
NFDATA	0X4E000010	R/W	NAND Flash 数据寄存器	0XXXXX

NAND Flash 数据寄存器各位的含义如表 7-40 所示。

表 7-40　NAND Flash 数据寄存器各位的含义

NFDATA	位	描　　述	初　始　值
NFDATA	[31:0]	NAND Flash 对 I/O 的读/编程数据。备注：参考数据寄存器的配置	0XXXXX

7.2.7　NAND Flash 状态寄存器

NAND Flash 状态寄存器如表 7-41 所示。

表 7-41　NAND Flash 状态寄存器

寄　存　器	地　　址	R/W	描　　述	初　始　值
NFSTAT	0X4E000020	R/W	NAND Flash 状态寄存器	0XXX00

NAND Flash 状态寄存器各位的含义如表 7-42 所示。

表 7-42　NAND Flash 状态寄存器各位的含义

NFSTAT	位	描　　述	初　始　值
Reserved	[7]	保留	X
保留	[4:6]	保留	0
IllegalAccess	[3]	无论软锁或锁紧使能，非法对存储器进行访问（编程、擦除）将使该位置 1 0：没有检测到非法访问 1：检查到非法访问	0
rnB_TransDetect	[2]	当 RnB 从低电平到高电平时，该位置 1，如果中断使能则发生中断，写"1"清除该位 0：没有检查到 RnB 改变 1：检查到 RnB 改变 改变配置在 RnB_TransMode（NFCONT[8]）中设置	0
nCE（Read-Only）	[1]	nCE 状态输出引脚	1
RnB（Read-Only）	[0]	RnB 状态输入引脚 0：NAND Flash 存储器繁忙 1：NAND Flash 存储器就绪	1

7.2.8　K9F2G08U0C NAND Flash 存储器

1. 概述

K9F2G08U0C 是一个提供 2Gbit（256M × 8bit）并拥有备用 64Mbit 的闪存芯片，它的 NAND 单元为固态应用市场提供了超低成本解决方案。对（2K+64）字节页进行编程操作的典型时间为 250μs，而对（128K+4K）字节块进行擦除操作的典型时间为 2ms。在数据寄存器中，数据被读出的速度是 25ns/Byte。I/O 引脚作为地址端口、数据输入/输出端口以及命令输入端口。K9F2G08U0C 芯片为固件文件存储应用、其他轻便不可丢失应用等大容量非易失性存储器提供了较好的解决方案。

2. 结构框图

K9F2G08U0C 芯片的结构框图如图 7-24 所示。

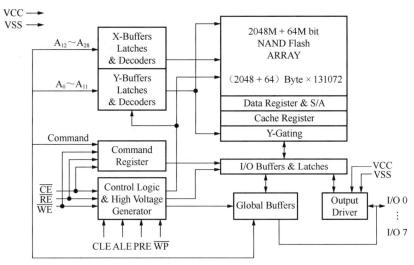

图 7-24　K9F2G08U0C 芯片的结构框图

注意：A0～A11 表示的是 Y-Buffers（多少列），A12～A28 表示的是 X-Buffers（多少行），Command Register 用于命令字，不同的 NAND Flash 有不同的命令寄存器，大小为 2112 Mbit=264 MByte=256 MByte + 8 MByte，256 MByte 的存储空间 + OOB 区，OOB 是与坏块管理和 ECC 相关的。

3. K9F2G08U0C 芯片的存储结构

K9F2G08U0C 芯片的存储结构如图 7-25 所示。

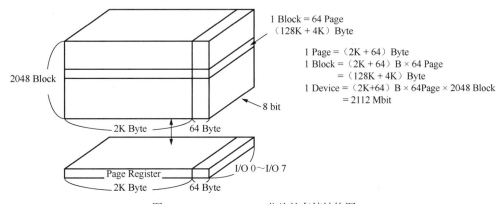

图 7-25　K9F2G08U0C 芯片的存储结构图

NAND Flash 的详细说明如下。

（1）NAND Flash 的型号和命名都是有意义的。如 K9F2G08U0C：K9F 表示三星系列的

NAND Flash；2G 表示 2Gbit＝256MByte；08 表示 8 位，也就是数据线有 8 根；U 表示 2.7V～3.6V，0 表示 Normal，C 表示 4th Generation。

（2）NAND Flash 有 8bit 数据，也有 16bit 数据，数据线上传输的不一定都是有效数据，也有可能是命令、地址等。

（3）NAND Flash 中可以被访问的最小单元（即对 NAND Flash 进行一次读写至少要读写多少字节，或者是这么多字节的整数倍）叫"页"，在 K9F2G08 芯片中，页的大小是（2K＋64）字节，也就是说要读写 K9F2G08U0C，每次至少要读写（2K＋64）字节，或者 n×（2K＋64）字节，哪怕只想读取其中的 1 个字节，也同样要读这么多字节，这就是所说的"块设备"。

（4）比页大的单位有"块"，1 个块等于若干个页（如在 K9F2G08 中 1 个块等于 64 个页），1 块＝（128K＋4K）字节。

（5）比块大的单位就是整个 NAND Flash 芯片了，叫"设备"（在易引起混淆的情况下，为便于与普通硬件设备的区分，把这里提到的"设备"称为"块设备"），一个设备由若干个块构成，如 K9F2G08U0C 一个设备有 2048 个块。所以整个设备大小为 2048×64×2KB＝256MB，2KB 是存储空间，64 是数据校验和坏块管理相关的参数。实际上，一个设备的空间大小＝（2K+64）字节×64 页×2048 块 ＝2112 Mbits＝264MBytes。

（6）块设备分页、分块的意义。首先要明白，块设备不能完全按字节而必须按块访问是物理上的限制，不是人为设置的障碍。其次，页和块各有各的意义，如 NAND Flash 中，页是读写 NAND Flash 的最小单位，块是擦除 NAND Flash 的最小单位，这些规则都是由 NAND Flash 的物理原理导致的限制要求。

（7）NAND Flash 芯片中主要包含两部分：NAND Flash 存储颗粒＋NAND Flash 端口电路。存储颗粒就是纯粹的 NAND Flash 原理的存储单元，类似于仓库；NAND Flash 端口电路是用来管理存储颗粒的，并且给外界提供一个统一的 NAND Flash 端口规格的访问端口。

（8）NAND Flash 中有多个存储单元，每个单元都有自己的地址（地址是精确到字节的）。所以 NAND Flash 地址编排精确到字节，但是实际读写却只能精确到页（所以 NAND Flash 的很多操作都要求给的地址是页对齐的，如 2K、4K、512K 等这样的地址，不能给 3000B 这样的地址）。NAND Flash 读写时地址是通过 I/O 引脚发送的，因为地址有 29 位，而 I/O 只有 8 位，所以需要多个周期才能发送完毕。一般的 NAND Flash 都是 4 周期或者 5 周期发送地址，所以习惯上把 NAND Flash 分为 4 周期 NAND Flash 和 5 周期 NAND Flash。

（9）NAND Flash 的组织架构较乱，端口时序可能不同，造成的结果就是不同厂家的 NAND Flash，或者是同一个厂家的不同系列型号存储容量的 NAND Flash 端口不一样。所以 NAND Flash 有一个很大的问题，就是一旦升级容量或者换芯片系列，硬件就要重新做、软件也要重新移植。

（10）错误校验码（Error Correction Code，ECC）。因为 NAND Flash 存储本身出错（位反转）的概率高（NAND Flash 较 NOR Flash 最大的缺点就是稳定性较差），所以将有效信息存储到 NAND Flash 中时，都会同时按照一定算法计算一个 ECC 信息（如 CRC16 等校验算法），并将 ECC 信息存储到 NAND Flash 这个页的带外数据区。然后等将来读取数据时，对数据用同样的算法再计算一次 ECC，并且对从带外数据区读出的 ECC 进行校验。如果校验通过则证明 NAND Flash 的数据可信，如果校验不通过则证明这个数据已经被损坏，只能丢弃或者尝试修复。

4. K9F2G08U0C 引脚配置

K9F2G08U0C 的引脚配置图如图 7-26 所示。

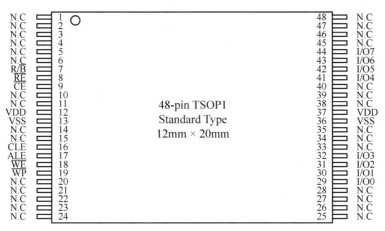

图 7-26　K9F2G08U0C 的引脚配置图

（1）K9F2G08U0C 引脚说明如表 7-43 所示。

表 7-43　K9F2G08U0C 引脚说明

引脚名称	引脚功能
I/O0～I/O7	数据输入/输出 I/O 引脚用于输入命令、地址和数据，并在读取操作期间输出数据。当芯片没有选中或输出被禁用时，I/O 引脚为高阻状态
CLE	命令锁存使能 CLE 输入控制有效路径上的命令发送到命令寄存器。当为高电平时有效，有效时，通过 I/O 端口在 WE 信号上升沿时将命令锁存到命令寄存器
ALE	地址锁存使能 ALE 输入控制有效路径上的地址发送到内部地址寄存器。当 ALE 高电平时在/WE 上升沿锁存地址
CE	片选 CE 输入是设备选择控制。当设备处于繁忙状态时，CE 高被忽略，并且设备不会在编程或擦除操作中返回待机模式
RE	读操作使能 RE 输入是串行数据输出控制，有效时将数据驱动到 I/O 总线。在 RE 下降沿后数据有效时间为 tREA，它还使内部列地址计数器加一
WE	写操作使能 WE 输入控制写入 I/O 端口。在 WE 脉冲的上升沿锁存命令、地址和数据
WP	写保护 WP 引脚在电源转换期间提供意外的编程/擦除保护。WP 引脚是低电平时有效，有效时内部高压发生器复位
R/B	就绪/繁忙输出 R/B 输出指示设备操作的状态。低电平时，表示编程、擦除或随机读取操作正在进行中，完成后返回高电平状态。当芯片被取消选择或输出被禁用时，它是一个开漏输出，不会浮动到高阻状态
VDD	电源 VDD 是设备的电源端口

引脚名称	引 脚 功 能
VSS	地（接地端口）
N.C	不连接 导线没有内部连接

（2）K9F2G08U0C 与 S3C2440A 微处理器的连接关系。

① R/B（7）——（2440 FRnB）。

② CLE（16）——（2440 CLE）。

③ $\overline{CE}$（9）——（2440 nFCE）。

④ ALE（17）——（2440 ALE）。

⑤ $\overline{WE}$（18）——（2440 nFWE）。

⑥ $\overline{RE}$（8）——（2440 nFRE）。

⑦ $\overline{WP}$（19）——（VDD3.3V）。

⑧ I/O[0～7]——（2440 DATA[0～7]）。

5. K9F2G08U0C 的命令设置

NAND Flash 的命令码如下：外部 SoC 要想通过 NAND Flash 控制器来访问 NAND Flash（实质就是通过 NAND Flash 端口），就必须通过 NAND Flash 端口给 NAND Flash 发送命令、地址、数据等信息来读写 NAND Flash。NAND Flash 芯片内部的管理电路本身可以接收外部发送的命令，然后根据这些命令来读写 NAND Flash 内容与外部 SoC 交互。所以对 NAND Flash 进行的所有操作（擦除、读、写等）都要有命令、地址、数据的参与才能完成，而且必须按照 NAND Flash 芯片规定的流程来做，其命令集如表 7-44 所示。

表 7-44 K9F2G08U0C 的命令集

功　能	第一个周期	第二个周期	忙时可以接受命令
读	00H	30H	—
复制块读	00H	35H	—
读 ID	90H	—	
复位	FFH	—	可以
页写	80H	10H	
复制块写	85H	10H	
双平面页写	80H～11H	81H～10H	—
块擦除	60H	D0H	—
随机数据输入	85H	—	
随机数据输出	05H	E0H	
读状态	70H	—	可以
读状态 2	F1H	—	可以

注：（a）随机数据输入/输出可以在 1 页内执行；（b）除了 70H/F1H 和 FFH 外，禁止在 11H～81H 之间执行任何命令。

例如：如果要进行读操作，第一个周期发 00H，第二个周期发 30H。如果要复位这个设备，第一个周期发 FFH。

在实际应用中，只需要往 NFCMMD 寄存器写入上述相应值，NAND Flash 控制器就会自动执行相应动作。

6. K9F2G08U0C 的地址发送

K9F2G08U0C 的存储器编址为 29 位，但 I/O 只有 8 位，发送地址如表 7-45 所示。

表 7-45　K9F2G08U0C 的存储器发送地址

	I/O0	I/O1	I/O2	I/O3	I/O4	I/O5	I/O6	I/O7	说明
第一周期	A0	A1	A2	A3	A4	A5	A6	A7	列地址
第二周期	A8	A9	A10	A11	L	L	L	L	列地址
第三周期	A12	A13	A14	A15	A16	A17	A18	A19	行地址
第四周期	A20	A21	A22	A23	A24	A25	A26	A27	行地址
第五周期	A28	L	L	L	L	L	L	L	行地址

注：L 表示必须置为 0，超出上表的地址序列，设备将会忽略，不进行处理。

7. K9F2G08U0C 的常见操作及流程分析

（1）操作顺序。NAND Flash 的访问方法为先传输命令，接着传输地址，然后读写数据，中间需要根据 R/B 引脚来判断 NAND Flash 的忙闲状态。对于 K9F2G08U0C 而言，它的容量为 256MB，需要一个 29 位的地址。发出命令后，后面紧跟着 5 个地址序列。如向 NAND Flash 写数据时，发出相应的写命令后，接着发出 5 个地址序列，后续的写操作就可以往这些地址里写数据了。

（2）擦除。NAND Flash 在使用之前要先统一擦除（擦除的单位是块）。NAND Flash 类设备擦除后里面全是 1，所以擦干净之后读出来的值是 0XFF。擦除时必须给块对齐的地址。如果给了不对齐的地址，结果是不可知的（对有些 NAND Flash 芯片无影响，它内部会自动将其对齐，而有些 NAND Flash 会返回地址错误）。

（3）坏块标志。NAND Flash 芯片用一段时间后，可能某些块会坏掉（这些块无法擦除，或者无法读写），NAND Flash 的坏块类似于硬盘的坏道。坏块是不可避免的，而且随着 NAND Flash 的使用，坏块会越来越多。当坏块还不算太多时，这个 NAND Flash 是可以用的，除非坏块太多了才会换新的。为了管理 NAND Flash，发明了一种坏块标志机制。NAND Flash 的每个页的 64 字节的带外数据中，定义一个固定位置（如定位第 24 字节）来标记这个块的好坏。文件系统在发现这个块已经坏了时，会将这个块标记为坏块，以后访问 NAND Flash 时会直接跳过这个块。

（4）页写操作。写之前确保这个页是擦除干净的。如果不是擦除干净的，而是脏的、用过的页，写进去的值就是错的，不是想要的结果。写操作在 NAND Flash 的操作中就叫"编程"。

（5）写过程。SoC 通过 NAND Flash 控制器和 NAND Flash 芯片完成顺序对接，然后按照时序要求将一页数据发给 NAND Flash 芯片内部的端口电路。端口电路先接收数据到自己的缓冲区，然后再集中写入 NAND Flash 芯片的存储区域。NAND Flash 端口电路将一页数据从缓冲区中写入 NAND Flash 存储系统需要一定的时间，这段时间 NAND Flash 芯片不能再响应 SoC 发过来的其他命令，所以 SoC 要等待 NAND Flash 端口电路忙完。等待方法是 SoC 不断读取状态寄存器，然后通过检查这个状态寄存器的状态位就能知道 NAND Flash 端口电路刚才写的那一页数据是否完成。直到 SoC 收到正确的状态寄存器响应，才能认为刚才要写的那一页数据已经写完，如果 SoC 收到的状态一直不对，可以考虑重写，或者认为这一页所在的块已经是坏块，或者整个 NAND Flash 芯片已经坏掉了。

（6）状态判断。K9F2G08U0C 有一个引脚用来判断 CPU 是否能够对 NAND Flash 进行读写，这个引脚是 R/B。当该引脚为高电平时，表示 NAND Flash 就绪；当这个引脚为低电平时，表示 NAND Flash 正忙。

7.2.9　K9F2G08U0C NAND Flash 存储器应用

由于 NAND Flash 容易出错，在使用中需要对 NAND Flash 中的内容进行校验，可以采用芯片自带的 ECC 进行校验，也可以采用软件校验的方式。

1. 详细连接电路图

K9F2G08U0C 与 S3C2440A 微处理器的详细连接电路图如图 7-27 所示。

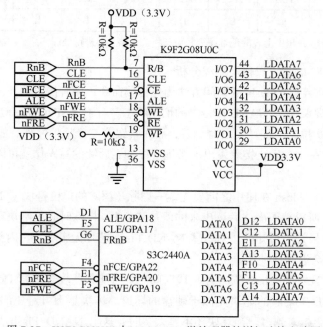

图 7-27　K9F2G08U0C 与 S3C2440A 微处理器的详细连接电路图

2. 地址计算

NAND Flash 读写操作的最小单位是页，擦除的最小单位是块，地址操作时需要列地址（低 12 位）、行地址（高 17 位）。下面给出根据块号、块内页号、页内地址计算物理地址的方法。

例如：现在以 K9F2G08U0C 为例来说明。K9F2G08U0C 为 2G 位（256M × 8bit），即有 2048 块，每块 128KByte（即 64 页），每页 2KByte。下面分 3 种情况来说明：单元地址计算、页地址的起始地址计算、块地址的起始地址计算。

- 单元地址计算。

假设要访问 K9F2G08U0C 中第 1000 个块中的第 30 页中的第 500 字节处的地址，具体地址计算如下。

物理地址 ＝ 块号×块大小 ＋ 页号×页大小 ＋ 页内地址

　　　　 ＝ 1000×128K + 30×2K + 500

　　　　 ＝ 0X7D0F1F4

- 页地址的起始地址计算。

假设要访问 K9F2G08U0C 中第 1000 个块中的第 30 页的起始地址。

起始地址 ＝ 块号×块大小 ＋ 页号×页大小

　　　　　＝ 1000×128K ＋ 30×2K ＝ 0X07D0F000

- 块地址的起始地址计算。

假设要访问 K9F2G08U0C 中第 1000 个块的起始地址。

起始地址 ＝ 块号×块大小 ＝ 1000 × 128K ＝ 0X07D00000

根据表 7-45 可知，此 NAND Flash 地址周期共有 5 个，包括 2 个列（Column）周期和 3 个行（Row）周期。实际上列地址 A0～A10 就是页内地址，地址范围是 0～2047，而对应的 A11 固定为 0。对应的 A12～A28 称作"页号"，页号可以定位到哪一页，而其中的 A17～A28 表示对应的块号，即定位到属于哪个块。

解释了地址组成，就容易分析上面例子中的地址。

0X7D0F1F4 ＝ 0000 0111 1101 0000 1111 0001 1111 0100。列地址为低 11 位，A11 为 0，即 0001 1111 0100。行地址为 0000 0111 1101 0000 1111 0，从低开始 4 位重新排列 0000 1111 1010 0001 1110，因此地址如下。

- 1st 周期，A7～A0 为 1111 0100 ＝ 0Xf4。
- 2nd 周期，A11～A8 为 0000 0001 ＝ 0X04。
- 3rd 周期，A19～A12 为 0001 1110 ＝ 0X1E。
- 4th 周期，A27～A20 为 1111 1010 ＝ 0XFA。
- 5th 周期，A28 为 0000 0000 ＝ 0X00。

所以列地址和行地址的计算如下。

（1）列地址 ＝ 32 位地址和 0X7FF 进行"与"运算，然后将低 12 位地址赋给 A0～A11。

（2）行地址 ＝ 32 位地址/2048，然后将低 17 位地址赋给 A12～A28。

3. NAND Flash 的主要操作

（1）初始化 NAND Flash 控制器。NAND Flash 控制器的初始化包括设置引脚、初始化 NFCONF 寄存器、初始化 NFCONT 寄存器、复位 NAND Flash。

① 设置引脚。

- NCON。NAND Flash 存储器选择，此处为 1，表示 5 个地址周期。
- GPG13。NAND Flash 存储器页容量选择，此处为 1，表示每页 2KByte。
- GPG14。NAND Flash 存储器地址周期选择，此处为 1，表示 5 个地址周期。
- GPG15。NAND Flash 存储器总线宽度选择，此处为 0，表示 8 位总线宽度。

② 初始化 NFCONF 寄存器。设置 TACLS=0、TWRPH0=3、TWRPH1=0、值为 0X300，NFCONF 寄存器的地址为 0X4E000000。

```
LDR R0, =0X4E000000
LDR R1, =0X300
STR R1, [R0]
```

③ 初始化 NFCONT 寄存器。使能 NAND Flash 控制器，包括初始化 ECC、禁止片选、值为 0X13，NFCONT 寄存器的地址为 0X4E000004。

```
LDR R0, =0X4E000004
```

```
LDR R1, =0X13
STR R1, [R0]
```

④ 复位 NAND Flash。使 NAND Flash 存储器处于就绪状态。

（2）NAND Flash 存储器擦除。NAND Flash 存储器首次使用时要擦除，即将所有内容初始化为 FF，其流程图如图 7-28 所示。图 7-28 中具体的操作详见本小节后续内容。

（3）读页操作。读页操作的流程图如图 7-29 所示。

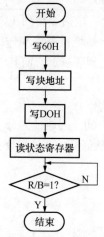

图 7-28　NAND Flash 存储器擦除流程图

图 7-29　读页操作的流程图

图 7-29 中具体的操作详见本小节后续内容。

（4）写页操作。写页操作的流程图如图 7-30 所示。图 7-30 中具体的操作详见本小节后续内容。

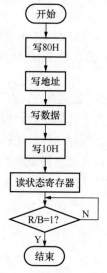

图 7-30　写页操作的流程图

（5）复位。复位包括等待就绪、选择芯片、取消片选等流程。

```
LDR R0,=0X4E000004        ;选择芯片
```

```
        LDRB R1,[R0]
        AND R1,R1,#0XFD
        STRB R1,[R0]
        MOV R1,#0XFF                 ;复位命令
        LDR R0,=0X4E000008
        STRB R1,[R0]
        LDR R0,=0X4E000020      ;等待就绪
LOOP    LDRB R1,[R0]
        AND R1,R1,#1
          BNE LOOP
        LDR R0,=0X4E000004      ;取消片选
        LDRB R1,[R0]
        ORR R1,R1,#0X02
        STRB R1,[R0]
```

① 等待就绪。要判断 NAND Flash 存储器是否就绪，看状态寄存器地址是否为 0X4E000020 即可。

```
        LDR R0,=0X4E000020
LOOP    LDRB R1,[R0]
        AND R1,R1,#1
        BNE LOOP
```

② 选择芯片。强制使 nFCE 为低，选中 NAND Flash 存储器，同时不能影响其他位，控制寄存器的地址为 0X4E000004。

```
LDR R0,=0X4E000004
LDRB R1,[R0]
AND R1,R1,#0XFD
STRB R1,[R0]
```

③ 取消片选。强制使 nFCE 为高，不选中 NAND Flash 存储器，同时不能影响其他位，控制寄存器的地址为 0X4E000004。

```
LDR R0,=0X4E000004
LDRB R1,[R0]
ORR R1,R1,#0X02
STRB R1,[R0]
```

（6）发命令。假设命令值已在 R1 中，命令寄存器的地址为 0X4E000008。

```
LDR R0,=0X4E000008
STRB R1,[R0]
```

（7）发地址。假设地址值已在 R1 中，地址寄存器的地址为 0X4E00000C。

```
LDR R0,=0X4E00000C
AND R2,R1,#0XFF              ;列地址 A0~A7
STRB R2,[R0]
MOV R2,R1,LSR#8
AND R2,R2,#0X7              ;列地址 A8~A11
STRB R2,[R0]
MOV R2,R1,LSR#11
```

```
AND R2,R2,#0XFF            ;行地址 A12~A19
STRB R2,[R0]
MOV R2,R1,LSR#19
AND R2,R2,#0XFF            ;行地址 A20~A27
STRB R2,[R0]
MOV R2,R1,LSR#27
AND R2,R2,#0X3            ;行地址 A28~A29
STRB R2,[R0]
```

（8）读数据。数据寄存器的地址为 0X4E000010，数据读到 R1 中。

```
LDR R0,=0X4E000010
LDRB R1,[R0]
```

注意：此处只读了一个字节的数据。

（9）读函数。假设 R0 为读入数据缓冲区的首地址=0X40000000，R1 为页地址的起始地址=0X07D0F000（注意要和页开始地址对齐），R2 为要读写该页中的字节数=500（不能超过一页的大小，这里最大为 2048），其程序流程图如图 7-31 所示。

图 7-31　读一页数据的完整流程图

```
LDR R3,=0X40000000        ;初始化
LDR R4,=0X7D0F000
LDR R5,=500
LDR R0,=0X4E000004        ;选中芯片
LDRB R1,[R0]
AND R1,R1,#0XFD
STRB R1,[R0]
MOV R1,#0X00              ;发读命令 0X00
LDR R0,=0X4E000008
STRB R1,[R0]
```

```
          LDR  R0,=0X4E00000C
          AND  R2,R4,#0XFF          ;列地址 A0～A7
          STRB R2,[R0]
          MOV  R2,R4,LSR#8
          AND  R2,R2,#0X7           ;列地址 A8～A11
          STRB R2,[R0]
          MOV  R2,R4,LSR#11
          AND  R2,R2,#0XFF          ;行地址 A12～A19
          STRB R2,[R0]
          MOV  R2,R4,LSR#19
          AND  R2,R2,#0XFF          ;行地址 A20～A27
          STRB R2,[R0]
          MOV  R2,R4,LSR#27
          AND  R2,R2,#0X3           ;行地址 A28～A29
          STRB R2,[R0]
          MOV  R1,#0X30             ;发读命令 0X30
          LDR  R0,=0X4E000008
          STRB R1,[R0]
          LDR  R0,=0X4E000020       ;等待就绪
LOOP1     LDRB R1,[R0]
          ANDS R1,R1,#1
          BEQ  LOOP1
          LDR  R0,=0X4E000010       ;读一页数据
LOOP2     LDRB R1,[R0]
          STRB R1,[R3],#1
          SUBS R5,R5,#1
          BNE  LOOP2
          LDR  R0,=0X4E000004       ;取消片选
          LDRB R1,[R0]
          ORR  R1,R1,#0X02
          STRB R1,[R0]
```

（10）将 NAND Flash 程序复制到 SDRAM。如果系统配置为 NAND Flash 引导，启动时 NAND Flash 上的前 4KByte 将被装载到 Steppingstone 中，并且装载到 Steppingstone 上的启动代码会被执行。一般情况下，启动代码会复制 NAND Flash 上的内容到 SDRAM 中，在引导代码执行完毕后就跳转到 SDRAM 中执行，在完成复制的基础上，主程序将在 SDRAM 上被执行。这里涉及两点：（a）将 Steppingstone 上的程序复制到 SDRAM；（b）如果程序大于 4KB，那超过 4KB 的部分需要由用户编程完成复制。

① 将 Steppingstone 上的程序复制到 SDRAM。由于 SDRAM 的地址从 0X30000000 开始，复制程序如下。

```
          MOV  R1, #0
          LDR  R2, =0X30000000
          MOV  R3, #4 *2048
LO1       LDR  R4, [R1],#4
          STR  R4, [R2],#4
          CMP  R1, R3
          BNE  LO1
          ADR  R1,ON_SDRAM
          LDR  R2, =0X30000000
```

```
        ADD R1,R1,R2
        BX  R1
ON_SDRAM          ;后续部分程序
```

② 超过 4K 的部分复制。参见读函数部分。

（11）注意事项。

① 对 NAND Flash 存储器的操作先要选择芯片，操作完后要取消选中芯片。

② 由于 NAND Flash 存储器的读写速度较慢，在每步操作中要么加入延迟，要么判断芯片的状态，以免结果不正确。

思 考 题

1. 存储器有哪些类型？各有何优缺点？

2. S3C2440A 微处理器如何与 8 位宽、16 位宽、32 位宽的存储器连接。

3. 在嵌入式应用中为何经常还要外加存储器？

第8章
S3C2440A 微处理器外围电路部分

本章内容主要包括 DMA、中断控制器、PWM 定时器和 UART 端口。

8.1 DMA

8.1.1 DMA 简介

S3C2440A 微处理器拥有 4 个通道的 DMA 控制器，相连于系统总线和外围总线。DMA 控制器的每一个通道都可以用在系统总线上的存储器与外围总线之间、系统总线上的设备之间。外围总线之间的操作数据传输不被限制。

S3C2440A 微处理器的 DMA 在以下 4 种情况下可使用。

（1）源设备和目标设备都连在系统总线 AHB 上。

（2）源设备和目标设备都连在外围总线 APB 上。

（3）源设备连在系统总线 AHB 上，目标设备连在外围总线 APB 上。

（4）源设备连在外围总线 APB 上，目标设备连在系统总线 AHB 上。

DMA 的主要优点是可以不通过 CPU 中断来实现数据的传输，DMA 的运行可以通过软件或外围设备的中断和请求来初始化。

8.1.2 DMA 工作原理

1. DMA 的服务对象

每个 DMA 通道都有 5 个 DMA 请求源，通过设置，可以从中挑选一个请求源。每个通道可使用的 DMA 请求源如表 8-1 所示。

表 8-1　每个通道可使用的 DMA 请求源

通道	请求源 0	请求源 1	请求源 2	请求源 3	请求源 4
通道 0	nXDREQ0	UART0	SDI	Timer	USB 设备 EP1
通道 1	nXDREQ1	UART1	IIS/SDI	SPI0	USB 设备 EP2
通道 2	IISSDO	IISSDI	SDI	Timer	USB 设备 EP3
通道 3	UART2	SDI	SPII	Timer	USB 设备 EP4

2. DMA 的工作过程

DMA 的工作过程如图 8-1 所示。

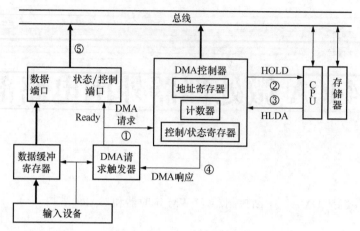

图 8-1　DMA 的工作过程

传送完规定的数据后，DMA 撤销 HOLD 信号，CPU 撤销 HLDA 信号，并且恢复对 3 条总线（地址总线、数据总线、控制总线）的控制。

S3C2440A 微处理器的 DMA 工作过程可以分为以下 3 个状态。

（1）状态 1——等待状态。DMA 等待一个 DMA 请求，如果有请求到来，将转移到状态 2，在这个状态下，DMA ACK 和 INT 请求为 0。

（2）状态 2——准备状态。DMA ACK 变为 1，计数器（CURR_TC）装入 DCON[19:0]寄存器。

注意：DMA ACK 保持为 1，直到它被清除。

（3）状态 3——传输状态。DMA 控制器从源地址读入数据并将它写入目的地址，每传输一次，CURR_TC 计数器（在 DSTAT 中）减 1，并且可能做以下操作。

① 重复传输。在全服务模式下，将重复传输，直到计数器 CURR_TC 变为 0；在单服务模式下，只传输一次数据。

② 设置中断请求信号。当 CURR_TC 变为 0 时，DMAC 发出 INT 请求信号，而且 DCON[29]即中断设定位被设为 1。

③ 清除 DMA ACK 信号。对单服务模式，或者全服务模式，CURR_TC 变为 0。

注意：在单服务模式下，DMA 的 3 个状态被执行一遍，然后停止，等待下一个 DMA 请求的到来。如果 DMA 请求到来，则这些状态被重复操作，直到 CURR_TC 减为 0。

注意：DMA 传输分为 1 个单元传输和 4 个单元突发式传输。

3. 外部 DMA 请求/响应协议

DMA 有 3 种类型的外部 DMA 请求/响应协议。

（1）单服务请求——Single Service Demand（请求模式）。

（2）单服务握手——Single Service Handshake（握手模式）。

（3）全服务握手——Whole Service Handshake（全服务模式）。

每种类型都定义了 DMA 请求和 DMA 响应信号怎样与这些协议相联系。请求模式和握手模式的比较如下。

在一次传输结束时，DMA 检查 XnXDREQ（DMA 请求）信号的状态。

① 在请求模式下，如果 DMA 请求（XnXDREQ）信号仍然有效，则传输马上再次开始，否则等待。

② 在握手模式下，如果 DMA 请求信号无效，DMA 在两个时钟周期后将 DMA 响应（XnXDACK）信号变得无效；否则 DMA 等待，直到 DMA 请求信号变得无效，每请求一次传输一次。

4. DMA 时序要求

DMA 的基本时序要求如下。

（1）DMA 请求信号和响应信号的建立（Setup）时间与延迟（Delay）时间在所有的模式下都是相同的。

（2）如果 DMA 请求信号的建立时间满足要求，则在两个周期内实现同步，然后 DMA 响应信号变得有效。

（3）在 DMA 响应信号变得有效后，DMA 向 CPU 请求总线。如果它得到总线就执行操作。DMA 操作完成后，DMA 响应信号变得无效。

DMA 服务在 DMA 操作过程中成对执行读和写周期。S3C2440A 微处理器 DMA 操作的基本时序图如图 8-2 所示。

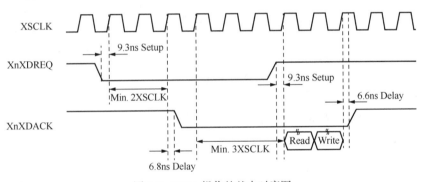

图 8-2　DMA 操作的基本时序图

8.1.3　DMA 特殊功能寄存器

每一个 DMA 通道有 9 个控制寄存器（DMA 控制器共有 4 个通道，共计 36 个控制寄存器），其中 6 个控制寄存器控制 DMA 发送操作，另外 3 个管理 DMA 控制器的状态。具体介绍如下。

1. DMA 初始源寄存器

DMA 初始源寄存器 DISRCn 如表 8-2 所示。

表 8-2　DMA 初始源寄存器 DISRCn

寄　存　器	地　　址	R/W	描　　述	初　始　值
DISRC0	0X4B000000	R/W	DMA0 初始源寄存器	0X00000000
DISRC1	0X4B000040	R/W	DMA1 初始源寄存器	0X00000000
DISRC2	0X4B000080	R/W	DMA2 初始源寄存器	0X00000000
DISRC3	0X4B0000C0	R/W	DMA3 初始源寄存器	0X00000000

DISRCn 寄存器中各个比特位描述如表 8-3 所示。

表 8-3　DISRCn 寄存器中各个比特位描述

DISRCn	位	描　述	初　始　值
S_ADDR	[30:0]	发送源数据的基地址（开始地址）。只有当 CURR_SRC 为 0 和 DMA ACK 为 1 时，此比特位的值装入 CURR_SRC 中	0X00000000

2. DMA 初始源控制寄存器

DMA 初始源控制寄存器 DISRCCn 如表 8-4 所示。

表 8-4　DMA 初始源控制寄存器 DISRCCn

寄　存　器	地　址	R/W	描　述	初　始　值
DISRCC0	0X4B000004	R/W	DMA0 初始源控制寄存器	0X00000000
DISRCC1	0X4B000044	R/W	DMA1 初始源控制寄存器	0X00000000
DISRCC2	0X4B000084	R/W	DMA2 初始源控制寄存器	0X00000000
DISRCC3	0X4B0000C4	R/W	DMA3 初始源控制寄存器	0X00000000

DISRCCn 寄存器中各个比特位描述如表 8-5 所示。

表 8-5　DISRCCn 寄存器中各个比特位描述

DISRCCn	位	描　述	初　始　值
LOC	[1]	位[1]用来选择源位置 0：源位于系统总线（AHB） 1：源位于外围总线（APB）	0
INC	[0]	位[0]用来选择地址增加方式 0：增加，Burst 和 Single 发送模式中每次发送数据之后地址以数据字节数增加 1：固定，发送之后地址固定不变 （在 Burst 模式下，地址 Burst 发送过程中增加，但是发送之后地址会返回到开始的值）	0

3. DMA 初始目的寄存器

DMA 初始目的寄存器 DIDSTn 如表 8-6 所示。

表 8-6　DMA 初始目的寄存器 DIDSTn

寄　存　器	地　址	R/W	描　述	初　始　值
DIDST0	0X4B000008	R/W	DMA0 初始目的寄存器	0X00000000
DIDST1	0X4B000048	R/W	DMA1 初始目的寄存器	0X00000000
DIDST2	0X4B000088	R/W	DMA2 初始目的寄存器	0X00000000
DIDST3	0X4B0000C8	R/W	DMA3 初始目的寄存器	0X00000000

DIDSTn 寄存器中各个比特位描述如表 8-7 所示。

表 8-7　DIDSTn 寄存器中各个比特位描述

DIDSTn	位	描　　述	初　始　值
D_ADDR	[30:0]	发送数据的目的基址（开始地址），仅在 CURR_DST 为 0 和 DMA ACK 为 1 时，将次比特值装入 CURR_SRC 中	OX00000000

4. DMA 初始目的控制寄存器

DMA 初始目的控制寄存器 DIDSTCn 如表 8-8 所示。

表 8-8　DMA 初始目的控制寄存器 DIDSTCn

寄　存　器	地　　址	R/W	描　　述	初　始　值
DIDSTC0	0X4B00000C	R/W	DMA0 初始目的控制寄存器	0X00000000
DIDSTC1	0X4B00004C	R/W	DMA1 初始目的控制寄存器	0X00000000
DIDSTC2	0X4B00008C	R/W	DMA2 初始目的控制寄存器	0X00000000
DIDSTC3	0X4B0000CC	R/W	DMA3 初始目的控制寄存器	0X00000000

DIDSTCn 寄存器中各个比特位描述如表 8-9 所示。

表 8-9　DIDSTCn 寄存器中各个比特位描述

DIDSTCn	位	描　　述	初　始　值
LOC	[1]	位[1]用来选择目的地位置 0：目的地位于系统总线（AHB） 1：目的地位于外围总线（APB）	0
INC	[0]	位[0]用来选择地址增加方式 0：增加，Burst 和 Single 发送模式中每次发送数据之后地址以数据字节数增加 1：固定，发送之后地址固定不变 （在 Burst 模式下，地址 Burst 发送过程中增加，但是发送之后地址会返回到开始的值）	0

5. DMA 控制寄存器

DMA 控制寄存器 DCONn 如表 8-10 所示。

表 8-10　DMA 控制寄存器 DCONn

寄　存　器	地　　址	R/W	描　　述	初　始　值
DCON0	0X4B000010	R/W	DMA0 控制寄存器	0X00000000
DCON1	0X4B000050	R/W	DMA1 控制寄存器	0X00000000
DCON2	0X4B000090	R/W	DMA2 控制寄存器	0X00000000
DCON3	0X4B0000D0	R/W	DMA3 控制寄存器	0X00000000

DCONn 寄存器中各个比特位描述如表 8-11 所示。

表 8-11　DCONn 寄存器中各个比特位描述

DCONn	位	描　述	初　始　值
DMD_HS	[31]	选择请求模式或握手模式 0：选择请求模式 1：选择握手模式 在两种模式中，DMA 控制器开始发送数据和为接收的 DREQ 产生 DACK 信号。这两种模式的不同之处为是否等待 DACK 上升沿 在握手模式中，DMA 控制器等待 DREQ 上升沿时才开始发送数据。如果发现了 DREQ 上升沿，那么会降低 DACK 并等待另一个 DREQ 下降沿 相反，在请求模式中，DMA 控制器直到 DREQ 被升高时才开始等待。如果 DREQ 为低电平，仅升高 DACK，然后开始另一次发送 建议使用握手模式对外部 DMA 请求进行操作，以阻止不期望数据的发送开始	0
SYNC	[30]	选择 DREQ/DACK 同步 0：DREQ 和 DACK 与 PCLK（APB 时钟）同步 1：DREQ 和 DACK 与 PCLK（AHB 时钟）异步 对于连接在 AHB 系统总线的设备，此位应该设置为 1；对于连接在 APB 外围总线的设备，此位应该设置为 0 对于连接在外围系统的设备，用户应该根据外围系统是和 AHB 同步还是和 APB 同步来确定设置	0
INT	[29]	使能/禁止 CURR_TC 中断 0：CURR_TC 中断禁止，用户必须查询状态寄存器中的发送器计数值 1：当发送器完成操作时，产生中断请求，如 CURR_TC 变成 0	0
TSZ	[28]	选择一次发送操作的发送量 0：单元发送（1 字节） 1：4B 意外发送（4 字节）	0
SERVMODE	[27]	选择同步服务模式或完整服务模式 0：每次发送操作（单元或 4B）结束选择同步服务模式，DMA 停止，等待另一个 DMA 请求 1：选择完整服务模式，获得一个请求就重复发送操作，直到发送器计数值为 0，在此模式下，额外的请求将不被允许 注意：在完整服务模式，DMA 在每一次发送操作之后释放总线，然后努力再次获得总线控制权，以防止其他总线控制器获得	0
HWSRCSEL	[26:24]	为每一个 DMA 选择 DMA 请求源 DCON0：000=nXDREQ0；001=UART0；010=SDI；011=Timer；100=USB device EP1 DCON1：000=nXDREQ1；001=UART1；010=I2SSDI；011=SPI；100=USB device EP2	0

续表

DCONn	位	描　　述	初　始　值
HWSRCSEL	[26:24]	DCON2：000=I2SSDO；001=I2SSDI；011=SDI； 011=Timer；100=USB device EP3 DCON3：000=UART2；001=SDI；010=SPI；011=Timer； 100=USB device EP4 比特位控制 4-1 MUX 选择每一个 DMA 的 DMA 请求源，并且仅在通过 DCONn[23]选择 H/W 请求模式时有意义	0
SWHW_SEL	[23]	选择 S/W 或者 H/W DMA 源 0：选择 S/W 请求模式，并且通过设置 DMASKTRIG 控制寄存器 SW_TRIG 位来使 DMA 触发 1：位[26:24]选择的 DMA 请求源触发 DMA 请求	0
RELOAD	[22]	设置重装功能开关 0：当发送器的当前计数值变为 0 时，自动重装执行 1：当发送器的当前计数值变为 0 时，DMA 通道关闭（DMAREG），通道打开/关闭位（DMSKTRIGn[1]）设置为 0，以阻止再开始不期望的新的 DMA 操作	0
DSZ	[21:20]	发送数据数量 00：字节；01：半字；10：字；11：保留	0
TC	[19:0]	初始发送器计数值 注意：发送的当前字节数由以下等式计算——DSZ × TSZ × TC，其中，DSZ、TSZ（1 或 4）和 TC 分别表示数据的数量（DCONn [21:20]）、发送器大小（DCONn[28]）和初始发送器计数值 仅当 CURR_SRC 为 0 和 DMA ACK 为 1 时，此值装入 CURR_SRC	0

6. DMA 状态寄存器

DMA 状态寄存器 DSTATn 如表 8-12 所示。

表 8-12　DMA 状态寄存器 DSTATn

寄　存　器	地　　址	R/W	描　　述	初　始　值
DSTAT0	0X4B000014	R/W	DMA0 状态寄存器	0
DSTAT1	0X4B000054	R/W	DMA1 计数寄存器	0
DSTAT2	0X4B000094	R/W	DMA2 计数寄存器	0
DSTAT3	0X4B0000D4	R/W	DMA3 计数寄存器	0

DSTATn 寄存器中各个比特位描述如表 8-13 所示。

表 8-13　DSTATn 寄存器中各个比特位描述

DSTATn	位	描　　述	初　始　值
STAT	[21:20]	DMA 控制器的状态 00：指示 DMA 控制器为另一个 DMA 请求准备就绪 01：指示 DMA 控制器发送繁忙	0

续表

DSTATn	位	描 述	初 始 值
CURR_TC	[19:0]	发送器当前计数值 注意：发送器计数初始值被设置为 DCONn 寄存器位[19:0] 中的数据，并且在每一次发送结束后减 1	0

7. DMA 当前源寄存器

DMA 当前源寄存器 DSCRCn 如表 8-14 所示。

表 8-14　DMA 当前源寄存器 DSCRCn

寄 存 器	地 址	R/W	描 述	初 始 值
DCSRC0	0X4B000018	R/W	DMA0 当前源寄存器	0
DCSRC1	0X4B000058	R/W	DMA1 当前源寄存器	0
DCSRC2	0X4B000098	R/W	DMA2 当前源寄存器	0
DCSRC3	0X4B0000D8	R/W	DMA3 当前源寄存器	0

DSCRCn 寄存器中各个比特位描述如表 8-15 所示。

表 8-15　DSCRCn 寄存器中各个比特位描述

DSCRCn	位	描 述	初 始 值
CURR_SRC	[30:0]	DMAn 当前源地址	0

8. DMA 当前目的寄存器

DMA 当前目的寄存器 DCDSTn 如表 8-16 所示。

表 8-16　DMA 当前目的寄存器 DCDSTn

寄 存 器	地 址	R/W	描 述	初 始 值
DCDST0	0X4B00001C	R/W	DMA0 当前目的寄存器	0
DCDST1	0X4B00005C	R/W	DMA1 当前目的寄存器	0
DCDST2	0X4B00009C	R/W	DMA2 当前目的寄存器	0
DCDST3	0X4B0000DC	R/W	DMA3 当前目的寄存器	0

DCDSTn 寄存器中各个比特位描述如表 8-17 所示。

表 8-17　DCDSTn 寄存器中各个比特位描述

DCDSTn	位	描 述	初 始 值
CURR_DST	[30:0]	DMAn 当前目的地址	0

9. DMA 屏蔽触发寄存器

DMA 屏蔽触发寄存器 DMAMASKTRIGn 如表 8-18 所示。

表 8-18　DMA 屏蔽触发寄存器 DMAMASKTRIGn

寄 存 器	地 址	R/W	描 述	初 始 值
DMAMASKTRIG0	0X4B000020	R/W	DMA0 屏蔽触发寄存器	0
DMAMASKTRIG1	0X4B000060	R/W	DMA1 屏蔽触发寄存器	0

寄 存 器	地 　址	R/W	描　　述	初 始 值
DMAMASKTRIG2	0X4B0000A0	R/W	DMA2 屏蔽触发寄存器	0
DMAMASKTRIG3	0X4B0000E0	R/W	DMA3 屏蔽触发寄存器	0

DMAMASKTRIGn 寄存器中各个比特位描述如表 8-19 所示。

表 8-19　DMAMASKTRIGn 寄存器中各个比特位描述

DMAMASKTRIGn	位	描　　述	初 始 值
STOP	[2]	停止 DMA 操作 1：当前发送操作结束，DMA 停止工作 如果不存在当前运行的发送操作，DMA 马上结束操作，CURR_TC 置为 0 注意：由于当前可能存在发送操作，停止操作会循环几次	0
ON_OFF	[1]	DMA 通道打开/关闭 0：DMA 通道关闭（忽略此通道的 DMA 请求） 1：DMA 通道打开，并且执行 DMA 请求 如果 DCONn 位 [22] 设置为"不自动重装"或者 DMAMASKTRIGn 停止位设置为停止，该位自动设置为关闭 注意：当 DCONn 位 [22] 设置为"不自动重装"，此位变为 0，CURR_TC 变为 0，如果停止位为 1，那么只要当前发送操作完成，此位就变为 0。在 DMA 操作过程中，此位不能手动改变	0
SW_TRIG	[0]	在 S/W 请求模式下，触发 DMA 通道 1：要求一个 DMA 操作 当 DCONn 位 [23] 选择 S/W 请求模式或者通道的 ON_OFF 比特位被置 1（开启通道）后，此触发有效 当 DMA 操作开始，此比特位自动置 0	0

注意：

（1）可以不受限制地改变 DISRCn 寄存器、DIDSTn 寄存器、DCONn 寄存器中 TC 部分的值。这些改变仅在完成当前发送之后有效（如 CURR_TC 变为 0）。

（2）其他寄存器或者其中的某部分内容修改后是马上生效的，所以需要谨慎改变其值。

10. DMA 对外引脚

DMA 对外引脚如表 8-20 所示。

表 8-20　DMA 对外引脚

引 脚 名 称	引 脚 编 号	功 能 描 述	I/O 类型
nXDREQ0	K6	外部 DMA 请求 0	t8
nXDREQ1	K5	外部 DMA 请求 1	t8
nXDACK0	L3	外部 DMA 应答 0	t8
nXDACK1	K7	外部 DMA 应答 1	t8

注：t8 为双向、LVCMOS 施密特触发器，100kW 上拉电阻控制，三态，I/O 为 8mA。

8.2 中断控制器

S3C2440A 微处理器中断控制器有 60 个中断源，对外提供 24 个外中断输入引脚，内部所有设备都有中断请求信号，如 DMA 控制器、UART、IIC 等。

S3C2440A 微处理器的 ARM920T 内核有两种中断模式：普通中断（IRQ）和快速中断（FIQ）。

当中断控制器接收到多个中断请求时，其内的优先级仲裁器裁决后向 CPU 发出优先级最高的中断请求信号或快速中断请求信号，这个过程叫作"中断仲裁"。

外部中断在芯片中的引脚编号及名称如表 8-21 所示。

表 8-21 外部中断在芯片中的引脚编号及名称

功能名称	引脚编号	功能描述	功能名称	引脚编号	功能描述
EINT0	N17	外部中断 0	EINT12	P11	外部中断 12
EINT1	M16	外部中断 1	EINT13	K10	外部中断 13
EINT2	L13	外部中断 2	EINT14	R11	外部中断 14
EINT3	M15	外部中断 3	EINT15	L10	外部中断 15
EINT4	M17	外部中断 4	EINT16	T10	外部中断 16
EINT5	L14	外部中断 5	EINT17	M11	外部中断 17
EINT6	L15	外部中断 6	EINT18	N10	外部中断 18
EINT7	L16	外部中断 7	EINT19	U12	外部中断 19
EINT8	N9	外部中断 8	EINT20	M10	外部中断 20
EINT9	T9	外部中断 9	EINT21	T11	外部中断 21
EINT10	J10	外部中断 10	EINT22	L11	外部中断 22
EINT11	R10	外部中断 11	EINT23	U13	外部中断 23

8.2.1 中断控制器的操作

1. 程序状态寄存器（PSR）中的 F 位和 I 位

PSR 指 ARM920T 处理器的程序状态寄存器。如果 PSR 的 F 位被设置为 1，处理器将不接受来自中断控制器的 FIQ（快速中断请求）；如果 PSR 的 I 位被设置为 1，处理器将不接受来自中断控制器的 IRQ（普通中断请求）。因此，为了使能 FIQ 和 IRQ，PSR 的 F 位或 I 位必须被清零，同时中断屏蔽寄存器 INTMSK 的相应位也必须被清零。

2. 中断模式

ARM920T 有两种类型的中断模式：普通中断（IRQ）和快速中断（FIQ），所有的中断源在发出中断请求时都要确定使用哪一种中断模式。

3. 挂起寄存器

S3C2440A 微处理器有两个挂起寄存器：源挂起寄存器（SRCPND）和中断挂起寄存器（INTPND）。这些挂起寄存器指示了一个中断请求是否被挂起。

当中断源请求中断服务时，SRCPND 相应位被置 1，并且在仲裁后 INTPND 寄存器中仅有 1 位被置 1。如果中断被屏蔽，那么 SRCPND 相应位被置 1。仅仅这样并不能引起 INTPND 改变。当 INTPND 的挂起位被设置时，只要相应的标志位 I 或标志位 F 被清零，相应的中断服务程序就被执行。SRCPND 和 INTPND 可以被读写，所以中断服务程序中必须加入先对 SRCPND 相应位写入 1 的操作，清除 INTPND 的挂起条件。

4. 中断屏蔽寄存器（INTMSK）

如果该寄存器的某一位被置 1，则该位对应的中断响应被禁止；如果某个中断在 INTMSK 寄存器的对应位为 0，则这个中断发生时将会被正常响应。如果某个中断在 INTMSK 寄存器的对应位为 1，但是这个中断发生了，它的挂起（Pending）位还是会置位。如果全局屏蔽位被置 1，那么当中断发生时，挂起位还是会置位，但是所有的中断都不会得到服务。

8.2.2 中断优先级

中断控制器提供 60 个中断源，所以中断优先级非常重要。

1. 中断优先级仲裁器模块

中断系统有 6 个分仲裁器和 1 个总仲裁器，每个仲裁器可以处理 6 路中断，优先级产生模块图如图 8-3 所示。

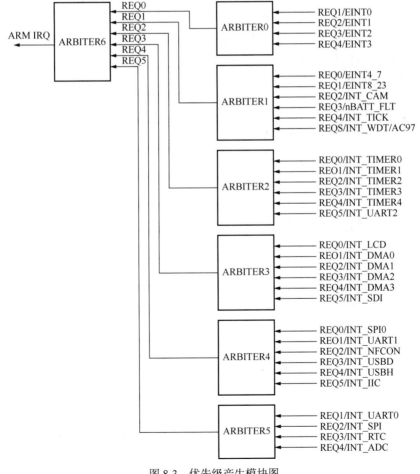

图 8-3 优先级产生模块图

2. 中断优先级仲裁器工作原理

每一个仲裁器可以控制 6 个中断请求，由仲裁模式控制的 1 位（ARB_MODE）和选择控制信号的 2 位（ARB_SEL）来控制。

（1）如果 ARB_SEL 位为 00b，优先级次序为 REQ0、REQ1、REQ2、REQ3、REQ4 和 REQ5。

（2）如果 ARB_SEL 位为 01b，优先级次序为 REQ0、REQ2、REQ3、REQ4、REQ1 和 REQ5。

（3）如果 ARB_SEL 位为 10b，优先级次序为 REQ0、REQ3、REQ4、REQ1、REQ2 和 REQ5。

（4）如果 ARB_SEL 位为 11b，优先级次序为 REQ0、REQ4、REQ1、REQ2、REQ3 和 REQ5。

注意：仲裁器的 REQ0 一般为最高优先级，REQ5 一般为最低优先级。通过改变 ARB_SEL 位的值，可以设定 REQ1～REQ4 的优先级。

如果 ARB_MODE 位设置为 0，ARB_SEL 位不会自动改变，仲裁器会在混合的模式中操作（即使在这个模式中，也可以通过手动改变 ARB_SEL 位来配置优先级）。另外，如果 ARB_MODE 位设置为 1，ARB_SEL 位轮流改变。例如，REQ1 被执行，为了把 REQ1 放在最低优先级，ARB_SEL 位会被自动改为 01b。ARB_SEL 变化的详细规则如下。

（1）如果 REQ0 或者 REQ5 被执行，ARB_SEL 不再改变。

（2）如果 REQ1 被执行，ARB_SEL 位改变为 01b。

（3）如果 REQ2 被执行，ARB_SEL 位改变为 10b。

（4）如果 REQ3 被执行，ARB_SEL 位改变为 11b。

（5）如果 REQ4 被执行，ARB_SEL 位改变为 00b。

8.2.3 中断控制器的特殊功能寄存器

中断控制器中包括以下 8 个特殊功能寄存器：源挂起寄存器、中断模式寄存器、中断屏蔽寄存器、优先级控制寄存器、中断挂起寄存器、TNTOFFSET 寄存器、辅助源挂起寄存器、中断辅助屏蔽寄存器。

来自中断的中断请求先寄存在源挂起寄存器，它们基于中断模式寄存器分为两组：快速中断请求和普通中断请求。多重 IRQ 请求的仲裁过程使用优先级控制寄存器。

1. 源挂起寄存器（SRCPND）

源挂起寄存器由 32 个比特位组成，每一个比特位均与一个中断源相连。当中断源产生中断请求并且等待中断服务程序的执行时，其相应的比特位置为 1。另外，源挂起寄存器指示此时哪一个中断源正在等待执行中断请求。

注意：源挂起寄存器的各比特位均为中断源自动设置，与中断屏蔽寄存器的相应位设置无关。

源挂起寄存器不受中断控制寄存器的优先级逻辑的影响。当中断服务被执行时，源挂起寄存器的相应位应该及时清零，以便正确地接收相应中断源新的中断请求。如果没有及时清除源挂起位，当中断服务返回时，中断控制器会将之前的中断作为来自相同中断源的中断请求第二次执行。也就是说，如果源挂起寄存器的某位为 1，系统一般会当作一个有效等待执行的中断请求。

用户可以根据需求清除相应挂起位。如果要接收来自相同中断源的另一个有效中断请求，那么应该清除相应挂起位并且使能中断，通过写入一个数据到寄存器来清除源挂起寄存器挂起位，将需要位清除，其余位保持不变。

源挂起寄存器的地址等信息如表 8-22 所示。

表 8-22　源挂起寄存器的地址等信息

寄　存　器	地　　址	R/W	描　　述	初　始　值
SRCPND	0X4A000000	R/W	指示中断请求状态 0：没有中断请求；1：产生中断请求	0

源挂起寄存器中各个比特位描述如表 8-23 所示。

表 8-23　源挂起寄存器中各个比特位描述

SRCPND	位	描　　述	初　始　值
INT_ADC	[31]	0：无请求；1：请求	0
INT_RTC	[30]	0：无请求；1：请求	0
INT_SPI1	[29]	0：无请求；1：请求	0
INT_UART0	[28]	0：无请求；1：请求	0
INT_IIC	[27]	0：无请求；1：请求	0
INT_USBH	[26]	0：无请求；1：请求	0
INT_USBD	[25]	0：无请求；1：请求	0
Reserved	[24]	保留	0
INT_UART1	[23]	0：无请求；1：请求	0
INT_SPI0	[22]	0：无请求；1：请求	0
INT_SDI	[21]	0：无请求；1：请求	0
INT_DMA3	[20]	0：无请求；1：请求	0
INT_DMA2	[19]	0：无请求；1：请求	0
INT_DMA1	[18]	0：无请求；1：请求	0
INT_DMA0	[17]	0：无请求；1：请求	0
INT_LCD	[16]	0：无请求；1：请求	0
INT_UART2	[15]	0：无请求；1：请求	0
INT_TIMER4	[14]	0：无请求；1：请求	0
INT_TIMER3	[13]	0：无请求；1：请求	0
INT_TIMER2	[12]	0：无请求；1：请求	0
INT_TIMER1	[11]	0：无请求；1：请求	0
INT_TIMER0	[10]	0：无请求；1：请求	0
INT_WDT	[9]	0：无请求；1：请求	0
INT_TICK	[8]	0：无请求；1：请求	0
nBATT_FLT	[7]	0：无请求；1：请求	0
Reserved	[6]	0：无请求；1：请求	0
EINT8_23	[5]	0：无请求；1：请求	0

续表

SRCPND	位	描　述	初　始　值
EINT4_7	[4]	0：无请求；1：请求	0
EINT3	[3]	0：无请求；1：请求	0
EINT2	[2]	0：无请求；1：请求	0
EINT1	[1]	0：无请求；1：请求	0
EINT0	[0]	0：无请求；1：请求	0

2. 中断模式寄存器（INTMOD）

中断模式寄存器的 32 个比特位分别与一个中断源相对应。如果某位被置为 1，则相应的中断会以 FIQ 的模式来处理；相反，则以 IRQ 的模式来处理。

注意：中断控制器中仅有一个中断源可以由 FIQ 模式来处理（即需要紧急处理中断），所以中断模式寄存器中只有一个比特位可以被置为 1。

中断模式寄存器的地址等信息如表 8-24 所示。

表 8-24　中断模式寄存器的地址等信息

寄　存　器	地　　址	R/W	描　　述	初　始　值
INTMOD	0X4A000004	R/W	中断模式寄存器 0：IRQ 模式；1：FIQ 模式	0

中断模式寄存器中各个比特位描述如表 8-25 所示。

表 8-25　中断模式寄存器中各个比特位描述

INTMOD	位	描　　述	初　始　值
INT_ADC	[31]	0：IRQ；1：FIQ	0
INT_RTC	[30]	0：IRQ；1：FIQ	0
INT_SPI1	[29]	0：IRQ；1：FIQ	0
INT_UART0	[28]	0：IRQ；1：FIQ	0
INT_IIC	[27]	0：IRQ；1：FIQ	0
INT_USBH	[26]	0：IRQ；1：FIQ	0
INT_USBD	[25]	0：IRQ；1：FIQ	0
Reserved	[24]	0：IRQ；1：FIQ	0
INT_UART1	[23]	0：IRQ；1：FIQ	0
INT_SPI0	[22]	0：IRQ；1：FIQ	0
INT_SDI	[21]	0：IRQ；1：FIQ	0
INT_DMA3	[20]	0：IRQ；1：FIQ	0
INT_DMA2	[19]	0：IRQ；1：FIQ	0
INT_DMA1	[18]	0：IRQ；1：FIQ	0
INT_DMA0	[17]	0：IRQ；1：FIQ	0
INT_LCD	[16]	0：IRQ；1：FIQ	0

续表

INTMOD	位	描　　述	初　始　值
INT_UART2	[15]	0：IRQ；1：FIQ	0
INT_TIMER4	[14]	0：IRQ；1：FIQ	0
INT_TIMER3	[13]	0：IRQ；1：FIQ	0
INT_TIMER2	[12]	0：IRQ；1：FIQ	0
INT_TIMER1	[11]	0：IRQ；1：FIQ	0
INT_TIMER0	[10]	0：IRQ；1：FIQ	0
INT_WDT	[9]	0：IRQ；1：FIQ	0
INT_TICK	[8]	0：IRQ；1：FIQ	0
nBATT_FLT	[7]	0：IRQ；1：FIQ	0
Reserved	[6]	0：IRQ；1：FIQ	0
EINT8_23	[5]	0：IRQ；1：FIQ	0
EINT4_7	[4]	0：IRQ；1：FIQ	0
EINT3	[3]	0：IRQ；1：FIQ	0
EINT2	[2]	0：IRQ；1：FIQ	0
EINT1	[1]	0：IRQ；1：FIQ	0
EINT0	[0]	0：IRQ；1：FIQ	0

注意：如果中断模式寄存器中某中断模式设置为 FIQ，那么快速中断将不会影响中断模式寄存器和 INTOFFSET 寄存器，两者只对 IRQ 模式的中断源有效。

3. 中断屏蔽寄存器（INTMSK）

中断屏蔽寄存器包括 32 个比特位，每一个比特位均与相应的一个中断源相对应。如果某位被置为 1，那么 CPU 不会执行相应中断源提出的中断请求（即使源挂起寄存器的相应位被置为 1）。如果屏蔽位被置为 0，那么中断请求会被正常执行。

中断屏蔽寄存器的地址等信息如表 8-26 所示。

表 8-26　中断屏蔽寄存器的地址等信息

寄　存　器	地　　址	R/W	描　　述	初　始　值
INTMSK	0X4A000008	R/W	决定屏蔽的中断源，屏蔽的中断源将不会被执行 0：中断服务有效；1：中断服务屏蔽	0

中断屏蔽寄存器中各个比特位描述如表 8-27 所示。

表 8-27　中断屏蔽寄存器中各个比特位描述

INTMSK	位	描　　述	初　始　值
INT_ADC	[31]	0：有效；1：屏蔽	1
INT_RTC	[30]	0：有效；1：屏蔽	1
INT_SPI1	[29]	0：有效；1：屏蔽	1
INT_UART0	[28]	0：有效；1：屏蔽	1
INT_IIC	[27]	0：有效；1：屏蔽	1

续表

INTMSK	位	描 述	初 始 值
INT_USBH	[26]	0：有效；1：屏蔽	1
INT_USBD	[25]	0：有效；1：屏蔽	1
Reserved	[24]	保留	1
INT_UART1	[23]	0：有效；1：屏蔽	1
INT_SPI0	[22]	0：有效；1：屏蔽	1
INT_SDI	[21]	0：有效；1：屏蔽	1
INT_DMA3	[20]	0：有效；1：屏蔽	1
INT_DMA2	[19]	0：有效；1：屏蔽	1
INT_DMA1	[18]	0：有效；1：屏蔽	1
INT_DMA0	[17]	0：有效；1：屏蔽	1
INT_LCD	[16]	0：有效；1：屏蔽	1
INT_UART2	[15]	0：有效；1：屏蔽	1
INT_TIMER4	[14]	0：有效；1：屏蔽	1
INT_TIMER3	[13]	0：有效；1：屏蔽	1
INT_TIMER2	[12]	0：有效；1：屏蔽	1
INT_TIMER1	[11]	0：有效；1：屏蔽	1
INT_TIMER0	[10]	0：有效；1：屏蔽	1
INT_WDT	[9]	0：有效；1：屏蔽	1
INT_TICK	[8]	0：有效；1：屏蔽	1
nBATT_FLT	[7]	0：有效；1：屏蔽	1
Reserved	[6]	0：有效；1：屏蔽	1
EINT8_23	[5]	0：有效；1：屏蔽	1
EINT4_7	[4]	0：有效；1：屏蔽	1
EINT3	[3]	0：有效；1：屏蔽	1
EINT2	[2]	0：有效；1：屏蔽	1
EINT1	[1]	0：有效；1：屏蔽	1
EINT0	[0]	0：有效；1：屏蔽	1

4. 优先级控制寄存器（PRIORITY）

优先级控制寄存器的地址等信息如表 8-28 所示。

表 8-28　优先级控制寄存器的地址等信息

寄 存 器	地 址	R/W	描 述	初 始 值
PRIORITY	0X4A00000C	R/W	IRQ 优先级控制寄存器	0X7F

优先级控制寄存器中各个比特位描述如表 8-29 所示。

表 8-29　优先级控制寄存器中各个比特位描述

PRIORITY	位	描　述	初　始　值
ARB_SEL6	[20:19]	Arbiter6 优先级顺序设置 00：REQ 0-1-2-3-4-5；01：REQ 0-2-3-4-1-5；10：REQ 0-3-4-1-2-5；11：REQ 0-4-1-2-3-5	0
ARB_SEL5	[18:17]	Arbiter5 优先级顺序设置 00：REQ 1-2-3-4；01：REQ 2-3-4-1；10：REQ 3-4-1-2；11：REQ 4-1-2-3	0
ARB_SEL4	[16:15]	Arbiter4 优先级顺序设置 00：REQ 0-1-2-3-4-5；01：REQ 0-2-3-4-1-5；10：REQ 0-3-4-1-2-5；11：REQ 0-4-1-2-3-5	0
ARB_SEL3	[14:13]	Arbiter3 优先级顺序设置 00：REQ 0-1-2-3-4-5；01：REQ 0-2-3-4-1-5；10：REQ 0-3-4-1-2-5；11：REQ 0-4-1-2-3-5	0
ARB_SEL2	[12:11]	Arbiter2 优先级顺序设置 00：REQ 0-1-2-3-4-5；01：REQ 0-2-3-4-1-5；10：REQ 0-3-4-1-2-5；11：REQ 0-4-1-2-3-5	0
ARB_SEL1	[10:9]	Arbiter1 优先级顺序设置 00：REQ 0-1-2-3-4-5；01：REQ 0-2-3-4-1-5；10：REQ 0-3-4-1-2-5；11：REQ 0-4-1-2-3-5	0
ARB_SEL0	[8:7]	Arbiter0 优先级顺序设置 00：REQ 1-2-3-4；01：REQ 2-3-4-1；10：REQ 3-4-1-2；11：REQ 4-1-2-3	0
ARB_MODE6	[6]	Arbiter6 优先级转换使能 0：优先级不能转换；1：优先级转换使能	1
ARB_MODE5	[5]	Arbiter5 优先级转换使能 0：优先级不能转换；1：优先级转换使能	1
ARB_MODE4	[4]	Arbiter4 优先级转换使能 0：优先级不能转换；1：优先级转换使能	1
ARB_MODE3	[3]	Arbiter3 优先级转换使能 0：优先级不能转换；1：优先级转换使能	1
ARB_MODE2	[2]	Arbiter2 优先级转换使能 0：优先级不能转换；1：优先级转换使能	1
ARB_MODE1	[1]	Arbiter1 优先级转换使能 0：优先级不能转换；1：优先级转换使能	1
ARB_MODE0	[0]	Arbiter0 优先级转换使能 0：优先级不能转换；1：优先级转换使能	1

5. 中断挂起寄存器（INTPND）

中断挂起寄存器包括 32 个比特位，其中每一个比特位均表示相应中断请求是否拥有最高优先级，它们处于等待中断服务状态并且没有被屏蔽。中断挂起寄存器在中断优先级仲裁器仲裁结束之后，仅有一个比特位被置 1，并且被置 1 的中断请求向 CPU 产生 IRQ。在执行普通中断服务时，可以通过读取寄存器来确定 32 个中断源中哪个中断源被执行。

同源挂起寄存器一样，中断挂起寄存器也需要在中断服务程序中加入清零操作，该清零操作位于源挂起寄存器清零操作之后。可以通过向中断挂起寄存器写入一个数据对相应位清零。仅将需要位清除，其余保持不变。

中断挂起寄存器的地址等信息如表 8-30 所示。

表 8-30 中断挂起寄存器的地址等信息

寄 存 器	地 址	R/W	描 述	初 始 值
INTPND	0X4A000010	R/W	指示中断请求状态 0：无中断请求；1：产生中断请求	0X0

中断挂起寄存器中各个比特位描述如表 8-31 所示。

表 8-31 中断挂起寄存器中各个比特位描述

INTPND	位	描 述	初 始 值
INT_ADC	[31]	0：无请求；1：请求	0
INT_RTC	[30]	0：无请求；1：请求	0
INT_SPI1	[29]	0：无请求；1：请求	0
INT_UART0	[28]	0：无请求；1：请求	0
INT_IIC	[27]	0：无请求；1：请求	0
INT_USBH	[26]	0：无请求；1：请求	0
INT_USBD	[25]	0：无请求；1：请求	0
Reserved	[24]	保留	0
INT_UART1	[23]	0：无请求；1：请求	0
INT_SPI0	[22]	0：无请求；1：请求	0
INT_SDI	[21]	0：无请求；1：请求	0
INT_DMA3	[20]	0：无请求；1：请求	0
INT_DMA2	[19]	0：无请求；1：请求	0
INT_DMA1	[18]	0：无请求；1：请求	0
INT_DMA0	[17]	0：无请求；1：请求	0
INT_LCD	[16]	0：无请求；1：请求	0
INT_UART2	[15]	0：无请求；1：请求	0
INT_TIMER4	[14]	0：无请求；1：请求	0
INT_TIMER3	[13]	0：无请求；1：请求	0
INT_TIMER2	[12]	0：无请求；1：请求	0
INT_TIMER1	[11]	0：无请求；1：请求	0
INT_TIMER0	[10]	0：无请求；1：请求	0
INT_WDT	[9]	0：无请求；1：请求	0
INT_TICK	[8]	0：无请求；1：请求	0
nBATT_FLT	[7]	0：无请求；1：请求	0
Reserved	[6]	0：无请求；1：请求	0

续表

INTPND	位	描　　述	初　始　值
EINT8_23	[5]	0：无请求；1：请求	0
EINT4_7	[4]	0：无请求；1：请求	0
EINT3	[3]	0：无请求；1：请求	0
EINT2	[2]	0：无请求；1：请求	0
EINT1	[1]	0：无请求；1：请求	0
EINT0	[0]	0：无请求；1：请求	0

注意：

① 如果 FIQ 模式中断发生，那么在中断挂起寄存器仅设置为 IRQ 模式中断有效情况下，中断挂起寄存器相应位将不被改变。

② 谨慎清除中断挂起寄存器位。如果中断挂起寄存器置为 1 的比特位通过写 0 被清零，那么中断挂起寄存器和 INTOFFSET 寄存器可能在某种情况下获得不可预期的值。

所以，不要对中断挂起寄存器置为 1 的比特位写 0。正确清除中断挂起寄存器比特位的方法是向中断挂起寄存器写入中断挂起寄存器值（该寄存器只有 1 位为 1，并且正要清除该位）。

6. INTOFFSET 寄存器

INTOFFSET 寄存器的值说明了中断挂起寄存器中哪一个 IRQ 模式的中断请求有效。这个比特位可以通过清除源挂起寄存器和中断挂起寄存器来自动清除。

INTOFFSET 寄存器的地址等信息如表 8-32 所示。

表 8-32　INTOFFSET 寄存器的地址等信息

寄　存　器	地　　址	R/W	描　　述	初　始　值
INTOFFSET	0X4A000014	R/W	指示 IRQ 中断请求源	0X0

INTOFFSET 寄存器中各个比特位描述如表 8-33 所示。

表 8-33　INTOFFSET 寄存器中各个比特位描述

中　断　源	OFFSET 值	中　断　源	OFFSET 值
INT_ADC	31	INT_DMA1	18
INT_RTC	30	INT_DMA0	17
INT_SPI1	29	INT_LCD	16
INT_UART0	28	INT_UART2	15
INT_IIC	27	INT_TIMER4	14
INT_USBH	26	INT_TIMER3	13
INT_USBD	25	INT_TIMER2	12
Reserved	24	INT_TIMER1	11
INT_UART1	23	INT_TIMER0	10
INT_SPI0	22	INT_WDT	9
INT_SDI	21	INT_TICK	8
INT_DMA3	20	nBATT_FLT	7
INT_DMA2	19	Reserved	6

中　断　源	OFFSET 值	中　断　源	OFFSET 值
EINT8_23	5	EINT2	2
EINT4_7	4	EINT1	1
EINT3	3	EINT0	0

注意：FIQ 模式中断不影响 INTOFFSET 寄存器，因为 INTOFFSET 寄存器仅对 IRQ 模式中断有效。

7. 辅助源挂起寄存器（SUBSRCPND）

通过向辅助源挂起寄存器写入一个数据来清除某一位。此数据仅清除数据对应的比特位，其他的比特位不变。辅助源挂起寄存器的地址等信息如表 8-34 所示。

表 8-34　辅助源挂起寄存器的地址等信息

寄　存　器	地　　址	R/W	描　　述	初　始　值
SUBSRCPND	0X4A000018	R/W	指示中断请求的状态 0：无中断发生；1：有中断发生	0X0

辅助源挂起寄存器中各个比特位描述如表 8-35 所示。

表 8-35　辅助源挂起寄存器中各个比特位描述

SUBSRCPND	位	描　　述	初　始　值
Reserved	[31:11]	0：无请求；1：请求	0
INT_ADC	[10]	0：无请求；1：请求	0
INT_TC	[9]	0：无请求；1：请求	0
INT_ERR2	[8]	0：无请求；1：请求	0
INT_TXD2	[7]	0：无请求；1：请求	0
INT_RXD2	[6]	0：无请求；1：请求	0
INT_ERR1	[5]	0：无请求；1：请求	0
INT_TXD1	[4]	0：无请求；1：请求	0
INT_RXD1	[3]	0：无请求；1：请求	0
INT_ERR0	[2]	0：无请求；1：请求	0
INT_TXD0	[1]	0：无请求；1：请求	0
INT_RXD0	[0]	0：无请求；1：请求	0

8. 中断辅助屏蔽寄存器（INTSUBMSK）

中断辅助屏蔽寄存器中的 11 位和响应的中断源有联系，如果某一比特位置为 1，那么来自相应中断源的中断请求便不会被 CPU 执行（注意此种情况下，辅助源挂起寄存器相应位会被置为 1）。如果屏蔽位置为 0，那么中断请求将会被执行。

中断辅助屏蔽寄存器的地址等信息如表 8-36 所示。

表 8-36　中断辅助屏蔽寄存器的地址等信息

寄　存　器	地　　址	R/W	描　　述	初　始　值
INTSUBMSK	0X4A00001C	R/W	决定哪一个中断源被屏蔽，被屏蔽的中断源将不会执行 0：中断服务有效；1：中断服务屏蔽	0X7FF

中断辅助屏蔽寄存器中各个比特位描述如表 8-37 所示。

表 8-37　中断辅助屏蔽寄存器中各个比特位描述

INTSUBMSK	位	描　　述	初　始　值
Reserved	[31:11]	保留	0
INT_ADC	[10]	0：有效；1：屏蔽	1
INT_TC	[9]	0：有效；1：屏蔽	1
INT_ERR2	[8]	0：有效；1：屏蔽	1
INT_TXD2	[7]	0：有效；1：屏蔽	1
INT_RXD2	[6]	0：有效；1：屏蔽	1
INT_ERR1	[5]	0：有效；1：屏蔽	1
INT_TXD1	[4]	0：有效；1：屏蔽	1
INT_RXD1	[3]	0：有效；1：屏蔽	1
INT_ERR0	[2]	0：有效；1：屏蔽	1
INT_TXD0	[1]	0：有效；1：屏蔽	1

8.3　PWM 定时器

S3C2440A 微处理器定时器的主要特性如下。

（1）5 个 16 位定时器。

（2）2 个 8 位预分频器和 2 个 4 位分割器。定时器 0 和 1 共用一个 8 位预分频器，定时器 2、3 和 4 共用另一个 8 位预分频器。每个定时器都有一个时钟除法器，时钟除法器使用 5 个不同的除数因子（1/2、1/4、1/8、1/16 和 TCLK）。每一个时钟从其时钟除法器中接收时钟信号，时钟除法器从其相应的 8 位预分频器中接收时钟信号。8 位预分频器是可编程的，并根据存储在 TCFG0 和 TCFG1 的值来对 PCLK 信号进行分频。

（3）输出波形的占空比可编程控制。定时器 0、1、2 和 3 有 PWM（脉宽调制）功能，定时器 4 是一个内部定时器，不具有对外输出引线。

（4）自动加载模式或单触发脉冲模式。

（5）死区产生器。定时器 0 具有死区发生器，通常用于大电流设备应用。

8.3.1　PWM 概念

PWM（脉宽调制）就是对一个方波序列信号的占空比按要求进行调制，而不是改变方波信号的其他参数，即不改变幅度和周期，因此脉宽调制信号的产生和传输都是数字式的。

脉宽调制技术可以实现模拟信号。如果调制信号的频率远远大于信号接收者的分辨率，则接收者获得的是平均信号，不能感知数字信号的 0 和 1。其信号大小的平均值与信号的占空比有关，信号占空比越大，平均信号越强，其平均值与占空比成正比。只要带宽足够大（频率足够高或周期足够短），任何模拟信号都可以使用 PWM 来实现。

借助于微处理器，使用脉宽调制方法实现模拟信号是一种非常有效的技术，广泛应用于测量、通信、功率控制与变换等许多领域。

8.3.2 PWM 定时器结构与功能

定时器计数缓冲寄存器（TCNTBn）的值是当定时器使能时装载到减法计数器的初值，定时器比较缓冲器（TCMPBn）的值将被装载到比较寄存器并与减法计数器的值进行比较。TCNTBn 和 TCMPBn 双重缓冲器的特性可以在定时器频率和占空比改变时，确保产生稳定的输出。

每个计数器都有自己的 16 位减法器，由定时器时钟驱动。当定时器计数器达到 0 时，定时器发出中断请求，通知 CPU 定时工作已经完成，相应的 TCNTBn 将自动装入计数器，以继续下一个操作。但是，如果定时器已经停止，如在定时器运行状态中清除 TCONn 中的定时使能位，则 TCNTBn 中的值将不会被装入计数器。

TCMPBn 的值用于脉宽调节，当计数器值与定时器控制逻辑中的比较寄存器值相等时，定时控制逻辑改变输出电平。因此，比较寄存器决定 PWM 输出的高电平时间（或低电平时间）。

PWM 定时器的功能框图如图 8-4 所示。

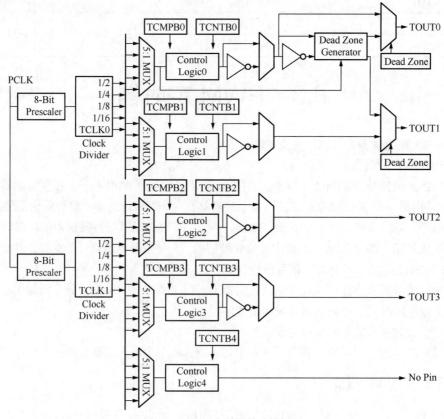

图 8-4　PWM 定时器的功能框图

8.3.3　PWM 定时器操作

1. 预定标器和分割器

一个 8 位预定标器和一个 4 位分割器的输出频率如表 8-38 所示。

表 8-38　一个 8 位预定标器和一个 4 位分割器的输出频率

4 位分割器的设置	最小分辨率 （预定标器=0）	最大分辨力 （预定标器=255）	最大间隔时间 （TCNTBn=65535）
1/2（PCLK=66.5MHz）	0.0300μs（33.2500MHz）	7.6992μs（129.8828kHz）	0.5045s
1/4（PCLK=66.5MHz）	0.06001μs（16.6250MHz）	15.3984μs（64.9414kHz）	1.0091s
1/8（PCLK=66.5MHz）	0.1203μs（8.3125MHz）	30.7968μs（32.4707kHz）	2.0182s
1/16（PCLK=66.5MHz）	0.2406μs（4.1562MHz）	61.5936μs（16.2353kHz）	4.0365s

2. 定时器基本操作

一个定时器（定时器 4 除外）包含 TCNTBn、TCNTn、TCMPBn 和 TCMPn 几个寄存器（TCNTn 和 TCMPn 是内部寄存器的名称，TCNTn 的值可以通过读 TCNTOn 得到）。当定时器达到 0 时，TCNTBn 和 TCMPBn 的值将自动加载到 TCNTn 和 TCMPn 中。当 TCNTn 的值到 0，并且中断使能时，定时器将产生一个中断请求。定时器运行时序图如图 8-5 所示。

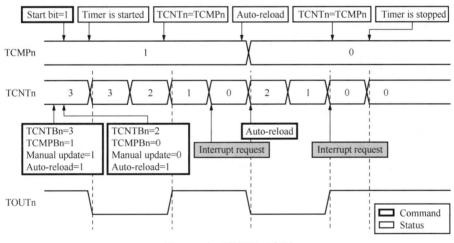

图 8-5　定时器运行时序图

3. 自动加载和双缓冲模式

脉宽调制定时器有一个双缓冲功能，在这种情况下，改变下次加载值的同时不影响当前定时周期。因此，尽管设置了一个新的定时器值，当前定时器的操作将会继续完成而不受影响。双缓冲功能时序图如图 8-6 所示。

定时器的值可以写入定时器计数缓冲寄存器（TCNTBn）中，而当前计数器的值可以通过读定时器计数观测寄存器（TCNTOn）得到。

当 TCNTn 的值到 0 时，自动加载操作复制 TCNTBn 的值到 TCNTn 中。但是如果自动加载模式没有使能，TCNTn 将不进行任何操作。

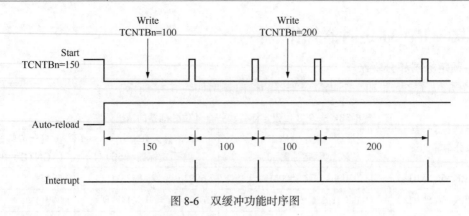

图 8-6　双缓冲功能时序图

4. 用手动更新位和逆变器位对定时器进行初始化

当递减计数器的值到 0 时，自动加载操作才能进行。用户必须预先对 TCNTn 装入一个初始值，初始值由手动更新位装入。以下步骤描述了怎样启动一个定时器。

（1）将初始值写入 TCNTBn 和 TCMPBn 中。

（2）设置相应定时器的手动更新位。推荐配置逆变器位打开或关闭（不管逆变器使用与否）。

（3）设置相应定时器的起始位，从而启动一个定时器（同时清除手动更新标志位，注意第一次启动需手动，以后就是自动执行）。

如果定时器被停止，TCNTn 将保留计数器的值且不重装 TCNTBn。如果用户需要设置一个新值，必须执行手动更新。

注意：无论 TOUT 逆变器开关位的值何时改变，TOUTn 的逻辑值都将随之改变。因此，推荐逆变器开关位的配置与手动更新位同时进行。

5. 定时器操作步骤

定时器操作步骤如下。

（1）使能自动加载功能。设置 TCNTBn 为 160，TCMPBn 为 110。设置手动更新位并配置逆变器位。手动更新位设置 TCNTn 和 TCMPn 的值与 TCNTBn 和 TCMPBn 相同。然后设置 TCNTBn 和 TCMPBn 的值分别为 80 和 40，确定下一个周期的值。

（2）如果手动更新位为 0、逆变器关闭且自动加载打开，则设置起始位，在定时器的延迟时间后定时器开始递减计数。

（3）当 TCNTn 的值和 TCMPn 的值相等时，则 TOUTn 的逻辑电平将发生改变，由低到高。

（4）当 TCNTn 的值到 0 时，产生一个中断并且将 TCNTBn 的值加载到一个临时寄存器。在下一个时钟周期，TCNTBn 由临时寄存器加载到 TCNTn 中。

（5）在中断服务程序中，将 TCNTBn 和 TCMPBn 分别设置成 80 和 60。

（6）当 TCNTn 的值和 TCMPn 的值相等时，则 TOUTn 的逻辑电平发生改变，由低到高。

（7）当 TCNTn 到 0 时，TCNTn 自动重新加载，并发出一个中断请求。

（8）在中断服务子程序中，自动加载和中断请求都被禁止，从而停止定时器。

（9）当 TCNTn 的值和 TCMPn 的值相等时，则 TOUTn 的逻辑电平将发生改变，由低到高。

（10）当 TCNTn 的值到 0 时，TCNTn 将不再重新加载新的值，从而停止定时器。

（11）由于中断请求被禁止，不再产生中断请求。

上述操作步骤如图 8-7 所示。

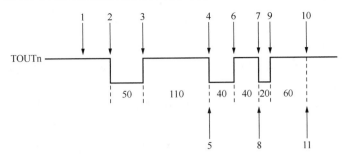

图 8-7　定时器操作步骤

6. 脉宽调制

脉宽调制（PWM）功能可以通过改变 TCMPBn 的值来实现。脉宽调制的频率由 TCNTBn 决定。图 8-8 所示演示了一个通过改变 TCMPBn 的值实现脉宽调制功能的实例。

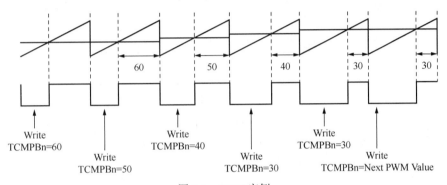

图 8-8　PWM 实例

如果想得到一个高的 PWM 值，则要减小 TCMPBn 的值。相反，如果想要得到一个低的 PWM 值，则要增加 TCMPBn 的值。如果逆变器使能（即开启），则情况正好相反。

由于定时器具有双缓冲功能，在当前周期的任何时间都可以通过 ISR（中断服务程序）或其他程序改变 TCMPBn 的值。

7. 输出电平控制

以下步骤描述了在逆变器关闭的情况下控制 TOUT 值的高低。

（1）关闭自动加载位，TOUT 变高，在 TCNTn 为 0 后定时器停止运行。

（2）通过定时器开始位清零来停止定时器运行。如果 TCNTn≤TCMPn，则输出高；如果 TCNTn>TCMPn，输出低。

（3）通过改变 TCON 中的逆变器开关位来使 TOUTn 为高或低。

图 8-9 所示为逆变器（Inverter）开与关时的输出示意图。

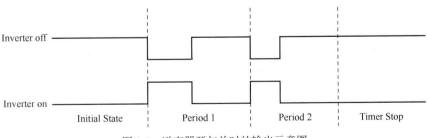

图 8-9　逆变器开与关时的输出示意图

8. 死区发生器

死区是为实现功率器件中的 PWM 控制而设计的。这一功能使能在一个开关器件关闭和另一个开关器件开启的间隔时间。这一时间间隔禁止了两个开关器件同时处于开启状态，即使是一段非常短的时间也不行。

TOUT0 是一个 PWM 输出，nTOUT0 是 TOUT0 的反向。如果死区使能，则 TOUT0 和 nTOUT0 的输出波形将是 TOUT0_DZ 和 nTOUT0_DZ。nTOUT0_DZ 由 TOUT1 引脚输出。

在死区间隔时间，TOUT0_DZ 和 nTOUT0_DZ 将不会同时开启。图 8-10 所示为死区功能使能后的输出波形示意图。

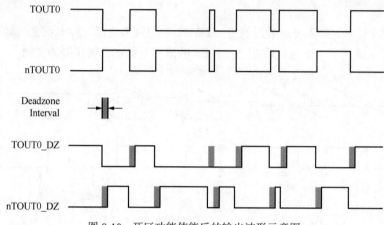

图 8-10　死区功能使能后的输出波形示意图

9. DMA 请求模式

PWM 定时器能在任何时间产生一个 DMA 请求。定时器保持 DMA 请求信号（nDMA_REQ）为低，直到定时器接收到 ACK 信号。当定时器接收到 ACK 信号时，定时器将使请求信号无效。产生 DMA 请求的定时器由设置 DMA 模式的位（TCFG1）决定。如果一个定时器配置成 DMA 请求模式，则此定时器将不能产生中断请求，而其他定时器将正常产生中断请求。

DMA 模式配置如表 8-39 所示。

表 8-39　DMA 模式配置

DMA 模式	DMA 请求	Timer0 INT	Timer1 INT	Timer2 INT	Timer3 INT	Timer4 INT
0000	No select	ON	ON	ON	ON	ON
0001	Timer 0	OFF	ON	ON	ON	ON
0010	Timer 1	ON	OFF	ON	ON	ON
0011	Timer 2	ON	ON	OFF	ON	ON
0100	Timer 3	ON	ON	ON	OFF	ON
0101	Timer 4	ON	ON	ON	ON	OFF
0110	No select	ON	ON	ON	ON	ON

定时器 4 的 DMA 模式操作时序图如图 8-11 所示。

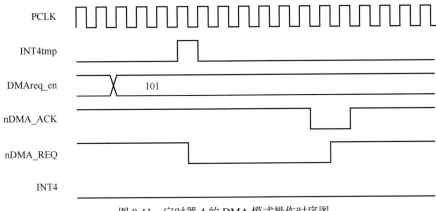

图 8-11 定时器 4 的 DMA 模式操作时序图

8.3.4 PWM 定时器的特殊功能寄存器

PWM 定时器通过设置特殊功能寄存器来实现相应的功能，以下将对各个寄存器进行介绍。

1. 定时器配置寄存器 0

定时器输入时钟频率 ＝PCLK /（预分频器的值 ＋1）/（分割值）。

预分频器的值为 0～255；分割值为 2、4、8、16。

定时器配置寄存器 0（TCFG0）的信息如表 8-40 所示。

表 8-40　定时器配置寄存器 0 的信息

寄　存　器	地　　址	R/W	描　　述	初　始　值
TCFG0	0X51000000	R/W	配置两个 8 位预分频器	0X0

定时器配置寄存器 0（TCFG0）中各个比特位的描述如表 8-41 所示。

表 8-41　定时器配置寄存器 0 中各个比特位的描述

TCFG0	位	描　　述	初　始　值
Reserved	[31:24]	保留	0X00
Dead Zone Length	[23:16]	该 8 位确定死区的长度，死区长度的 1 个时间单位与定时器 0 的 1 个时间单位相等	0X00
Prescaler 1	[15:8]	该 8 位确定定时器 2、3、4 的预分频器的值	0X00
Prescaler 0	[7:0]	该 8 位确定定时器 0、1 的预分频器的值	0X00

2. 定时器配置寄存器 1

定时器配置寄存器 1（TCFG1）的信息地址如表 8-42 所示。

表 8-42　定时器配置寄存器 1 的信息

寄　存　器	地　　址	R/W	描　　述	初　始　值
TCFG1	0X51000004	R/W	5-MUX & DMA 模式选择寄存器	0X0

定时器配置寄存器 1（TCFG1）中各个比特位的描述如表 8-43 所示。

表 8-43　定时器配置寄存器 1 中各个比特位的描述

TCFG1	位	描 述	初 始 值
Reserved	[31:24]	保留	0000
DMA MODE	[23:20]	选择 DMA 请求通道 0000：没有选择（全是中断）；0001：定时器 0；0010：定时器 1；0011：定时器 2；0100：定时器 3；0101：定时器 4；0110：保留	0000
MUX4	[19:16]	选择 PWM 定时器 4 的 MUX 输入 0000：1/2；0001：1/4；0010：1/8；0011：1/16；01XX：外部时钟 TCLK1	0000
MUX3	[15:12]	选择 PWM 定时器 3 的 MUX 输入 0000：1/2；0001：1/4；0010：1/8；0011：1/16；01XX：外部时钟 TCLK1	0000
MUX2	[11:8]	选择 PWM 定时器 2 的 MUX 输入 0000：1/2；0001：1/4；0010：1/8；0011：1/16；01XX：外部时钟 TCLK1	0000
MUX1	[7:4]	选择 PWM 定时器 1 的 MUX 输入 0000：1/2；0001：1/4；0010：1/8；0011：1/16；01XX：外部时钟 TCLK0	0000
MUX0	[3:0]	选择 PWM 定时器 0 的 MUX 输入 0000：1/2；0001：1/4；0010：1/8；0011：1/16；01XX：外部时钟 TCLK0	0000

3. 定时器控制寄存器

定时器控制寄存器（TCON）的信息如表 8-44 所示。

表 8-44　定时器控制寄存器的信息

寄 存 器	地 址	R/W	描 述	初 始 值
TCON	0X51000008	R/W	定时器控制寄存器	0X0

定时器控制寄存器（TCON）中各个比特位的描述如表 8-45 所示。

表 8-45　定时器控制寄存器中各个比特位的描述

TCON	位	描 述	初 始 值
定时器 4 自动重装载开/关	[22]	决定定时器 4 的自动重装载开/关 0：关；1：开	0
定时器 4 手动更新	[21]	决定定时器 4 的手动更新 0：不操作；1：更新 TCNTB4	0
定时器 4 启/停	[20]	决定定时器 4 的启/停 0：停止；1：启动	0
定时器 3 自动重装载开/关	[19]	决定定时器 3 的自动重装载开/关 0：关；1：开	0
定时器 3 输出反转开/关	[18]	决定定时器 3 输出 TOUT3 反转的开/关 0：关；1 开	0

续表

TCON	位	描　　述	初　始　值
定时器 3 手动更新	[17]	决定定时器 3 的手动更新 0：不操作；1：更新 TCNTB3 和 TCMPB3	0
定时器 3 启/停	[16]	决定定时器 3 的启/停 0：停止；1：启动	0
定时器 2 自动重装载开/关	[15]	决定定时器 2 的自动重装载开/关 0：关；1：开	0
定时器 2 输出反转开/关	[14]	决定定时器 2 输出 TOUT2 反转的开/关 0：关；1：开	0
定时器 2 手动更新	[13]	决定定时器 2 的手动更新 0：不操作；1：更新 TCNTB2 和 TCMPB2	0
定时器 2 启/停	[12]	决定定时器 2 的启/停 0：停止；1：启动	0
定时器 1 自动重装载开/关	[11]	决定定时器 1 的自动重装载开/关 0：关；1：开	0
定时器 1 输出反转开/关	[10]	决定定时器 1 输出 TOUT1 反转的开/关 0：关；1：开	0
定时器 1 手动更新	[9]	决定定时器 1 的手动更新 0：不操作；1：更新 TCNTB1 和 TCMPB1	0
定时器 1 启/停	[8]	决定定时器 1 的启/停 0：停止；1：启动	0
保留	[7:5]	保留	
死区使能	[4]	决定死区操作 0：禁止；1：使能	
定时器 0 自动重装载开/关	[3]	决定定时器 0 的自动重装载开/关 0：关；1：开	0
定时器 0 输出反转开/关	[2]	决定定时器 0 输出 TOUT0 反转的开/关 0：关；1：开	0
定时器 0 手动更新	[1]	决定定时器 0 的手动更新 0：不操作；1：更新 TCNTB0 和 TCMPB0	0
定时器 0 启/停	[0]	决定定时器 0 的启/停 0：停止；1：启动	0

4. 定时器 0 计数缓冲寄存器与比较缓冲寄存器

定时器 0 计数缓冲寄存器（TCNTB0）与比较缓冲寄存器（TCMPB0）的信息如表 8-46 所示。

表 8-46　定时器 0 计数缓冲寄存器与比较缓冲寄存器的信息

寄　存　器	地　　址	R/W	描　　述	初　始　值
TCNTB0	0X5100000C	R/W	定时器 0 计数缓冲寄存器	0X0
TCMPB0	0X51000010	R/W	定时器 0 比较缓冲寄存器	0X0

TCNTB0 各位的描述如表 8-47 所示。

表 8-47　TCNTB0 各位的描述

TCNTB0	位	描　　述	初　始　值
定时器 0 计数缓冲寄存器	[15:0]	设置定时器 0 的计数缓冲值	0

TCMPB0 各位的描述如表 8-48 所示。

表 8-48　TCMPB0 各位的描述

TCMPB0	位	描　　述	初　始　值
定时器 0 比较缓冲寄存器	[15:0]	设置定时器 0 的比较缓冲值	0

5. 定时器 0 观察寄存器

定时器 0 观察寄存器的信息如表 8-49 所示。

表 8-49　定时器 0 观察寄存器的信息

寄　存　器	地　址	R/W	描　　述	初　始　值
TCNTO0	0X51000014	R	定时器 0 计数观察寄存器	0X0

定时器 0 观察寄存器各位的描述如表 8-50 所示。

表 8-50　定时器 0 观察寄存器各位的描述

TCNTO0	位	描　　述	初　始　值
定时器 0 观察寄存器	[15:0]	读出定时器 0 计数观察寄存器值	0

6. 定时器 1 计数缓冲寄存器与比较缓冲寄存器

定时器 1 计数缓冲寄存器（TCNTB1）与比较缓冲寄存器（TCMPB1）的信息如表 8-51 所示。

表 8-51　定时器 1 计数缓冲寄存器与比较缓冲寄存器的信息

寄　存　器	地　址	R/W	描　　述	初　始　值
TCNTB1	0X51000018	R/W	定时器 1 计数缓冲器	0X0
TCMPB1	0X5100001C	R/W	定时器 1 比较缓冲寄存器	0X0

TCNTB1 各位的描述如表 8-52 所示。

表 8-52　TCNTB1 各位的描述

TCNTB1	位	描　　述	初　始　值
定时器 1 计数缓冲寄存器	[15:0]	设置定时器 1 的计数缓冲值	0

TCMPB1 各位的描述如表 8-53 所示。

表 8-53　TCMPB1 各位的描述

TCMPB1	位	描　　述	初　始　值
定时器 1 比较缓冲寄存器	[15:0]	设置定时器 1 的比较缓冲值	0

7. 定时器 1 观察寄存器

定时器 1 观察寄存器的信息如表 8-54 所示。

表 8-54　定时器 1 观察寄存器的信息

寄　存　器	地　址	R/W	描　述	初　始　值
TCNTO1	0X51000020	R	定时器 1 计数观察寄存器	0X0

定时器 1 观察寄存器各位的描述如表 8-55 所示。

表 8-55　定时器 1 观察寄存器各位的描述

TCNTO1	位	描　述	初　始　值
定时器 1 观察寄存器	[15:0]	读出定时器 1 计数观察寄存器值	0

8. 定时器 2 计数缓冲寄存器与比较缓冲寄存器

定时器 2 计数缓冲寄存器（TCNTB2）与比较缓冲寄存器（TCMPB2）的信息如表 8-56 所示。

表 8-56　定时器 2 计数缓冲寄存器与比较缓冲寄存器的信息

寄　存　器	地　址	R/W	描　述	初　始　值
TCNTB2	0X51000024	R/W	定时器 2 计数缓冲器	0X0
TCMPB2	0X51000028	R/W	定时器 2 比较缓冲寄存器	0X0

TCNTB2 各位的描述如表 8-57 所示。

表 8-57　TCNTB2 各位的描述

TCNTB2	位	描　述	初　始　值
定时器 2 计数缓冲器	[15:0]	设置定时器 2 的计数缓冲值	0

TCMPB2 各位的描述如表 8-58 所示。

表 8-58　TCMPB2 各位的描述

TCMPB2	位	描　述	初　始　值
定时器 2 比较缓冲寄存器	[15:0]	设置定时器 2 的比较缓冲值	0

9. 定时器 2 观察寄存器

定时器 2 观察寄存器的信息如表 8-59 所示。

表 8-59　定时器 2 观察寄存器的信息

寄　存　器	地　址	R/W	描　述	初　始　值
TCNTO2	0X5100002C	R	定时器 2 计数观察寄存器	0X0

定时器 2 观察寄存器各位的描述如表 8-60 所示。

表 8-60　定时器 2 观察寄存器各位的描述

TCNTO2	位	描　述	初　始　值
定时器 2 观察寄存器	[15:0]	读出定时器 2 计数观察寄存器值	0

10. 定时器 3 计数缓冲寄存器与比较缓冲寄存器

定时器 3 计数缓冲寄存器（TCNTB3）与比较缓冲寄存器（TCMPB3）的信息如表 8-61 所示。

表 8-61　定时器 3 计数缓冲寄存器与比较缓冲寄存器的信息

寄　存　器	地　址	R/W	描　　述	初　始　值
TCNTB3	0X51000030	R/W	定时器 3 计数缓冲器	0X0
TCMPB3	0X51000034	R/W	定时器 3 比较缓冲寄存器	0X0

TCNTB3 各位的描述如表 8-62 所示。

表 8-62　TCNTB3 各位的描述

TCNTB3	位	描　　述	初　始　值
定时器 3 计数缓冲器	[15:0]	设置定时器 3 的计数缓冲值	0

TCMPB3 各位的描述如表 8-63 所示。

表 8-63　TCMPB3 各位的描述

TCMPB3	位	描　　述	初　始　值
定时器 3 比较缓冲寄存器	[15:0]	设置定时器 3 的比较缓冲值	0

11. 定时器 3 观察寄存器

定时器 3 观察寄存器的信息如表 8-64 所示。

表 8-64　定时器 3 观察寄存器的信息

寄　存　器	地　址	R/W	描　　述	初　始　值
TCNTO3	0X51000038	R	定时器 3 计数观察寄存器	0X0

定时器 3 观察寄存器各位的描述如表 8-65 所示。

表 8-65　定时器 3 观察寄存器各位的描述

TCNTO3	位	描　　述	初　始　值
定时器 3 观察寄存器	[15:0]	读出定时器 3 计数观察寄存器值	0

12. 定时器 4 计数缓冲器

定时器 4 计数缓冲器（TCNTB4）的信息如表 8-66 所示。

表 8-66　定时器 4 计数缓冲器的信息

寄　存　器	地　址	R/W	描　　述	初　始　值
TCNTB4	0X5100003C	R/W	定时器 4 的计数缓冲器	0X0

定时器 4 计数缓冲器（TCNTB4）各位的描述如表 8-67 所示。

表 8-67　定时器 4 计数缓冲器各位的描述

TCNTB4	位	描　　述	初　始　值
定时器 4 计数缓冲器	[15:0]	设置定时器 4 的计数缓冲值	0

13. 定时器 4 观察寄存器

定时器 4 观察寄存器的信息如表 8-68 所示。

表 8-68　定时器 4 观察寄存器的信息

寄　存　器	地　　址	R/W	描　　述	初　始　值
TCNTO4	0X51000040	R	定时器 4 计数观察寄存器	0X0

定时器 4 观察寄存器各位的描述如表 8-69 所示。

表 8-69　定时器 4 观察寄存器各位的描述

TCNTO4	位	描　　述	初　始　值
定时器 4 观察寄存器	[15:0]	读出定时器 4 计数观察寄存器值	0

14. PWM 对外引脚

PWM 对外引脚如表 8-70 所示。

表 8-70　PWM 对外引脚

引 脚 名 称	引 脚 编 号	功 能 说 明	I/O 类型
TOUT0	J6	定时器 0 的输出	t8
TOUT1	J5	定时器 1 的输出	t8
TOUT2	J7	定时器 2 的输出	t8
TOUT3	K3	定时器 3 的输出	t8
TCLK0	K4	TCLK0 时钟	t8
TCLK1	U12	TCLK1 时钟	t12

注：t8 为双向、LVCMOS 施密特触发器，100kW 上拉电阻控制，三态，I/O 为 8mA；

　　t12 为双向、LVCMOS 施密特触发器，100kW 上拉电阻控制，三态，I/O 为 12mA。

8.4　UART 端口

通用异步收发器（Universal Asynchronous Receiver/Transmitter，UART）是用于控制计算机与串行设备通信的端口，提供 RS-232 数据终端设备端口，这样计算机就可以和调制解调器或其他使用 RS-232 端口的串行设备通信。

8.4.1　UART 端口概述

UART 单元提供 3 个独立的异步串行 I/O 端口，每个都可以在中断和 DMA 两种模式下工作。也就是说，UART 可以产生内部中断请求或者 DMA 请求，在 CPU 和串行 I/O 之间传送数据。它们支持的波特率为 230.4Kbit/s，如果外部设备通过 UEXTCLK 提供 UART 单元，那么UART 单元可以以更高的速率工作。

每个 UART 通道包含 2 个 16 位的 FIFO（先进先出）通道，分别用于接收和发送信号。UART 单元可以对以下的参数进行设置：可编程的波特率，红外收/发模式，1 或 2 个停止位，5 位、6 位、7 位、8 位数据宽度和奇偶位校验。每个 UART 包含一个波特率产生器、发送器、接收器和控制单元。

波特率产生器以 PCLK/UEXTCLK 作为时钟源。发送器和接收器包含 16 个字节的 FIFO 通道和移位寄存器。发送的数据在发送前，先被写入 FIFO 通道，然后复制到移位寄存器，它从数据输出端口（TxDn 引脚）依次被移位输出。同时，被接收的数据从数据接收端口（RxDn 引脚）移位输入移位寄存器，然后从移位寄存器复制到 FIFO 通道。

UART 单元特性如下。

（1）拥有基于 DMA 或中断操作的引脚 RxD0、TxD0、RxD1、TxD1、RxD2、TxD2。

（2）UART 通道 0、1、2 符合 IrDA1.0 要求，具有 16 字节的 FIFO 通道。

（3）UART 通道 0、1 具有收发控制信号 nRTS0、nCTS0、nRTS1 和 nCTS1，可实现自动流控制。

（4）支持收发时握手模式。

8.4.2 UART 端口的操作

UART 端口的操作主要包括数据发送、数据接收、自动流控制、非自动流控制、中断/DMA 请求的产生、UART 错误状态 FIFO、波特率的产生、回环模式、红外模式等。

1. 数据发送

数据发送的帧格式包含 1 个开始位、5～8 个数据位、1 个可选的奇偶位和 1～2 个停止位，这些都可以通过行控制寄存器（ULCONn）来设置。数据发送的帧是可编程的。

发送器能够产生断点条件（Break Condition），断点条件迫使串口输出保持在逻辑 0 状态，这种状态保持超过一个传输帧的时间长度。断点条件通常在一帧传输数据完整地传输完之后，再通过这个全 0 状态将断点信号发送给对方。断点信号发送之后，将持续地传送数据到 Tx FIFO 中（在不使用 FIFO 模式下的 Tx 保持寄存器）。

2. 数据接收

与数据发送一样，接收的数据帧同样是可编程的。数据接收的帧格式包括 1 个开始位、5～8 个数据位、1 个可选的奇偶校验位和 1～2 个停止位，这些都可以通过行控制寄存器（ULCONn）来设置。接收器还可以检测到溢出错误和帧错误，每种情况下都会在寄存器中将一个对应的错误标志位置 1。

（1）溢出错误表示新的数据在旧的数据没有及时被读取的情况下就覆盖了旧的数据。

（2）帧错误表示接收到的数据没有有效的停止位。

在 FIFO 模式下接收的 FIFO 通道不为空，且接收器已经在 3 个字时间内没有接收到任何数据，则接收超时。

3. 自动流控制（AFC）

S3C2440A 微处理器的 UART0 和 UART1 都可以通过各自的 nRTS 和 nCTS 信号来实现自动流控制（AFC）。在自动流控制模式下 nRTS 取决于接收端的状态，nCTS 控制了发送端的操作。具体地说，只有当 nCTS 有效时（表明接收方的 FIFO 通道已经准备就绪），UART 才会将 FIFO 通道中的数据发送出去。在 UART 接收数据之前，只要接收的 FIFO 通道中至少有 2 字节空余的时候，nRTS 就会被置为有效。

UART 自动流控制模式的连接方式如图 8-12 所示。

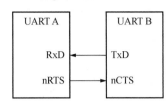

图 8-12　UART 自动流控制模式的连接方式

4. 非自动流控制

UART 通过软件控制 nRTS 和 nCTS。

接收操作如下。

（1）选择接收模式（中断或者 DMA 模式）。

（2）检查 UFSTATn 寄存器中 Rx FIFO 计数器的值，如果值小于 15，用户必须设置 UMCONn[0]的值为 1（nRTS 有效）；如果它等于或大于 15，用户必须设置该位值为 0（nRTS 无效）。

（3）重复执行第（2）步。

发送操作如下。

（1）选择发送模式（中断或者 DMA 模式）。

（2）检查 UMSTATn[0]的值，用户可以写数据到输出缓冲区或 Tx FIFO 寄存器。

对于 RS-232C 端口，如果用户要连接到调制解调器端口，就需要 nRTS、nCTS、nDSR、nDTR、DCD 和 nRI 信号。在这种情况下，用户可以利用软件，通过通用 I/O 端口来控制这些信号，因为 AFC 是不支持 RS-232C 端口的。

5. 中断/DMA 请求的产生

每个 UART 都有 5 个状态（Tx/Rx/Error）信号，包括溢出错误、帧错误、接收 FIFO/Buffer 数据准备好、发送 FIFO/Buffer 空和发送移位寄存器空（这里的"空"表示空闲，表示可以接收数据）。所有这些状态都由对应的 UART 状态寄存器（UTRSTATn/UERSTATn）中的相应位来表现。

溢出错误和帧错误都被认为是接收错误状态。如果控制寄存器（UCONn）中的"接收错误状态中断使能位"被置位，它们中的每一个都能够引发接收错误中断请求。当"接收错误状态中断请求"被检测到，引发请求的信号可以通过读取 UERSTATn 来识别。

在 FIFO 模式下，如果 UCONn 中的接收模式为中断模式，则当接收器要将接收移位寄存器的数据送到接收 FIFO 时，将激活接收 FIFO 的可引起接收中断的"端"状态信号。在 Non-FIFO 模式下，传送接收移位寄存器的数据到接收保持寄存器会引起 Rx 中断。

如果接收/发送模式被选定为 DMA 模式，则接收 FIFO"满"和发送 FIFO"空"的状态信号也可以被连接，以产生 DMA 请求信号。

与 FIFO 有关的中断如表 8-71 所示。

表 8-71　与 FIFO 有关的中断

类　　型	FIFO 模式	Non-FIFO 模式
Rx 中断	如果每次接收的数据达到了接收 FIFO 的触发水平，则 Rx 中断产生 如果 FIFO 非空并且在 3 个字时间内没有接收到数据，则 Rx 中断产生（接收超时）	如果每次接收数据变为"满"，则接收保持寄存器产生一个中断

类 型	FIFO 模式	Non-FIFO 模式
Tx 中断	如果每次发送的数据达到了发送 FIFO 的触发水平，则 Tx 中断产生	如果每次发送数据变为"空"，则发送保持寄存器产生一个中断
错误中断	帧错误和溢出错误将产生错误中断	所有错误产生一个中断，即使同时有另一个错误发生，也只产生一个中断

6. UART 错误状态 FIFO

除了 Rx FIFO 寄存器之外，UART 还有一个错误状态 FIFO。错误状态 FIFO 表示在 FIFO 寄存器中，哪一个数据在接收时出错。错误中断发生在有错误的数据被读取时。为清除错误状态 FIFO，寄存器 URXHn 和 UERSTATn 会被读取。

例如：假设 UART 的 Rx FIFO 连续接收 A、B、C、D、E 字符，并且在接收 B 字符时发生了帧错误（即该字符没有停止位），在接收 D 字符时发生了奇偶校验错误，虽然 UART 错误发生了，但是错误中断不会产生，因为含有错误的字符还没有被 CPU 读取。当错误的字符被读取时错误中断才会产生，具体如图 8-13 所示。

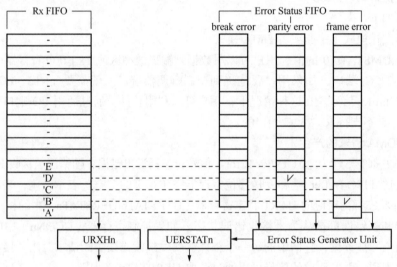

图 8-13　UART 接收有两个错误的 5 字符

7. 波特率的产生

每个 UART 的波特率产生器为接收/发送器提供一个连续时钟。时钟源可以选为 S3C2440A 微处理器的内部系统时钟或者 UEXTCLK。也就是说，分频由 UCONn 中的时钟选择设置来确定。波特率产生器的时钟通过一个 16 位分频器和一个由 UART 波特率除数寄存器（UBRDIVn）指定的 16 位除数来决定。

UBRDIVn 的值可以根据以下公式确定。

UBRDIVn =（int）（PCLK/（波特率×16））−1

除数的范围为 1～（2^{16}−1）。如果波特率为 115 200bit/s 且系统主频（PCLK）为 64MHz，则 UBRDIVn 计算如下。

UBRDIVn =（int）（64 000 000/（115 200×16））−1=35−1=34

为了使 UART 操作准确，S3C2440A 微处理器提供了 UEXTCLK 作为被除数。

如果 S3C2440A 微处理器使用了外部 UART 设备或系统的 UEXTCLK，那么 UART 的连续时钟和 UEXTCLK 准确地同时发生。所以，用户可以进行更准确的 UART 操作。UBRDIVn 的值由下面的公式确定。

UBRDIVn =（int）（UEXTCLK/（波特率 × 16））−1

除数的范围为 1～（2^{16}−1）。并且 UEXTCLK 应该比 PCLK 小。如果波特率为 115 200bit/s 且 UEXTCLK 为 40MHz，则 UBRDIVn 计算如下。

UBRDIVn =（int）（40000000/（115 200 × 16））−1=（int）（21.7）−1=21−1=20

波特率错误极限描述如下。

UART 帧错误率应该小于 1.87%（3/160）。

tUPCLK =（UBDIVn+1）× 16 × 1Frame/PCLK，其中 tUPCLK 为实际 UART 时钟。

tUEXACT = 1Frame / baud　rate，其中 tUEXACT 为理想 UART 时钟。

UART error =（tUPCLK − tUEXACP）/ tUECACT × 100%

注意：

（1）1Frame = Start bit + Data bits + Parity bit + Stop bit。

（2）在特殊条件下，应该将波特率提高到 921.6kbit/s。如当 PCLK 为 60MHz，就可以通过使用 921.6kbit/s 的波特率将 UART 的错误率降到 1.69%。

8. 回环模式

S3C2440A 微处理器的 UART 提供一个测试模式作为回环模式，以解决通信连接中出现的孤立错误。此模式使能 RXD 和 TXD 之间的连接。在这种模式下，发送的数据通过 RXD 会立即被接收。这个特点允许处理器检验内部传输和接收的所有 SIO 通道的数据途径。这个模式可以通过 UCONn 寄存器中的回环模式位来选择。

9. 红外模式

S3C2440A 微处理器的 UART 模块支持红外（IR）发送和接收，可以通过设置 UART 控制寄存器（ULCONn）中的红外模式位来选择这一模式，如图 8-14 所示。

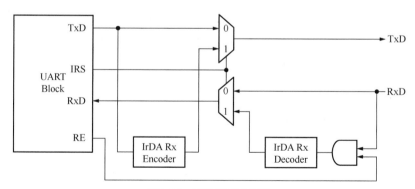

图 8-14　红外模式功能块

在红外发送模式下，发送阶段通过正常串行发送占空比 3/16 的脉冲波调制信号（当传送数据位为 0 时）；在红外接收模式下，接收阶段必须检测 3/16 脉冲波来识别 0。

通常情况下传输帧的时序图如图 8-15 所示，红外发送模式帧的时序图如图 8-16 所示。

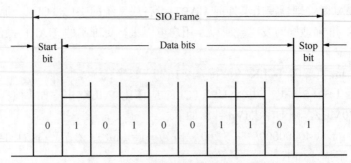

图 8-15　通常情况下传输帧的时序图

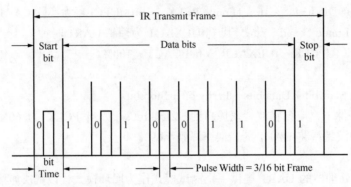

图 8-16　红外发送模式帧的时序图

红外接收模式帧的时序图如图 8-17 所示。

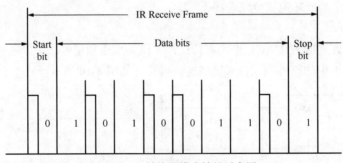

图 8-17　红外接收模式帧的时序图

8.4.3　UART 特殊功能寄存器

1. UART 行控制寄存器

UART 模块包括 3 个行控制寄存器，分别为 ULCON0、ULCON1、ULCON2，其地址信息如表 8-72 所示。

表 8-72　UART 行控制寄存器地址信息

寄 存 器	地　　址	R/W	描　　述	初　始　值
ULCON0	0X50000000	R/W	UART0 通道行控制寄存器	0X0
ULCON1	0X50004000	R/W	UART1 通道行控制寄存器	0X0
ULCON2	0X50008000	R/W	UART2 通道行控制寄存器	0X0

ULCONn 寄存器中各位的描述如表 8-73 所示。

表 8-73　ULCONn 寄存器中各位的描述

ULCONn	位	描　　　述	初　始　值
Reserved	[7]	保留	0
Infra-Red Mode	[6]	确定是否采用红外模式 0：普通操作模式 1：红外发送/接收模式	0
Parity Mode	[5:3]	确定奇偶产生的类型和校验（在 UART 发送/接收操作过程中） 0XX：无校验 100：奇校验 101：偶校验 110：强制为 1 111：强制为 0	0
Number of Stop Bit	[2]	确定每帧中停止位个数 0：每帧 1 位停止位 1：每帧 2 位停止位	0
Word Length	[1:0]	确定每帧总数据位的个数 00：5 位；01：6 位；10：7 位；11：8 位	0

2. UART 控制寄存器

UART 控制寄存器有 3 个，分别为 UCON0、UCON1 和 UCON2，其地址信息如表 8-74 所示。

表 8-74　UART 控制寄存器地址信息

寄　存　器	地　　　址	R/W	描　　　述	初　始　值
UCON0	0X50000004	R/W	UART0 通道控制寄存器	0X0
UCON1	0X50004004	R/W	UART1 通道控制寄存器	0X0
UCON2	0X50008004	R/W	UART2 通道控制寄存器	0X0

UCONn 寄存器中各位的描述如表 8-75 所示。

表 8-75　UCONn 寄存器中各位的描述

UCONn	位	描　　　述	初　始　值
Clock Selection	[10]	选择 PCLK 或 UEXTCLK 作为 UART 波特率时钟 0：PCLK：UBRDIVn=（int）（PCLK/（波特率×16））−1 1：UEXTCLK（@GPH8）： UBRDIVn=（int）（UEXTCLK/（波特率×16））−1	0
Tx Interrupt Type	[9]	发送中断请求类型 0：脉冲（在非 FIFO 模式下的 Tx Buffer 中的数据发送完毕，或者在 FIFO 模式下 Tx FIFO 达到了触发水平时，产生中断） 1：电平（在非 FIFO 模式下的 Tx Buffer 中的数据发送完毕，或者在 FIFO 模式下 Tx FIFO 达到了触发水平时，产生中断）	0

UCONn	位	描 述	初 始 值
Rx Interrupt Type	[8]	接收中断请求类型 0：脉冲（在非 FIFO 模式下的 Rx Buffer 中的数据接收完毕，或者在 FIFO 模式下 Rx FIFO 达到了触发水平时，产生中断） 1：电平（在非 FIFO 模式下的 Rx Buffer 中的数据接收完毕，或者在 FIFO 模式下 Rx FIFO 达到了触发水平时，产生中断）	0
Rx Time Out Enable	[7]	使能/禁止 Rx 超时中断 0：禁止；1=使能	0
Rx Error Status Interrupt Enable	[6]	在接收过程中，如果发生帧错误或溢出错误，使能/禁止 UART 产生中断 0：不产生接收错误状态中断 1：产生接收错误状态中断	0
Loopback Mode	[5]	置 Loopback 位为 1 时，使 UART 进入 Loopback 模式。此模式仅用于测试 0：普通操作；1：Loopback 模式	0
Reserved	[4]	保留	0
Transmit Mode	[3:2]	确定哪个模式可以将 Tx 数据写入 UART 发送保持寄存器 00=禁止；01=中断请求或 polling 模式；10：DMA0 请求（仅用于 UART0），DMA3 请求（仅用于 UART2）；11：DMA1 请求（仅用于 UART1）	0
Receive Mode	[1:0]	确定哪个模式可以从 UART 接收缓冲寄存器读数据 00：禁止；01：中断请求或 polling 模式；10：DMA0 请求（仅用于 UART0），DMA3 请求（仅用于 UART2）；11：DMA1 请求（仅用于 UART1）	0

注意：当 UART 没有达到 FIFO 触发水平或在 FIFO 下 DMA 接收模式中的 3 个字的时间内没有接收到数据，Rx 中断会产生（接收超时），并且用户应该检测 FIFO 状态读取中断。

3. FIFO 控制寄存器

UART 模块中含有 3 个 UART FIFO 控制寄存器，分别为 UFCON0、UFCON1 和 UFCON2，其地址信息如表 8-76 所示。

表 8-76　FIFO 控制寄存器地址信息

寄 存 器	地 址	R/W	描 述	初 始 值
UFCON0	0X50000008	R/W	UART0 通道 FIFO 控制寄存器	0X0
UFCON1	0X50004008	R/W	UART1 通道 FIFO 控制寄存器	0X0
UFCON2	0X50008008	R/W	UART2 通道 FIFO 控制寄存器	0X0

UFCONn 寄存器中各位的描述如表 8-77 所示。

表 8-77　UFCONn 寄存器中各位的描述

UFCONn	位	描　　述	初　始　值
Tx FIFO Trigger Level	[7:6]	确定发送 FIFO 的触发条件 00：空；01：4 字节；10：8 字节；11：12 字节	0
Rx FIFO Trigger Level	[5:4]	确定接收 FIFO 的触发条件 00：4 字节；01：8 字节；10：12 字节；11：16 字节	0
Reserved	[3]	保留	0
Tx FIFO Reset	[2]	Tx 位复位，该位在 FIFO 复位后自动清除 0：正常；1：Tx FIFO 复位	0
Rx FIFO Reset	[1]	Rx 位复位，该位在 FIFO 复位后自动清除 0：正常；1：Rx FIFO 复位	0
FIFO Enble	[0]	0=FIFO 禁止；1=FIFO 模式	0

4. UART Modem 控制寄存器

UART 模块中有两个 UART Modem 控制寄存器，分别为 UMCON0 和 UMCON1，其地址信息如表 8-78 所示。

表 8-78　UART Modem 控制寄存器地址信息

寄　存　器	地　　址	R/W	描　　述	复初始值
UMCON0	0X5000000C	R/W	UART0 通道 Modem 控制寄存器	0X0
UMCON1	0X5000400C	R/W	UART1 通道 Modem 控制寄存器	0X0
Reserved	0X5000800C	—	保留	UNDEF

UMCONn 寄存器中各位的描述如表 8-79 所示。

表 8-79　UMCONn 寄存器中各位的描述

UMCONn	位	描　　述	初　始　值
Reserved	[7:5]	这 3 位必须均为 0	0
Auto Flow Control(AFC)	[4]	AFC 是否允许 0：禁止；1=使能	0
Reserved	[3:1]	这 3 位必须均为 0	0
Request to Send	[0]	如果 AFC 位被允许，则该位忽略，S3C2440A 微处理器将自动控制 nRTS；如果 AFC 位被禁止，则 nRTS 必须用软件控制 0：高电平（nRTS 无效） 1：低电平（nRTS 有效）	0

注意：UART2 不支持 AFC 功能，因为 S3C2440A 微处理器没有 nRTS2 和 nCTS2。

5. UART Rx/Tx 状态寄存器

UART 模块有 3 个 UART Rx/Tx 状态寄存器，分别为 UTRSTAT0、UTRSTAT1、UTRSTAT2，其地址信息如表 8-80 所示。

表 8-80 UART Rx/Tx 状态寄存器地址信息

寄 存 器	地 址	R/W	描 述	初 始 值
UTRSTAT0	0X50000010	R	UART0 通道 Rx/Tx 状态寄存器	0X6
UTRSTAT1	0X50004010	R	UART1 通道 Rx/Tx 状态寄存器	0X6
UTRSTAT2	0X50008010	R	UART2 通道 Rx/Tx 状态寄存器	0X6

UTRSTATn 寄存器中各位的描述如表 8-81 所示。

表 8-81 UTRSTATn 寄存器中各位的描述

UTRSTATn	位	描 述	初 始 值
Transmitter Empty	[2]	在发送缓冲寄存器没有有效数据或发送移位寄存器为空时，该位自动置 1 0：不空 1：发送缓冲寄存器和移位寄存器为空	1
Transmitter Buffer Empty	[1]	当发送缓冲寄存器为空时，该位自动置 1 0：不空 1：为空 （在非 FIFO 模式，中断或 DMA 被申请。在 FIFO 模式，当 Tx FIFO 触发水平被设置为 0（空）时，中断或 DMA 被申请） 如果 UART 使用 FIFO，则用户应该检查 UFSTAT 寄存器的 Tx FIFO 计数位和 Tx FIFO 满标志位，以代替检查该位	1
Receive Buffer Data Ready	[0]	无论何时接收缓冲寄存器包含有在 RXDn 端口接收的有效数据，该位自动置 1 0：为空 1：接收缓冲寄存器有数据（在非 FIFO 模式，中断或 DMA 被申请） 如果 UART 使用 FIFO，则用户应该检查 UFSTAT 寄存器的 Rx FIFO 计数位和 Rx FIFO 满标志位，以代替检查该位	0

6. UART 错误状态寄存器

UART 模块有 3 个 UART 错误状态寄存器，分别为 UERSTAT0、UERSTAT1 和 UERSTAT2，其地址信息如表 8-82 所示。

表 8-82 UART 错误状态寄存器地址信息

寄 存 器	地 址	R/W	描 述	初 始 值
UERSTAT0	0X50000014	R	UART0 通道错误状态寄存器	0X0
UERSTAT1	0X50004014	R	UART1 通道错误状态寄存器	0X0
UERSTAT2	0X50008014	R	UART2 通道错误状态寄存器	0X0

UERSTATn 寄存器中各位的描述如表 8-83 所示。

表 8-83　UERSTATn 寄存器中各位的描述

UERSTATn	位	描　述	初　始　值
Break Detect	[3]	自动置 1 来指出一个中止信号已发出 0：没有断点接收；1：断点接收（已请求中断）	0
Frame Error	[2]	在接收过程中无论何时发生帧错误，该位自动置 1 0：没有发生帧错误；1：发生帧错误（中断申请）	0
Parity Error	[1]	只要在接收操作中出现奇偶校验错误则自动置 1 0：接收过程中无奇偶校验错误；1：接收过程中出现奇偶校验错误（已请求中断）	0
Overrun Error	[0]	在接收过程中无论何时发生溢出错误，该位自动置 1 0：没有发生溢出错误；1：发生溢出错误（中断申请）	0

注意：当 UART 错误状态寄存器被读取时，这些位会自动清零。

7. UART 的 FIFO 状态寄存器

UART 模块有 3 个 FIFO 状态寄存器，分别为 UFSTAT0、UFSTAT1 和 UFSTAT2，其地址信息如表 8-84 所示。

表 8-84　UART 的 FIFO 状态寄存器地址信息

寄　存　器	地　　址	R/W	描　述	初　始　值
UFSTAT0	0X50000018	R	UART0 通道 FIFO 状态寄存器	0X0
UFSTAT1	0X50004018	R	UART1 通道 FIFO 状态寄存器	0X0
UFSTAT2	0X50008018	R	UART2 通道 FIFO 状态寄存器	0X0

UFSTATn 寄存器中各位的描述如表 8-85 所示。

表 8-85　UFSTATn 寄存器中各位的描述

UFSTATn	位	描　述	初　始　值
Reserved	[15:10]	保留	0
Tx FIFO Full	[9]	无论何时发送，FIFO 中数据满时，该位自动置 1 0：0B≤Tx FIFO 中的数据≤15B 1：Tx FIFO 中的数据满	0
Rx FIFO Full	[8]	无论何时接收，FIFO 中数据满时，该位自动置 1 0：0B≤Rx FIFO 中的数据≤15B 1：Rx FIFO 中的数据满	0
Tx FIFO Count	[7:4]	Tx FIFO 中数据的数量	0
Rx FIFO Count	[3:0]	Rx FIFO 中数据的数量	0

8. UART MODEM 状态寄存器

UART 模块有 2 个 UART MODEM 状态寄存器，分别为 UMSTAT0 和 UMSTAT1，其地址信息如表 8-86 所示。

表 8-86　UART MODEM 状态寄存器地址信息

寄 存 器	地 址	R/W	描 述	初 始 值
UMSTAT0	0X5000001C	R	UART0 通道 MODEM 状态寄存器	0X0
UMSTAT1	0X5000401C	R	UART1 通道 MODEM 状态寄存器	0X0
Reserved	0X5000801C	—	保留	未定义

UMSTATn 寄存器中各位的描述如表 8-87 所示。

表 8-87　UMSTATn 寄存器中各位的描述

UMSTATn	位	描 述	初 始 值
Delta CTS	[4]	该位数据表示输入 S3C2440A 微处理器的 nCTS 信号自上次读后是否已经改变状态 0：没有改变 1：有改变	0
Reserved	[3:1]	保留	0
Clear to Send	[0]	0：CTS 信号没有改变（nCTS 引脚为高电平） 1：CTS 信号改变（nCTS 引脚为低电平）	0

nCTS 和 Delta CTS 的时序图如图 8-18 所示。

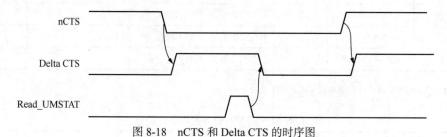

图 8-18　nCTS 和 Delta CTS 的时序图

9. UART 发送/接收保持寄存器

UART 模块有 3 个发送/接收保持寄存器，分别为 UTXH0、UTXH1 和 UTXH2，URXH0、URXH1 和 URXH2。UTXHn 寄存器地址信息如表 8-88 所示。

表 8-88　UTXHn 寄存器地址信息

寄 存 器	地 址	R/W	描 述	初 始 值
UTXH0	0X50000020（L） 0X50000023（B）	W （by Byte）	UART0 通道发送保持寄存器	—
UTXH1	0X50004020（L） 0X50004023（B）	W （by Byte）	UART1 通道发送保持寄存器	—
UTXH2	0X50008020（L） 0X50008023（B）	W （by Byte）	UART2 通道发送保持寄存器	—

URXHn 寄存器地址信息如表 8-89 所示。

表 8-89　URXHn 寄存器地址信息

寄　存　器	地　　址	R/W	描　　述
URXH0	0X50000024（L） 0X50000027（B）	R （by Byte）	UART0 通道接收保持寄存器
URXH1	0X50004024（L） 0X50004027（B）	R （by Byte）	UART1 通道接收保持寄存器
URXH2	0X50008024（L） 0X50008027（B）	R （by Byte）	UART2 通道接收保持寄存器

注意：（L）为小端模式；（B）为大端模式。

UTXHn 寄存器中各位的描述如表 8-90 所示。

表 8-90　UTXHn 寄存器中各位的描述

UTXHn	位	描　　述	初　始　值
TXDATAn	[7:0]	UARTn 的发送数据	—

URXHn 寄存器中各位的描述如表 8-91 所示。

表 8-91　URXHn 寄存器中各位的描述

URXHn	位	描　　述	初　始　值
RXDATAn	[7:0]	UARTn 的接收数据	—

注意：当溢出错误产生时，URXHn 必须被读取，否则，即使该 UERSTATn 溢出错误位被清零，下一个接收数据也会产生溢出错误。

10. UART 波特率分频寄存器

UART 模块有 3 个波特率分频寄存器，分别为 UBRDIV0、UBRDIV1 和 UBRDIV2，其地址信息如表 8-92 所示。

表 8-92　UART 波特率分频寄存器地址信息

寄　存　器	地　　址	R/W	描　　述	初　始　值
UBRDIV0	0X50000028	R/W	波特率分频寄存器 0	—
UBRDIV1	0X50004028	R/W	波特率分频寄存器 1	—
UBRDIV2	0X50008028	R/W	波特率分频寄存器 2	—

UBRDIVn 中的值决定串行 TX/RX 时钟波特率，计算公式如下。

UBRDIVn =（int）（PCLK /（波特率 × 16））−1　　　　　或

UBRDIVn =（int）（UEXTCLK /（波特率 × 16））−1　　　　　或

除数的范围为 1 ～（2^{16}−1），并且 UEXTCLK 应该比 PCLK 小。

UBRDIVn 寄存器中各位的描述如表 8-93 所示。

表 8-93　UBRDIVn 寄存器中各位的描述

UBRDIVn	位	描　　述	初　始　值
UBRDIV	[15:0]	波特率除数 UBRDIVn>0	—

8.4.4 对外引脚

S3C2440A 微处理器的 UART 对外引脚如表 8-94 所示。

表 8-94　S3C2440A 微处理器的 UART 对外引脚

引 脚 名 称	引 脚 编 号	功 能 描 述	I/O 类型
RXD0	K14	UART 接收数据输入 0	t8
RXD1	K17	UART 接收数据输入 1	t8
RXD2	J15	UART 接收数据输入 2	t8
TXD0	K13	UART 发送数据输出 0	t8
TXD1	K16	UART 发送数据输出 1	t8
TXD2	J11	UART 发送数据输出 2	t8
nRTS0	L17	UART 请求发送输出信号 0	t8
nRTS1	J11	UART 请求发送输出信号 1	t8
nCTS0	K11	UART 清除发送输入信号 0	t8
nCTS1	J15	UART 清除发送输入信号 1	t8
UEXTCLK	K15	UART 外接时钟输入	t8

注：t8 为双向、LVCMOS 施密特触发器，100kW 上拉电阻控制，三态，I/O=8mA。

思 考 题

1. 本章的 DMA、中断控制器与前期课程（如计算机组成原理）中的相关概念的关系是什么？
2. 定时器和计数器有何本质的区别？
3. 学完本课程后有何感想？用汇编语言编程和用高级语言编程的差异是什么？所掌握的计算机知识在整个知识体系中占多大比重？有多少技术含量？

第9章
基于 S3C2440A 微处理器的综合应用

本章内容主要包括 S3C2440A 微处理器引导、输入/输出设备、综合应用实例。

9.1　S3C2440A 微处理器引导

编程人员都喜欢用高级语言（如 C 语言）来编写程序。这些编程工作都是在操作系统之上，甚至在开发工具之上进行的。那么在这之前系统究竟已做了哪些工作？为什么按计算机的开机按钮或手机的开机按钮系统就能正常运行？为什么用 C 语言编写程序时主程序是 main()或 winmain()等？本章就以 S3C2440A 微处理器为例，介绍系统开机时是如何一步一步引导的。

下面内容为 Keil uVision4 工具中 S3C2440A 微处理器的引导程序模板，在实际应用时可根据目标机和实际应用情况来做适当修改，如某些功能模块没有使用可以去掉等。下面对该引导程序模板按顺序、按功能点进行说明（下面用到的程序为伪指令、宏指令、汇编指令）。

1．工作模式和中断定义

本书前面章节讲了 ARM 处理器有 7 种工作模式：用户模式（USR）、系统模式（SYS）、普通中断模式（IRQ）、快速中断模式（FIQ）、管理模式（SVC）、中止模式（ABT）、未定义指令模式（UND）。工作模式的参数由寄存器 CPSR 中的模式位 M[4:0]设置。

ARM 中断分为普通中断（IRQ）、快速中断（FIQ）。这两个中断开放与否由程序状态寄存器（PSR）中的 I 位和 F 位决定。

工作模式和中断使能定义伪指令如下。

```
Mode_USR   EQU   0x10  ;用户模式，正常程序执行模式，用于应用程序
Mode_FIQ   EQU   0x11  ;快速中断模式，用于高速数据传输和通道处理
Mode_IRQ   EQU   0x12  ;普通中断模式，用于通用的中断处理
Mode_SVC   EQU   0x13  ;管理模式，是一种保护模式
Mode_ABT   EQU   0x17  ;中止模式，用于虚拟存储
Mode_UND   EQU   0x1B  ;未定义指令模式，当未定义指令执行时进入此模式
Mode_SYS   EQU   0x1F  ;系统模式，用于特权级的操作系统任务
I_bit      EQU   0x80  ;当 I 位置 1，IRQ 屏蔽
F_bit      EQU   0x40  ;当 F 位置 1，FIQ 屏蔽
```

2. 堆栈和堆定义

在高级语言（如 C 语言）中编程是不会涉及堆栈的，涉及堆栈的工作都是系统工具自动给用户处理好的。但在使用汇编语言编程时，编程人员要代替系统工具来完成这部分工作。如果这部分工作处理不好，如程序空间、堆栈空间、数据空间出现冲突等，系统就会出现异常。

ARM 处理器有 7 种工作模式，但用户模式（USR）和系统模式（SYS）共用一组寄存器，堆栈大小定义伪指令如下。

```
UND_Stack_Size  EQU  0x00000000     ;未定义指令模式堆栈大小
SVC_Stack_Size  EQU  0x00000008     ;管理模式堆栈大小
ABT_Stack_Size  EQU  0x00000000     ;中止模式堆栈大小
FIQ_Stack_Size  EQU  0x00000000     ;快速中断模式堆栈大小
IRQ_Stack_Size  EQU  0x00000080     ;普通中断模式堆栈大小
USR_Stack_Size  EQU  0x00000400     ;用户模式堆栈大小
ISR_Stack_Size  EQU  (UND_Stack_Size + SVC_Stack_Size + ABT_Stack_Size + FIQ_Stack_Size + IRQ_Stack_Size)  ;总异常的堆栈大小，也就是所有异常模式下堆栈大小相加。注意没有包含用户模式堆栈
```

注意：在第 2 章中讲到中断和模式有相应的对应关系，在这里有几种模式的堆栈大小定义为 0，或很小的值，如 8，换言之，它们的 SP 指向同一个地方。如果系统较复杂，允许中断嵌套，那堆栈空间有可能会冲突，使用时请注意。

分配堆栈空间的伪指令如下。

```
AREA    STACK, NOINIT, READWRITE, ALIGN=3
Stack_Mem       SPACE  USR_Stack_Size      ;堆栈内存起始地址标号
__initial_sp    SPACE  ISR_Stack_Size      ;汇编代码的地址标号
Stack_Top    ;堆栈段内容结束，在这里放个标号，用来获得堆栈顶部地址
```

堆的大小定义和分配堆空间伪指令如下。

```
Heap_Size  EQU  0x00000000       ;定义堆大小
AREA  HEAP, NOINIT, READWRITE, ALIGN=3
__heap_base      ;堆的基址
Heap_Mem   SPACE   Heap_Size   ;堆内存起始地址标号
__heap_limit     ;堆结束
```

3. 内存初始化定义

在一些应用系统中除了扩展 Flash、RAM 挂接在外部存储器端口上，可能还有其他外部设备挂接在外部存储器端口上。不同外部设备的操作时序可能不一样，所以在使用这些外部设备之前必须初始化连接这些外部设备的端口。这里假设没有扩展，只定义一个片上内存基地址。

根据系统是 NAND Flash 引导还是非 NAND Flash 引导，这个设置是不一样的。如果是非 NAND Flash 引导，其基地址为 0X40000000；如果是 NAND Flash 引导，其基地址为 0X00000000。这里假设为非 NAND Flash 引导，其基地址定义的伪指令如下。

```
IRAM_BASE  EQU  0X40000000
```

4. "看门狗"定时器定义

"看门狗"主要应用在无人值守的环境，设计再好的系统也有可能出现异常，如死机、程序跑飞等，这时就可以利用"看门狗"来让系统重新启动运行。"看门狗"定时器的地址及参数定

义伪指令如下。

```
WT_BASE      EQU    0x53000000    ;"看门狗"定时器基地址
WTCON_OFS    EQU    0x00          ;"看门狗"控制寄存器偏移地址
WTDAT_OFS    EQU    0x04          ;"看门狗"数据寄存器偏移地址
WTCNT_OFS    EQU    0x08          ;"看门狗"计数寄存器偏移地址
WT_SETUP     EQU    1             ;"看门狗"设置
WTCON_Val    EQU    0x00000000    ;"看门狗"控制寄存器设置, 关闭"看门狗"
WTDAT_Val    EQU    0x00008000    ;"看门狗"计数寄存器设置
```

5. 时钟和功率管理定义

S3C2440A 微处理器中的时钟控制逻辑可以产生必要的时钟信号, 包括 CPU 的 FCLK、AHB 总线的 HCLK 以及 APB 总线的 PCLK。S3C2440A 微处理器内部有两个锁相环 (PLL), 一个提供 FCLK、HCLK 及 PCLK, 另一个专用于为 USB 模块提供时钟 (48MHz)。

在实际使用中, 该部分应根据外接的晶振、实际应用的要求来调整相应的参数, 这里给出的仅是一些典型参数。地址及参数定义伪指令如下。

```
CLOCK_BASE     EQU    0x4C000000    ;时钟基地址
LOCKTIME_OFS   EQU    0x00          ;锁相环锁定时间计数寄存器偏移地址
MPLLCON_OFS    EQU    0x04          ;MPLL 控制寄存器偏移地址
UPLLCON_OFS    EQU    0x08          ;UPLL 控制寄存器偏移地址
CLKCON_OFS     EQU    0x0C          ;时钟控制寄存器偏移地址
CLKSLOW_OFS    EQU    0x10          ;低速时钟控制寄存器偏移地址
CLKDIVN_OFS    EQU    0x14          ;时钟除数控制寄存器偏移地址
CAMDIVN_OFS    EQU    0x18          ;摄像头时钟除数寄存器偏移地址
CLOCK_SETUP    EQU    0             ;时钟设置
LOCKTIME_Val   EQU    0x0FFF0FFF    ;PLL 锁定时间计数器值
MPLLCON_Val    EQU    0x00043011    ;MPLL 控制寄存器值
UPLLCON_Val    EQU    0x00038021    ;UPLL 控制寄存器值
CLKCON_Val     EQU    0x001FFFF0    ;时钟控制寄存器值
CLKSLOW_Val    EQU    0x00000004    ;低速时钟控制寄存器值
CLKDIVN_Val    EQU    0x0000000F    ;时钟除数控制寄存器值
CAMDIVN_Val    EQU    0x00000000    ;摄像头时钟除数寄存器值
```

6. 存储控制器定义

该部分定义存储器的配置情况, 在实际应用中应根据具体情况调整相应的参数, 这里给出的仅是一些典型的参数。地址及参数定义伪指令如下。

```
MC_BASE        EQU    0x48000000    ;存储控制器基地址
BWSCON_OFS     EQU    0x00          ;总线宽度/等待控制寄存器偏移地址
BANKCON0_OFS   EQU    0x04          ;总线控制寄存器 BANK 0 偏移地址
BANKCON1_OFS   EQU    0x08          ;总线控制寄存器 BANK 1 偏移地址
BANKCON2_OFS   EQU    0x0C          ;总线控制寄存器 BANK 2 偏移地址
BANKCON3_OFS   EQU    0x10          ;总线控制寄存器 BANK 3 偏移地址
BANKCON4_OFS   EQU    0x14          ;总线控制寄存器 BANK 4 偏移地址
BANKCON5_OFS   EQU    0x18          ;总线控制寄存器 BANK 5 偏移地址
BANKCON6_OFS   EQU    0x1C          ;总线控制寄存器 BANK 6 偏移地址
BANKCON7_OFS   EQU    0x20          ;总线控制寄存器 BANK 7 偏移地址
REFRESH_OFS    EQU    0x24          ;SDRAM 刷新控制寄存器偏移地址
BANKSIZE_OFS   EQU    0x28          ;BANKSIZE 寄存器偏移地址
```

```
MRSRB6_OFS      EQU   0x2C              ;SDRAM 模式寄存器集寄存器 6 偏移地址
MRSRB7_OFS      EQU   0x30              ;SDRAM 模式寄存器集寄存器 7 偏移地址
MC_SETUP        EQU   0                 ;存储控制器设置
BWSCON_Val      EQU   0x22000000        ;总线宽度/等待控制寄存器值
BANKCON0_Val    EQU   0x00000700        ;总线控制寄存器 BANK 0 值
BANKCON1_Val    EQU   0x00000700        ;总线控制寄存器 BANK 1 值
BANKCON2_Val    EQU   0x00000700        ;总线控制寄存器 BANK 2 值
BANKCON3_Val    EQU   0x00000700        ;总线控制寄存器 BANK 3 值
BANKCON4_Val    EQU   0x00000700        ;总线控制寄存器 BANK 4 值
BANKCON5_Val    EQU   0x00000700        ;总线控制寄存器 BANK 5 值
BANKCON6_Val    EQU   0x00018005        ;总线控制寄存器 BANK 6 值
BANKCON7_Val    EQU   0x00018005        ;总线控制寄存器 BANK 7 值
REFRESH_Val     EQU   0x008404F3        ;SDRAM 刷新控制寄存器值
BANKSIZE_Val    EQU   0x00000032        ;BANKSIZE 寄存器值
MRSRB6_Val      EQU   0x00000020        ;SDRAM 模式寄存器集寄存器 6 值
MRSRB7_Val      EQU   0x00000020        ;SDRAM 模式寄存器集寄存器 7 值
```

7. I/O 端口定义

该部分主要是对端口进行定义。在第 6 章中讲了 S3C2440A 微处理器的很多端口都是多功能的，那么实际应用中该选择哪种功能呢？如输入、输出、其他功能等，都是在这里配置，这里仅给出一个参考，实际应用中应根据具体情况进行调整。地址及参数定义伪指令如下。

```
GPA_BASE        EQU   0x56000000        ;GPA 端口基地址
GPB_BASE        EQU   0x56000010        ;GPB 端口基地址
GPC_BASE        EQU   0x56000020        ;GPC 端口基地址
GPD_BASE        EQU   0x56000030        ;GPD 端口基地址
GPE_BASE        EQU   0x56000040        ;GPE 端口基地址
GPF_BASE        EQU   0x56000050        ;GPF 端口基地址
GPG_BASE        EQU   0x56000060        ;GPG 端口基地址
GPH_BASE        EQU   0x56000070        ;GPH 端口基地址
GPJ_BASE        EQU   0x560000D0        ;GPJ 端口基地址
GPCON_OFS       EQU   0x00              ;端口配置寄存器偏移地址
GPDAT_OFS       EQU   0x04              ;端口数据寄存器偏移地址
GPUP_OFS        EQU   0x08              ;端口上拉寄存器偏移地址
GP_SETUP        EQU   0                 ;端口设置
```

（1）端口 A 的配置。GPA 端口是 25 位输出端口，由于最高两位 GPA24、GPA23 保留，因此没有引线到芯片引脚上。这里的配置将低 11 位作为地址总线，剩余位作为输出，详细配置方法见第 6 章。

```
GPA_SETUP       EQU   0                 ;端口 A 设置
GPACON_Val      EQU   0x000003FF        ;端口 A 配置寄存器设置值
```

（2）端口 B 的配置。GPB 端口是 11 位输入/输出端口，这里配置为输入，允许接上拉电阻。

```
GPB_SETUP       EQU   0                 ;端口 B 设置
GPBCON_Val      EQU   0x00000000        ;端口 B 配置寄存器设置值
GPBUP_Val       EQU   0x00000000        ;端口 B 上拉寄存器设置值
```

（3）端口 C 的配置。GPC 端口是 16 位输入/输出端口，这里配置为输入，允许接上拉电阻。

```
GPC_SETUP       EQU   0                 ;端口 C 设置
```

```
GPCCON_Val    EQU    0x00000000    ;端口 C 配置寄存器设置值
GPCUP_Val     EQU    0x00000000    ;端口 C 上拉寄存器设置值
```

（4）端口 D 的配置。GPD 端口是 16 位输入/输出端口，这里配置为输入，允许接上拉电阻。

```
GPD_SETUP     EQU    0             ;端口 D 设置
GPDCON_Val    EQU    0x00000000    ;端口 D 配置寄存器设置值
GPDUP_Val     EQU    0x00000000    ;端口 D 上拉寄存器设置值
```

（5）端口 E 的配置。GPE 端口是 16 位输入/输出端口，这里配置为输入，允许接上拉电阻。

```
GPE_SETUP     EQU    0             ;端口 E 设置
GPECON_Val    EQU    0x00000000    ;端口 E 配置寄存器设置值
GPEUP_Val     EQU    0x00000000    ;端口 E 上拉寄存器设置值
```

（6）端口 F 的配置。GPF 端口是 8 位输入/输出端口，这里配置为输入，允许接上拉电阻。

```
GPF_SETUP     EQU    0             ;端口 F 设置
GPFCON_Val    EQU    0x00000000    ;端口 F 配置寄存器设置值
GPFUP_Val     EQU    0x00000000    ;端口 F 上拉寄存器设置值
```

（7）端口 G 的配置。GPG 端口是 16 位输入/输出端口，这里配置为输入，允许接上拉电阻。

```
GPG_SETUP     EQU    0             ;端口 G 设置
GPGCON_Val    EQU    0x00000000    ;端口 G 配置寄存器设置值
GPGUP_Val     EQU    0x00000000    ;端口 G 上拉寄存器设置值
```

（8）端口 H 的配置。GPH 端口是 11 位输入/输出端口，这里配置为输入，允许接上拉电阻。

```
GPH_SETUP     EQU    0             ;端口 H 设置
GPHCON_Val    EQU    0x00000000    ;端口 H 配置寄存器设置值
GPHUP_Val     EQU    0x00000000    ;端口 H 上拉寄存器设置值
```

（9）端口 J 的配置。GPJ 端口是 13 位输入/输出端口，这里配置为输入，允许接上拉电阻。

```
GPJ_SETUP     EQU    0             ;端口 J 设置
GPJCON_Val    EQU    0x00000000    ;端口 J 配置寄存器设置值
GPJUP_Val     EQU    0x00000000    ;端口 J 上拉寄存器设置值
```

8. 堆栈 8 字节对齐，汇编程序数据 8 字节对齐

```
PRESERVE8
```

9. 程序入口点

```
AREA   RESET, CODE, READONLY
ARM    ;ARM 模式运行程序
```

下面这几条伪指令的意思是。如果定义了_EVAL 变量，引用 RO 输出区的字节长度与 RW 输出区的字节长度。

注意： ARM 连接器定义了一些包含$$的符号。这些符号及其他所有包含$$的名称都是 ARM 的保留字。这些符号被用于指定域的基地址、输出段的基地址、输入段的基地址及其大小。可以在汇编语言程序中引用这些符号地址，把它们用作可重定位的地址，也可在 C/C++代码

中使用 extern 关键字来引用它们。详细介绍可以查看 uVision Help 的 Region-Related Symbols 相关内容。

```
IF  :LNOT::DEF:__EVAL
    IMPORT  ||Image$$ER_ROM1$$RO$$Length||
    IMPORT  ||Image$$RW_RAM1$$RW$$Length||
ENDIF
```

10. 异常向量表

```
Vectors  LDR  PC, Reset_Addr  ;将复位向量地址装载到程序指针
         LDR  PC, Undef_Addr  ;将未定义指令向量地址装载到程序指针
         LDR  PC, SWI_Addr    ;将软中断向量地址装载到程序指针
         LDR  PC, PAbt_Addr   ;将预取指令中止(PABT)向量地址装载到程序指针
         LDR  PC, DAbt_Addr   ;将数据中止(DABT)向量地址装载到程序指针中止
                              ;(数据)
         IF :DEF:__EVAL       ;如果定义了__EVAL 变量
            DCD 0x4000         ;分配 2KB 空间
         ELSE ;否则分配空间大小为 RO 输出区的字节长度与 RW 输出区的字节长度之和
            DCD  ||Image$$ER_ROM1$$RO$$Length||+\
                 ||Image$$RW_RAM1$$RW$$Length||
         ENDIF
           LDR  PC, IRQ_Addr   ;将普通中断向量地址装载到程序指针
           LDR  PC, FIQ_Addr   ;将快速中断向量地址装载到程序指针
         IF  :DEF:__RTX        ;如果定义了__RTX
            IMPORT  SWI_Handler        ;则定义中断子程序
            IMPORT  IRQ_Handler_RTX    ;定义快速中断子程序
         ENDIF
         Reset_Addr DCD Reset_Handler  ;将复位子程序入口地址赋值给 Reset_Addr
         Undef_Addr DCD Undef_Handler  ;未定义指令子程序入口地址赋值给 Undef_Addr
         SWI_Addr   DCD SWI_Handler    ;软中断子程序入口地址赋值给 SWI_Addr
         PAbt_Addr DCD PAbt_Handler    ;预取指令中止(PABT)子程序入口地址赋给
                                       ;PAbt_Addr
         DAbt_Addr DCD DAbt_Handler    ;数据中止(DABT)子程序入口地址赋给 DAbt_Addr
         DCD    0      ;保留地址
         IF  :DEF:__RTX ;如果定义了__RTX
            IRQ_Addr DCD IRQ_Handler_RTX ;快速中断子程序入口地址赋给 IRQ_Addr
         ELSE
            IRQ_Addr DCD IRQ_Handler      ;否则把 IRQ_Hand 入口地址赋给 IRQ_Addr
         ENDIF
         FIQ_Addr DCD FIQ_Handler        ;快速中断入口地址赋给 FIQ_Addr
         Undef_Handler B Undef_Handler   ;跳转到 Undef_Handler,还是在这个地方
         IF  :DEF:__RTX ;如果定义了 DEF:__RTX,在此等待中断
         ELSE
            SWI_Handler  B  SWI_Handler   ;否则跳转到软件中断
         ENDIF
         PAbt_Handler  B  PAbt_Handler  ;预取指令中止(PABT)子程序
         DAbt_Handler  B  DAbt_Handler  ;数据中止(DABT)子程序
         IRQ_Handler      PROC
         EXPORT  IRQ_Handler  [WEAK] ;声明一个全局变量,并且其他同名变量优先于本符号
                                     ;被引用
         B  .                        ;跳转到当前地址即在此等待,"."代表当前指令地址
```

```
        ENDP
        FIQ_Handler   B   FIQ_Handler      ;快速中断子程序
                                           ;复位子程序
        EXPORT   Reset_Handler             ;声明一个全局变量
        Reset_Handler
```

11. 看门狗设置

```
IF   WT_SETUP != 0
    LDR  R0, =WT_BASE            ;加载"看门狗"基地址
    LDR  R1, =WTCON_Val          ;加载"看门狗"控制寄存器数据
    LDR  R2, =WTDAT_Val          ;加载"看门狗"数据寄存器数据
    STR  R2, [R0, #WTCNT_OFS]    ;将 WTDAT_Val 配置给"看门狗"计数寄存器
    STR  R2, [R0, #WTDAT_OFS]    ;将 WTDAT_Val 配置给"看门狗"数据寄存器
    STR  R1, [R0, #WTCON_OFS]    ;将 WTCON_Val 配置给"看门狗"控制寄存器
ENDIF
```

12. 时钟设置

```
IF (:LNOT:(:DEF:NO_CLOCK_SETUP)):LAND:(CLOCK_SETUP != 0)
    LDR     R0, =CLOCK_BASE              ;加载时钟基地址
    LDR     R1,     =LOCKTIME_Val        ;加载 PLL 锁定时间计数值
    STR     R1, [R0, #LOCKTIME_OFS]      ;并将该值配置到 PLL 锁定时间计数器
    MOV     R1,     #CLKDIVN_Val
    STR     R1, [R0, #CLKDIVN_OFS]       ;配置时钟分频器
    LDR     R1,     =CAMDIVN_Val
    STR     R1, [R0, #CAMDIVN_OFS]       ;配置摄像头分频控制寄存器
    LDR     R1,     =MPLLCON_Val
    STR     R1, [R0, #MPLLCON_OFS]       ;配置 MPLL 配置寄存器
    LDR     R1,     =UPLLCON_Val
    STR     R1, [R0, #UPLLCON_OFS]       ;配置 UPLL 配置寄存器
    MOV     R1,     #CLKSLOW_Val
    STR     R1, [R0, #CLKSLOW_OFS]       ;配置时钟减慢控制寄存器
    LDR     R1,     =CLKCON_Val
    STR     R1, [R0, #CLKCON_OFS]        ;配置时钟控制寄存器
ENDIF
```

13. 存储器控制器设置

```
IF (:LNOT:(:DEF:NO_MC_SETUP)):LAND:(CLOCK_SETUP != 0)
    LDR  R0, =MC_BASE                 ;加载存储控制器基地址
    LDR  R1, =BWSCON_Val
    STR  R1, [R0, #BWSCON_OFS]        ;配置总线宽度和等待控制寄存器
    LDR  R1, =BANKCON0_Val
    STR  R1, [R0, #BANKCON0_OFS]      ;配置 BANK0 控制寄存器
    LDR  R1,  =BANKCON1_Val
    STR  R1, [R0, #BANKCON1_OFS]      ;配置 BANK1 控制寄存器
    LDR  R1, =BANKCON2_Val
    STR  R1, [R0, #BANKCON2_OFS]      ;配置 BANK2 控制寄存器
    LDR  R1, =BANKCON3_Val
    STR  R1, [R0, #BANKCON3_OFS]      ;配置 BANK3 控制寄存器
    LDR  R1,  =BANKCON4_Val
    STR  R1, [R0, #BANKCON4_OFS]      ;配置 BANK4 控制寄存器
```

```
        LDR   R1, =BANKCON5_Val
        STR   R1, [R0, #BANKCON5_OFS]    ;配置 BANK5 控制寄存器
        LDR   R1, =BANKCON6_Val
        STR   R1, [R0, #BANKCON6_OFS]    ;配置 BANK6 控制寄存器
        LDR   R1,=BANKCON7_Val
        STR   R1, [R0, #BANKCON7_OFS]    ;配置 BANK7 控制寄存器
        LDR   R1, =REFRESH_Val
        STR   R1, [R0, #REFRESH_OFS]     ;配置 DRAM/SDRAM 刷新控制寄存器
        MOV   R1, #BANKSIZE_Val
        STR   R1, [R0, #BANKSIZE_OFS]    ;配置可调的 BANK 大小寄存器
        MOV   R1, #MRSRB6_Val
        STR   R1, [R0, #MRSRB6_OFS]      ;配置 BANK6 模式控制寄存器
        MOV   R1, #MRSRB7_Val
        STR   R1, [R0, #MRSRB7_OFS]      ;配置 BANK7 模式控制寄存器
    ENDIF
```

14. I/O 引脚设置

```
IF (:LNOT:(:DEF:NO_GP_SETUP)):LAND:(GP_SETUP != 0)
    IF   GPA_SETUP != 0
        LDR   R0, =GPA_BASE          ;配置端口 A 功能
        LDR   R1, =GPACON_Val        ;A 口有 25 位，作 I/O 时只能作输出口
        STR   R1, [R0, #GPCON_OFS]
    ENDIF
    IF GPB_SETUP != 0
        LDR   R0, =GPB_BASE          ;配置端口 B 功能
        LDR   R1, =GPBCON_Val
        STR   R1, [R0, #GPCON_OFS]
        LDR   R1, =GPBUP_Val         ;配置端口 B 上拉寄存器
        STR   R1, [R0, #GPUP_OFS]
    ENDIF
    IF      GPC_SETUP != 0
        LDR      R0, =GPC_BASE       ;配置端口 C 功能
        LDR      R1, =GPCCON_Val
        STR      R1, [R0, #GPCON_OFS]
        LDR      R1, =GPCUP_Val      ;配置端口 C 上拉寄存器
        STR      R1, [R0, #GPUP_OFS]
    ENDIF
    IF      GPD_SETUP != 0
        LDR      R0, =GPD_BASE       ;配置端口 D 功能
        LDR      R1, =GPDCON_Val
        STR      R1, [R0, #GPCON_OFS]
        LDR      R1, =GPDUP_Val      ;配置端口 D 上拉寄存器
        STR      R1, [R0, #GPUP_OFS]
    ENDIF
    IF GPE_SETUP != 0
        LDR R0, =GPE_BASE            ;配置端口 E 功能
        LDR R1, =GPECON_Val
        STR R1, [R0, #GPCON_OFS]
        LDR R1, =GPEUP_Val           ;配置端口 E 上拉寄存器
        STR R1, [R0, #GPUP_OFS]
    ENDIF
```

```
      IF GPF_SETUP != 0
          LDR R0, =GPF_BASE             ;配置端口 F 功能
          LDR R1, =GPFCON_Val
          STR R1, [R0, #GPCON_OFS]
          LDR R1, =GPFUP_Val            ;配置端口 F 上拉寄存器
          STR R1, [R0, #GPUP_OFS]
       ENDIF
       IF GPG_SETUP != 0
          LDR  R0, =GPG_BASE            ;配置端口 G 功能
          LDR  R1, =GPGCON_Val
          STR  R1, [R0, #GPCON_OFS]
          LDR  R1, =GPGUP_Val           ;配置端口 G 上拉寄存器
          STR  R1, [R0, #GPUP_OFS]
       ENDIF
       IF  GPH_SETUP != 0
          LDR  R0, =GPH_BASE            ;配置端口 H 功能
          LDR  R1, =GPHCON_Val
          STR  R1, [R0, #GPCON_OFS]
          LDR  R1, =GPHUP_Val           ;配置端口 H 上拉寄存器
          STR  R1, [R0, #GPUP_OFS]
       ENDIF
       IF GPJ_SETUP != 0
          LDR  R0, =GPJ_BASE            ;配置端口 J 功能
          LDR  R1, =GPJCON_Val
          STR  R1, [R0, #GPCON_OFS]
          LDR  R1, =GPJUP_Val           ;配置端口 J 上拉寄存器
          STR  R1, [R0, #GPUP_OFS]
       ENDIF
ENDIF
```

15. 复制异常向量到内部 RAM

```
IF :DEF:RAM_INTVEC
  ADR  R8, Vectors      ;读取向量源地址
  LDR  R9, =IRAM_BASE    ;读取片上 SRAM 的基地址
  LDMIA R8!, {R0-R7}     ;批量加载异常向量
  STMIA R9!, {R0-R7}     ;批量存储异常向量
  LDMIA R8!, {R0-R7}     ;加载程序入口地址(Load Handler Addresses )
  STMIA R9!, {R0-R7}     ;存储程序入口地址(Store Handler Addresses)
ENDIF
```

16. 设置堆栈

```
LDR R0, =Stack_Top       ;加载栈顶指针地址
```

（1）进入未定义指令模式，并设定其栈指针。

```
MSR CPSR_c, #Mode_UND:OR:I_Bit:OR:F_Bit
MOV SP, R0                        ;栈顶指针地址赋值给 SP 指针
SUB R0, R0, #UND_Stack_Size       ;分堆栈指针
```

（2）进入中止模式，并设定其栈指针。

```
MSR CPSR_c, #Mode_ABT:OR:I_Bit:OR:F_Bit
```

```
MOV SP, R0
SUB R0, R0, #ABT_Stack_Size
```

（3）进入快速中断模式，并设定其栈指针。

```
MSR  CPSR_c, #Mode_FIQ:OR:I_Bit:OR:F_Bit
MOV  SP, R0
SUB  R0, R0, #FIQ_Stack_Size
```

（4）进入普通中断模式，并设定其栈指针。

```
MSR CPSR_c, #Mode_IRQ:OR:I_Bit:OR:F_Bit
MOV SP, R0
SUB R0, R0, #IRQ_Stack_Size
```

（5）进入管理模式，并设定其栈指针。

```
MSR CPSR_c, #Mode_SVC:OR:I_Bit:OR:F_Bit
MOV SP, R0
SUB R0, R0, #SVC_Stack_Size
```

（6）进入用户模式，并设定其栈指针。

```
MSR  CPSR_c, #Mode_USR
MOV  SP, R0
SUB  SL, SP, #USR_Stack_Size
```

（7）进入用户模式。

```
MSR  CPSR_c, #Mode_USR
IF :DEF:__MICROLIB
   EXPORT __initial_sp
ELSE
   MOV SP, R0
   SUB SL, SP, #USR_Stack_Size
ENDIF
```

17. 进入 C 语言代码

```
IMPORT  __main
LDR R0, =__main
BX  R0
```

注意：通常情况下底层初始化工作的前面部分由汇编语言完成，然后就可以转入 C 语言，因为 C 语言编程效率高，同时有一定的可移植性。具体参见 5.3 节 ARM 程序框架，转到 main()程序。

如果不进入 C 语言环境执行，可以把上述几条语言注释掉，然后进入汇编语言应用程序。

18. 进入汇编语言代码

```
IF :DEF:__MICROLIB
   EXPORT  __heap_base
   EXPORT  __heap_limit
ELSE
```

```
    AREA  |.text|, CODE, READONLY
    IMPORT  __use_two_region_memory
    EXPORT  __user_initial_stackheap
__user_initial_stackheap
    LDR  R0, = Heap_Mem
    LDR  R1, =(Stack_Mem + USR_Stack_Size)
    LDR  R2, = (Heap_Mem + Heap_Size)
    LDR  R3, = Stack_Mem
    BX   LR
ENDIF
```

以上这些代码是系统启动时自带的代码，它只是一个模板，在实际应用中应根据实际情况做适当的修改，有些没有使用的功能模块可以去掉。

9.2　输入/输出设备

9.2.1　基本概念

1. 输入设备（Input Device）

输入设备是向计算机输入数据和信息的设备，是计算机与用户或其他设备通信的桥梁。输入设备是用户和计算机系统之间进行信息交换的主要装置之一。例如，键盘、鼠标、摄像头、扫描仪、光笔、手写输入板、游戏杆、语音输入装置等都属于输入设备。输入设备是用户与计算机进行交互的一种装置，用于把原始数据和处理这些数据的程序输入计算机中。计算机能够接收各种各样的数据，可以是数值型的数据，也可以是各种非数值型的数据。例如，图形、图像、声音等都可以通过不同类型的输入设备输入计算机中，进行存储、处理和输出。

2. 输出设备（Output Device）

输出设备是计算机硬件系统的终端设备，用于接收计算机数据的输出显示、打印，以及控制外围设备操作等。输出设备是把各种计算结果以数字、字符、图像、声音等形式表现出来。常见的输出设备有显示器、打印机、绘图仪、影像输出系统、语音输出系统、磁记录设备等。

9.2.2　键盘

键盘是用于操作设备运行的一种指令和数据输入装置，也指经过系统安排操作一台机器或设备的一组功能键（如打字机、电脑键盘等）。键盘也是组成键盘乐器的一部分，也可以指使用键盘的乐器（如钢琴、数位钢琴或电子琴等）。

键盘是最常用也是最主要的输入设备之一，通过键盘可以将英文字母、数字、标点符号等输入计算机中，从而向计算机发出命令、输入数据等。还有一些带有各种快捷键的键盘，起初这类键盘多用于品牌机，并一度被视为品牌机的特色。但随着时间的推移，市场上也出现独立的、具有各种快捷功能的产品，并带有专门的驱动和设定软件，从此，在兼容机上也能实现个性化的操作。

键盘是由多个按键组成的，如计算机键盘就有 101 个按键或 104 个按键等，那些按键是如何工作的呢？

1. 按键基本电路

单个按键的基本电路图如图 9-1 所示。

图 9-1 所示的 A 为单个按键的基本电路图；B 为按键未按下时的等效电路图，按键输出信号为高电平；C 为按键按下时的等效电路图，按键输出信号为低电平。因此，检查这个信号就能判断是否有按键按下。

这种简单的按键有一个缺点，即按键被按下（或被释放）时，触点被接通（或断开）的一瞬间，电路有一个持续 5～30ms 的似通非通（或似断非断）抖动阶段，原因在于触点机械接触或人为抖动等。按键按下和释放输出信号波形示意图如图 9-2 所示。

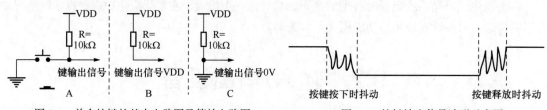

图 9-1　单个按键的基本电路图及等效电路图　　　　图 9-2　按键输出信号波形示意图

图 9-2 所示的信号如果不处理就直接拿来使用，可能会出现按下一次按键产生多次动作的情况（图 9-2 仅是示意图，真实的波形可能与此不同，但一般都会存在抖动）。

解决抖动问题的办法有两种：硬件方法和软件方法。

（1）硬件方法。硬件方法有简单的 RC 滤波和专用的芯片滤波。由 RC 组成的无源滤波电路中，根据电容的接法及大小可分为低通滤波器（如图 9-3 所示）和高通滤波器（如图 9-4 所示）。

图 9-3　低通滤波器　　　　　　　　图 9-4　高通滤波器

由于此处的频率较低，因此一般采用低通滤波器，$R=1\text{k}\Omega$，$C=4.7\mu\text{F}$。采用这种模拟滤波器抑制低频干扰时，要求滤波器有较大的时间常数和高精度的 RC 网络，增大时间常数要求增大 R 的值，其漏电流也随之增大，从而降低了滤波效果。采用硬件方法滤波的优点是速度快，缺点是增加成本，同时也会影响硬件大小。

（2）软件方法。其思想是，当检测到按键输出电平有变化时，通过延迟的方法躲过按键的抖动，直到电路输出状态稳定之后再来检测按键的输出电平，从而达到正确确定按键信息的目的。用软件方法消除抖动的流程示意图如图 9-5 所示。

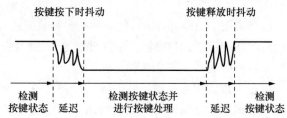

图 9-5　用软件方法消除抖动的流程示意图

2. 独立按键键盘

在许多嵌入式应用中，由于输入和交互信息相对较少，一般只需几个按键即可，这时可以采用独立按键键盘进行设计，其电路图如图 9-6 所示。

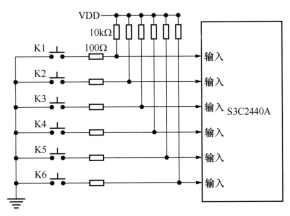

图 9-6 独立按键键盘电路图

独立按键键盘也叫"单线键盘",其特点是每一个按键都占用一条端口线,所以这种键盘简单可靠,但当按键数目较多时,占用端口线也较多。

独立按键键盘处理起来较简单,只需检查某位输入线是否为低电平。如果是低电平表示该键按下;如果是高电平表示该键释放。处理时也要注意去抖动。

3. 矩阵式键盘

当键盘的按键数目较多时,为了减少键盘端口线的数目,常常采用矩阵式键盘,类似于计算机上的键盘。但在嵌入式应用中键盘数目一般不会太多,主要有数字 0～9,再加部分功能按键等。图 9-7 所示是 4×4 矩阵式键盘电路图。

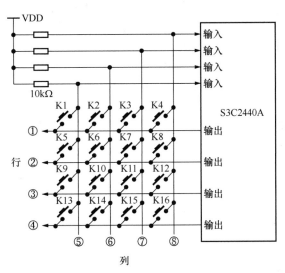

图 9-7 4×4 矩阵式键盘电路图

矩阵式键盘如何检测某个键是否按下?其思想是采用行扫描的方法来实现,其流程图如图 9-8所示。

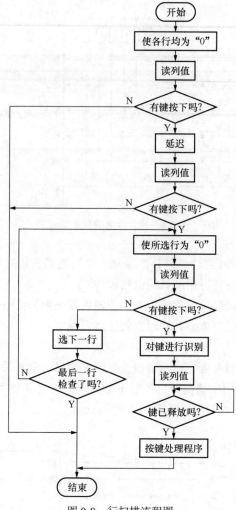

图 9-8　行扫描流程图

9.2.3　数码显示器

1. 数码显示器实物

数码显示器实物图如图 9-9 所示。

注意：数码显示器有单个的，也有多个的，实际应用中应根据具体情况来选择。

2. 数码显示器原理

数码显示器分为共阴极型和共阳极型，其原理如图 9-10 所示。

图 9-9　数码显示器实物图

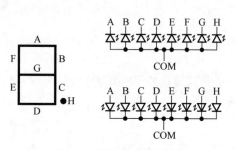

图 9-10　数码显示器原理图

3. 共阴极型/共阳极型数码显示器编码

共阴极型/共阳极型数码显示器编码如表 9-1 所示。

表 9-1　共阴极型/共阳极型数码显示器编码

数　字	共阴极型	共阳极型	数　字	共阴极型	共阳极型
0	3F	C0	8	7F	80
1	06	F9	9	6F	90
2	5B	A4	A	77	88
3	4F	B0	B	7C	83
4	66	99	C	39	C6
5	6D	92	D	5E	A1
6	7D	82	E	79	86
7	07	F8	F	71	8E

注：引脚编号与数据位关系为 HGFEDCBA。

4. 静态显示和动态显示的连接

数码显示器在实际应用中的连接如图 9-11 所示。

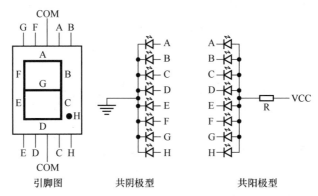

引脚图　　　　共阴极型　　　　共阳极型

图 9-11　数码显示器在实际应用中的连接

注意：共阴极型的数码显示器其公共端接地，剩余的端接入高电平时该端点亮，接入低电平时该端熄灭。共阳极型的数码显示器其公共端接一个限流电阻后再接电源，剩余的端接入低电平时该端点亮，接入高电平时该端熄灭。两者点亮和熄灭的控制是相反的。

（1）静态显示的连接。在实际应用中如果数码显示器的位数较少，同时硬件上输出端口位数还剩余较多的情况下，可以采用静态显示的连接方式。共阴极型显示器的静态显示连接如图 9-12 所示。

① 静态显示连接的优点是显示程序控制较简单，只需在显示内容有变化时才输出，或只需定期输出即可。

② 静态显示连接的缺点是当显示位数较多时要占用较多的输出端口，每一位数字需要 8 位输出线，如果有 8 位数据要显示就需要 64 位输出线。

（2）动态显示的连接。在实际应用中如果数码显示器的位数较多，同时硬件上输出端口位数却剩余较少的情况下，可以采用动态显示的连接方式。共阴极型显示器的动态显示连接如图 9-13 所示。

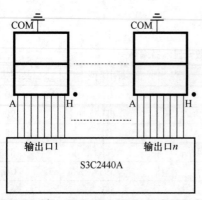

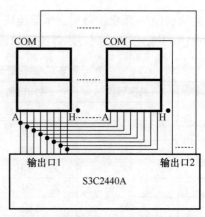

图 9-12 共阴极型显示器的静态显示连接   图 9-13 共阴极型显示器的动态显示连接

图 9-13 中仅用了两个 8 位输出端口，最多可以控制 8 位数码显示器。这里要解释一下动态显示连接方式是如何控制显示的。其原理如下：所有数码显示器的控制端（A～H）都分别接在一起，其每一个公共端（如共阴极型的 COM 端）分别由一位输出信号控制，也就是说当前输出的码段到了每个数码显示器时，具体哪位点亮就取决于哪位的公共端（COM 端）是低电平，一次点亮一位，利用视觉暂留效果，只要每秒刷新次数大于 25 次，显示效果看起来就是连续的。

① 动态显示连接的优点是占用输出端口位数较少。

② 动态显示连接的缺点是显示控制程序较复杂，要控制好点亮和熄灭时间、刷新的频率等。

9.3 综合应用实例

本节介绍两个简单的软硬件综合应用实例，以帮助初学者快速入门，掌握软硬件的设计与实现。

9.3.1 流水灯控制系统的设计与实现

请用 S3C2440A 微处理器设计和实现一个流水灯控制系统，具体要求如下：（a）有 1 个控制开关作为输入（当开关输入低电平时，流水灯从左端到右端显示，每次只有一个灯点亮，当流水灯点亮到最右端时再从最左端开始；当开关输入高电平时，流水灯从右端到左端显示，每次只有一个灯点亮，当流水灯点亮到最左端时再从最右端开始）；（b）有 8 个流水灯作为输出，流水灯的初始状态为最左端的灯点亮；（c）请画出流水灯控制系统的电路图；（d）请画出流水灯控制程序的流程图；（e）请用 ARM 指令、伪指令写出完整程序并加注释。

1. 流水灯控制系统电路图

流水灯控制系统硬件电路图如图 9-14 所示。

注意：GPA 端口编程为输出口，输出高电平时流水灯点亮，输出低电平时流水灯熄灭，流水灯的初始值为 0X80。GPB 端口编程为输入口，开关 K 断开时输入高电平，开关 K 闭合时输入低电平。

2. 流水灯控制程序流程图

流水灯点亮、熄灭的时间可以用定时器控制，也可以使用延迟子程序控制。

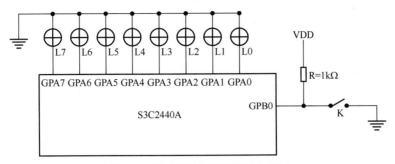

图 9-14　流水灯控制系统硬件电路图

（1）定时器控制的优点是时间准、资源利用率高；缺点是程序控制相对较复杂，主要涉及定时器编程、中断编程等。

（2）延迟子程序控制的优点是编程较简单、好理解；缺点是时间不准、CPU 利用率较低等。

此处为了简单起见，采用延迟子程序来控制流水灯点亮、熄灭的时间。

流水灯控制程序流程图如图 9-15 所示。

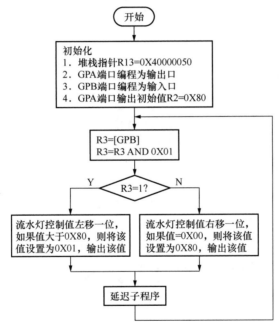

图 9-15　流水灯控制程序流程图

3. 程序

（1）延迟子程序。

```
DELAY  STMFD SP!,{R0,R1}  ;保护现场
       LDR R0,=0X33        ;外循环的初始值，修改该值可改变延迟时间
LOOP1  LDR R1,=0X55        ;内循环的初始值，修改该值可改变延迟时间
LOOP2  NOP                 ;空操作语句
       SUBS R1,R1,#01      ;内循环次数减 1
       BNE  LOOP2          ;内循环跳转
       SUBS R0,R0,#01      ;外循环次数减 1
       BNE  LOOP1          ;外循环跳转
```

```
        LDMFD SP!,{R0,R1}   ;恢复现场
        MOV PC,R14              ;子程序返回
```

（2）主程序。

```
          LDR R13,=0X40000050 ;堆栈初始化，注意要指向有效的存储器地址
          LDR R3,=0X56000004  ;GPA 端口数据寄存器地址
          LDR R0,=0X56000000  ;GPA 端口配置寄存器地址
          LDR R1,=0X000       ;GPA 端口配置为输出口
          STR R1,[R0]
          LDR R0,=0X56000010  ;GPB 端口配置寄存器地址
          LDR R1,=0X000       ;GPB 端口配置为输入口
          STR R1,[R0]
          MOV R2,#0X80         ;流水灯初始值
LOOP      LDR R0,=0X56000014  ;GPB 端口数据寄存器地址
          LDR R1,[R0]          ;取 GPB 端口数据
          AND R1,R1,#0X1       ;取最低位数据
          CMP R1,#0X1          ;检查开关 K 是闭合还是断开
          BNE  RIGHT
LEFT      MOV R2,R2,LSL#1     ;流水灯左移 1 位
          CMP R2,#0X100        ;判断移位后数据的有效性
          BNE LEFT1
          MOV R2,#0X01         ;流水灯输出值置为有效数据
LEFT1     STR R2,[R3]          ;输出流水灯数据
          BL DELAY             ;调用延迟子程序
          B LOOP
RIGHT     MOV R2,R2,LSR#1     ;流水灯右移 1 位
          CMP R2,#0X00         ;判断移位后数据的有效性
          BNE RIGHT1
          MOV R2,#0X80         ;流水灯输出值置为有效数据
RIGHT1    STR R2,[R3]          ;输出流水灯数据
          BL DELAY             ;调用延迟子程序
          B LOOP
```

注意：修改延迟子程序中 R0、R1 的值可以调整流水灯流动的快慢效果。

9.3.2 模拟打乒乓球系统的设计与实现

请用 S3C2440A 微处理器设计和实现一个模拟打乒乓球系统，具体要求如下：（a）有 2 个按钮开关作为输入，模拟球拍，按钮按下时接球，但必须在接球的时间按下，否则对方得分；（b）有 8 个指示灯的点亮、熄灭状态，用于模拟球运动的轨迹，最左边的灯点亮时左边才能接球，否则对方得分，右边同理；（c）两边各有 1 位数码显示器显示得分，分数为 0～9；（d）请画出模拟打乒乓球系统的电路图；（e）请画出控制程序流程图；（f）请用 ARM 指令、伪指令写出完整程序并加注释。

1. 模拟打乒乓球系统的电路图

模拟打乒乓球系统的电路图如图 9-16 所示。

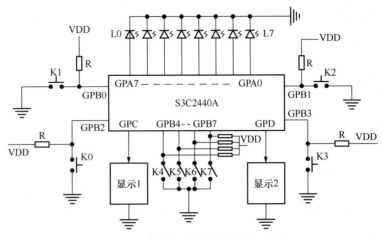

图 9-16　模拟打乒乓球系统的电路图

注意：（a）K0 为左边（设为甲方）的抛球按钮，先按 K0 按钮，此时 L0 点亮，再按下 K1 按钮发球才成功，抛球时所有灯熄灭才有效；（b）K1 为甲方接球/发球按钮，只能在 L0 点亮时按该按钮，按了以后灯的显示方向为从 L0→L7；（c）K3 为右边（设为乙方）的抛球按钮，按 K3 按钮，此时 L7 点亮，同时还要再按下 K2 按钮发球才成功，抛球时所有灯熄灭才有效；（d）K2 为乙方接球/发球按钮，只能在 L7 点亮时按该按钮，按了以后灯的显示方向为从 L7→L0；（e）显示 1 为甲方的得分，只有 1 位数码显示器，采用共阴极型显示；（f）显示 2 为乙方的得分，只有 1 位数码显示器，采用共阴极型显示；（g）K4～K7 为灯点亮、熄灭（模拟球运动）快慢控制，分为 16 个档；（h）L0～L7 用 GPA 端口输出控制，K0～K7 用 GPB 端口输入控制；（i）显示 1 用 GPC 端口控制，显示 2 用 GPD 端口控制；（j）系统不需要裁判，自动根据规则计分。

2. 控制程序流程图

灯的点亮、熄灭（模拟球运动快慢）的时间可以用定时器控制，也可以使用延迟子程序控制。

此处为了简单起见，采用延迟子程序来控制点亮、熄灭的时间。

延迟子程序流程图如图 9-17 所示。

注意：图中改变 R1 的值可以调整灯点亮、熄灭的快慢，在工作过程中改变 K1～K4 的设置也可以调整灯点亮、熄灭的快慢，可以分为 16 个档。

主程序流程图如图 9-18 所示。

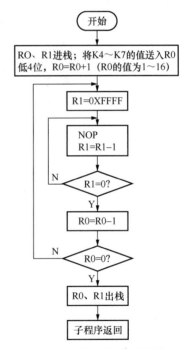

图 9-17　延迟子程序流程图

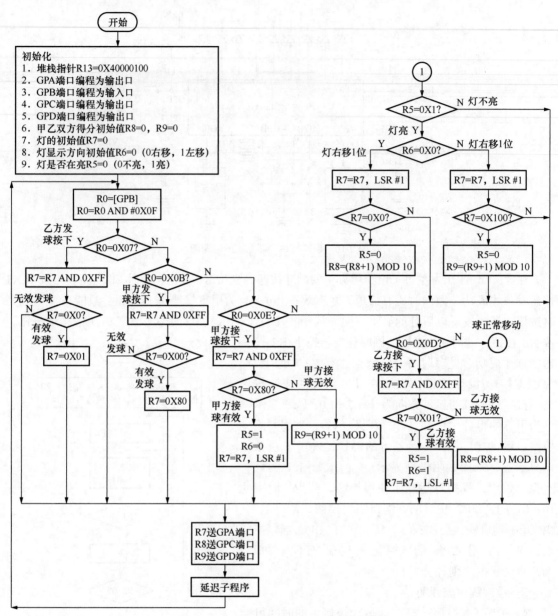

图 9-18　模拟打乒乓球系统的主程序流程图

3. 程序

（1）延迟子程序。

```
DELAY    STMFD R13!,{r0,r1}      ;保护现场
         LDR R1,=0X56000014      ;读取 GPB 端口的值
         LDR R0,[R1]
         AND R0,R0,#0XF0         ;读取 K4~K7 的值
         MOV R0,R0,LSR#4         ;右移到最低 4 位
         ADD R0,R0,#1            ;K4~K7 的值+1 即取值范围，取值范围为 1~16
LOOP1    LDR R1,=0XFFFF          ;内循环初值，改变该值可调节速度
LOOP2    NOP
```

```
        SUBS R1,R1,#1          ;内循环控制
        BNE   LOOP2
        SUBS R0,R0,#1          ;外循环控制
        BNE LOOP1
        LDMFD R13!,{R0,R1}     ;恢复现场
        MOV PC,R14             ;子程序返回
```

（2）主程序。

```
        LDR R13,=0X40000100   ;堆栈初始化
        LDR R0,=0X56000000    ;GPA 端口初始化为输出口
        LDR R1,=0X000
        STR R1,[R0]
        LDR R0,=0X56000010    ;GPB 端口初始化为输入口
        LDR R1,=0X000
        STR R1,[R0]
        LDR R0,=0X56000020    ;GPC 端口初始化为输出口
        LDR R1,=0X5555
        STR R1,[R0]
        LDR R0,=0X56000030    ;GPD 端口初始化为输出口
        LDR R1,=0X5555
        STR R1,[R0]
        MOV R5,#0             ;正在比赛中，R5=1 正在比赛，R5=0 休息
        MOV R6,#0             ;球的运动方向，R6=0 向右，R6=1 向左
        MOV R7,#0             ;灯的初始值，都不亮
        MOV R8,#0             ;甲方得分
        MOV R9,#0             ;乙方得分
LOOP1   LDR R1,=0X56000014    ;读取 K0～K3 的状态
        LDR R0,[R1]
        AND R0,R0,#0X0F
        CMP R0,#0X07          ;判断是否是乙方发球？
        BNE   LOOP2           ;不是乙方发球
        AND R7,R7,#0XFF       ;乙方发球处理
        CMP R7,#0X00          ;判断是否为有效发球？
        BNE   LOOPALL         ;不是有效发球
        MOV R7,#0X01          ;是有效发球
        B LOOPALL
LOOP2   CMP R0,#0X0B          ;判断是否甲方发球？
        BNE LOOP3             ;不是甲方发球
        AND R7,R7,#0XFF       ;甲方发球处理
        CMP R7,#0X00          ;判断是否为有效发球？
        BNE LOOPALL           ;不是有效发球
        MOV R7,#0X80          ;是有效发球
        B LOOPALL
LOOP3   CMP R0,#0X0E          ;判断是否为甲方接球？
        BNE LOOP4             ;不是甲方接球
        AND R7,R7,#0XFF       ;甲方接球处理
        CMP R7,#0X80          ;判断是否有效接球？
        BNE LOOP5             ;不是有效接球
        MOV R5,#0X01          ;是有效接球
        MOV R6,#0X00          ;灯向右移动
        MOV R7,R7,LSR#1       ;灯右移 1 位
```

```
              B LOOPALL
LOOP5   ADD R9,R9,#1            ;甲方违规接球，乙方得分
        CMP R9,#10             ;分数为0～9
        BNE LOOPALL
        MOV R9,#0
        B LOOPALL
LOOP4   CMP R0,#0X0D           ;判断是否乙方接球？
        BNE LOOP6             ;不是乙方接球
        AND R7,R7,#0XFF        ;乙方接球处理
        CMP R7,#0X01          ;判断是否有效接球
        BNE LOOP7            ;无效接球
        MOV R5,#0X01         ;是否正在比赛，R5=1正在比赛，R5=0休息
        MOV R6,#0X01         ;灯运动方向向左
        MOV R7,R07,LSL#1      ;灯左移1位
        B LOOPALL
LOOP7   ADD R8,R8,#1          ;乙方违规，甲方得分
        CMP R8,#10           ;分数为0～9
        BNE LOOPALL
        MOV R8,#0
        B LOOPALL
LOOP6   CMP R5,#0X1           ;判断是否正在比赛？R5=0在休息，R5=1在比赛
        BNE LOOPALL          ;在休息
        CMP R6,#0X00         ;判断灯该右移还是左移？R6=0右移，R6=1左移
        BNE LOOP8           ;左移
        MOV R7,R7,LSR#1      ;右移
        CMP R7,#0X00         ;判断灯是否有效
        BNE LOOPALL         ;有效
        MOV R5,#0X00         ;球出界，灯停止移动
        ADD R8,R8,#1         ;甲方得分
        CMP R8,#10          ;分数为0～9
        BNE LOOPALL
        MOV R8,#0
        B LOOPALL
LOOP8   MOV R7,R7,LSL#1      ;左移
        CMP R7,#0X100        ;判断灯的有效性
        BNE LOOPALL         ;有效
        MOV R5,#0X00         ;球出界，灯停止移动
        ADD R9,R9,#1         ;乙方得分
        CMP R9,#10          ;分数为0～9
        BNE LOOPALL
        MOV R9,#0
LOOPALL LDR R0,=0X56000004    ;输出灯的状态
        STR R7,[R0]
        LDR R0,=0X56000024    ;甲方得分显示
        LDR R1,=TAB
        LDR R2,[R1,R8]
        STR R2,[R0]
        LDR R0,=0X56000034    ;乙方得分显示
        LDR R1,=TAB
        LDR R2,[R1,R9]
        STR R2,[R0]
        BL DELAY             ;调用延迟子程序
```

```
        B  LOOP1                        ;程序跳转，循环执行
TAB   DCB 0X3F,0X06,0X5B,0X4F,0X66,0X6D,0X7D,0X07,0X7F,0X6F,0X3F,0X3F
        END
```

注意：该程序还可以加入更多的功能，如得分有声音提示；速度加快以后加入紧迫声音提示；比赛中可以随时暂停；程序可以正常结束，不用一直循环；等等。

［1］任哲，等. ARM 体系结构及其嵌入式处理器[M]. 北京：北京航空航天大学出版社，2008.

［2］王波波，王铮. ARM9 完全学习手册[M]. 北京：化学工业出版社，2012.

［3］董胡，刘刚，钱盛友. ARM9 嵌入式系统开发与应用[M]. 北京：电子工业出版社，2015.